C-H 键活化

李 刚 著

辽宁大学出版社
Liaoning University Press

图书在版编目（CIP）数据

C-H 键活化/李刚著. —沈阳：辽宁大学出版社，2020.1

ISBN 978-7-5610-9377-1

Ⅰ.①C… Ⅱ.①李… Ⅲ.①有机化学—化学键 Ⅳ.①O621.13

中国版本图书馆 CIP 数据核字（2018）第 159812 号

C-H 键活化

C-H JIAN HUOHUA

出 版 者：辽宁大学出版社有限责任公司
（地址：沈阳市皇姑区崇山中路 66 号　　邮政编码：110036）
印 刷 者：沈阳海世达印务有限公司
发 行 者：辽宁大学出版社有限责任公司
幅面尺寸：170mm×240mm
印　　张：10.75
字　　数：213 千字
出版时间：2020 年 1 月第 1 版
印刷时间：2020 年 1 月第 1 次印刷
责任编辑：吕　娜
封面设计：优盛文化
责任校对：齐　悦

书　　号：ISBN 978-7-5610-9377-1
定　　价：44.00 元

联系电话：024-86864613
邮购热线：024-86830665
网　　址：http://press.lnu.edu.cn
电子邮件：lnupress@vip.163.com

前　言

有机化学是一门重要的学科，与人类健康、环境、能源、材料、国防及社会发展等密切相关，如构成生命的基础物质氨基酸、核酸，以及常见的食品、药物，还有石油化工相关产品等都属于有机化合物。

C-H 键是有机化合物中最丰富的化学键。传统的 C-H 键利用方法是先将 C-H 键通过卤化形成 C-X 键，进一步与亲核试剂反应形成 C-C 键、C-O 键及 C-N 键等，该类合成方法比较成熟简单，并广泛应用于药物、农药及各种功能材料等复杂分子的工业合成中，可是该过程中卤素的引入和离去，不但增加合成反应的步骤，而且有废物产生，会污染环境。因此，与以官能团相互转化为基础的传统化学相比，直接利用 C-H 键构建其他新化学键，具有显著的原子经济性和步骤经济性，其优势引起了有机化学家的广泛兴趣，成为当前研究的热点领域。

虽然 C-H 键在有机化合物中非常丰富，但键能较高（如苯基 C-H 键能为 464.4 kJ /mol），通常具有较高的热力学稳定性和较低的化学反应活性，温和条件下难以切断，同一个化合物中可能包含多个 C-H 键，条件激烈又易导致多个化学键的无选择性断裂。因此，C-H 键的直接官能化主要面临两大挑战：一是高键能的 C-H 键活化；二是分子中众多 C-H 键活化的区域选择性。C-H 键的直接选择性活化既具有传统的官能团化学无法比拟的原子经济性和步骤经济性优点，又面临巨大的挑战，被誉为“化学的圣杯”。

近年来，不同的过渡金属（钯、铜、铑及钴等）被广泛用来实现 C-H 键的活化，在这些金属催化剂的存在下，键能较高的 C-H 键发生断裂生成活性较高的碳金属键（C-M），从而与其他试剂交叉偶联，构建新的化学键，合成复杂分子，在该催化过程中配体或反应底物的配位作用、空间效应、电子效应等可以用来控制反应的活性、效率，提高反应的化学选择性、区域选择性。目前，在过渡金属催化下，利用导向基团、空间效应及电子效应来控制反应选择性，已成为C-H键直接选择性官能团化的有效方法。

本书在编写过程中参阅了国内外众多碳氢键活化研究方面的文献，在此向这些文献的作者们表示衷心的感谢。

目录

第 1 章　铜催化喹啉 -N- 氧化物的脱氢胺化　/　001

1.1 引言　/　001
1.2 实验部分　/　002
1.3 结果与讨论　/　004
1.4 结论　/　009
1.5 参考文献　/　009
1.6 化合物数据与图谱　/　012

第 2 章　铜催化喹啉 -N- 氧化物的亲电胺化　/　044

2.1 引言　/　044
2.2 实验部分　/　045
2.3 结果与讨论　/　048
2.4 结论　/　052
2.5 参考文献　/　052
2.6 化合物结构数据与图谱　/　054

第 3 章　无金属催化的喹啉 -N- 氧化物的甲基化　/　073

3.1 引言　/　073
3.2 实验部分　/　074
3.3 结果与讨论　/　076
3.4 结论　/　081
3.5 参考文献　/　081
3.6 化合物结构数据与图谱　/　083

第 4 章　铜催化空气氧化 2- 苯基吡啶的脱氢胺化　/　101

4.1 引言　/　101
4.2 实验部分　/　101
4.3 结果与讨论　/　104
4.4 结论　/　109
4.5 参考文献　/　109
4.6 化合物结构数据与图谱　/　111

第 5 章　铜催化空气氧化偶氮芳香化合物的 脱氢胺化　/　119

5.1 引言　/　119
5.2 实验部分　/　120
5.3 结果与讨论　/　121
5.4 结论　/　126
5.5 参考文献　/　126
5.6 化合物结构数据与图谱　/　129

第1章　铜催化喹啉-N-氧化物的脱氢胺化

1.1 引言

过去几年中，与传统的使用有机卤化物和有机金属化合物为底物的交叉偶联相比，过渡金属催化的选择性 C-H 键官能团化以其突出的原子经济性和步骤经济性，引起了化学家的广泛关注 [1]。芳基 C-N 键是一种重要的结构单元，广泛存在于医药及具有生物活性的天然化合物中 [2]。与传统的使用芳基卤化物 / 对甲苯磺酸酯或有机金属试剂为底物构建芳基 C-N 键结构单元的 Buchwald-Hartwig 胺化 [3]、Ullman 偶联 [4] 和 Chan Lam 氧化偶联相比 [5]，毫无疑问，芳基 C-H 键和 N-H 的脱氢偶联是最理想的方法 [6]。最近，过渡金属催化的芳基 C-H 键和 N-H 的脱氢偶联构建芳基 C-N 键已经取得突破。过渡金属催化的喹啉 -N- 氧化物的脱氢偶联也有几例报道，Wu[7]，Chang[8]，Li[9] 等分别报道了喹啉 -N- 氧化物与烯、醚、芳烃及吲哚的脱氢偶联构建 C-C 键（Scheme 1），然而，过渡金属催化的喹啉 -N- 氧化物脱氢偶联构建 C-N 键仍然是一个挑战。在此，我们以良好的产率实现了醋酸铜催化碳酸银氧化的喹啉 -N- 氧化物与内酰胺 / 胺的脱氢胺化反应。

Scheme 1. 喹啉 -N- 氧化物的 C-H 键官能团化

C-C bond construction via dehydrogenative coupling

$Pd(OAc)_2$, NMP; Wu's work (1)

$Pd(OAc)_2$, Ag_2CO_3; Chang's work (2)

$Pd(OAc)_2$, Ag_2CO_3; Li's work (3)

$Pd(OAc)_2$, TBHP; Wu's work (4)

C-N bond construction via dehydrogenative coupling

$Cu(OAc)_2$, Ag_2CO_3; this work (5)

1.2 实验部分

基本条件：所有的商业化试剂和溶剂都是未经纯化处理而直接使用的。柱层析使用 200 ~ 300 目硅胶。在布鲁克 ascend 400 光谱仪做的 1H NMR 和 13C NMR 图谱（德国）。化学位移以 ppm 为单位，参照三甲基硅烷 1H 为 0 ppm 和 13C 谱为 77 ppm。所有耦合常数均以赫兹（Hz）表示。在 LCT Premierxet 仪器上获得高分辨质谱数据。4- 苯基喹啉根据文献报告制备。

喹啉 -N- 氧化物的制备：强烈的磁力搅拌下，将溶解在二氯甲烷（5 mL）

中的 3- 氯苯甲酸酸（m-CPBA）（345 mg，2 mmol）慢慢滴加到冷却至 0℃的喹啉衍生物（2 mmol）的二氯甲烷（5 mL）溶液中。滴加完成后，待反应混合物升温至室温，搅拌过夜。饱和碳酸氢钠水溶液加入混合中和残余的 3- 氯苯甲酸酸。体系用二氯甲烷（3 × 10 mL）萃取。合并有机相，并用饱和 NaCl 溶液洗涤（3 × 5 mL）。有机相用无水硫酸钠干燥，过滤，减压蒸发给出粗产物，经柱层析纯化（硅胶 200 ~ 300 目，乙酸乙酯 / 甲醇以 8:1 混合作为洗脱剂）。产物经核磁共振氢谱和质谱鉴定，并与文献一致。

喹啉 -N- 氧化物与胺的脱氢胺化：将在空气中，将喹啉 -N- 氧化物（0.2 mmol）、酰胺（0.6 mmol，3 eqv）、Cu（OAc）$_2$（0.02 mmol，10 mol%）、Ag_2CO_3（0.4 mmol，2 eqv）、苯（1 mL）分别加入到一个 30 mL 的耐压反应管中。反应混合物在 120℃下搅拌 8 ~ 24 小时，原料被完全消耗完 [基于薄层色谱（TLC）监测、乙酸乙酯 / 甲醇作为洗脱剂] 后停止反应，冷却至室温。将混合物过一个小硅藻土柱子，用乙酸乙酯 / 甲醇以 1:1 混合的溶剂反复冲洗。有机层减压浓缩得到油状粗产物，经硅胶柱层析纯化（200 ~ 300 目）得到目标产物。

2- 氨基喹啉 -N- 氧化物的还原脱氧：在磁力搅拌下，将三氯化磷（21 μL，0.24 mmol）滴加到溶解 2- 氨基喹啉 -N- 氧化物（46 mg，0.2 mmol）的甲苯溶液中。反应混合物在 50℃下搅拌 30 分钟，然后向混合物中加入饱和碳酸氢钠水溶液，再搅拌 5 分钟，用二氯甲烷（3 × 20 mL）萃取水溶液。合并有机相，经无水硫酸钠干燥、过滤，减压蒸发得到油状粗产物，经柱层析纯化（硅胶 200 ~ 300 目，乙酸乙酯 / 甲醇以 8:1 混合作为洗脱剂）。产物经核磁共振波谱和质谱鉴定。

喹啉 -N- 氧化物脱氢胺化的动力学研究：

+ D_2O NaOH 100 ^oC, 12 h

2 mmol　1.5 mL

2- 氘代喹啉 -N- 氧化物的合成：将喹啉 -N- 氧化物（258 mg，2 mmol）、重水（1.5 mL）、氢氧化钠（200 mg，5 mmol）分别加入到 30 mL 耐压反应管中，在 100℃下搅拌反应过夜。冷却至室温，体系用氯仿（3 × 10 mL）萃取。有机相用饱和 NaCl 溶液（3 × 5 mL）洗涤，用硫酸镁干燥、过滤。减压蒸去氯仿，得到产物。根据核磁共振氢谱分析化学位移为 8.76 ppm 和 8.53 ppm 的峰的面积，发现 91 % 的喹啉 -N- 氧化物的 2- 氢被氘取代。

0.1 mmol + 0.6 mmol

0.1 mmol

$Cu(OAc)_2$ (10 mol %)

Ag_2CO_3 (2 equiv)

120 °C, benzene (1 mL)

k_H/k_D = 1.3

动力学实验：在空气中，将 2- 氘代喹啉 -N- 氧化物（0.1 mmol）和喹啉 -N- 氧化物（0.1 mmol）、己内酰胺（0.6 mmol，3 eqv）、$Cu(OAc)_2$（0.02 mmol，10 mol%）、Ag_2CO_3（0.4 mmol，2 eqv）、苯（1 mL）分别加入到一个 30 mL 的耐压反应管中。反应混合物在 120℃下反应 3 小时后停止反应，冷却至室温。将混合物过一个小硅藻土柱子，用乙酸乙酯 / 甲醇为 1:1 的混合溶剂反复冲洗。有机层减压浓缩得到油状粗产物，经硅胶柱层析纯化（200 ~ 300 目）得到未反应的起始原料 2- 氘代喹啉 -N- 氧化物（0.1 mmol）和喹啉 -N- 氧化物。根据核磁共振氢谱分析化学位移为 8.76 ppm 和 8.53 ppm 的峰的面积，发现剩余的 2- 氘代喹啉 -N- 氧化物和喹啉 -N- 氧化物的比例为 0.56:0.44，根据下面式子计算：

$$k_H/k_D = \frac{M/2 - 0.44m}{M/2 - 0.56m}$$

M, m 分别代表起始原料和剩余原料中 2- 氘代喹啉 -N- 氧化物和喹啉 -N- 氧化物的质量，在这里，M=29 mg，m=16 mg。因此，该反应的动力学同位素效应为 k_H/k_D = 1.3。

1.3 结果与讨论

最初，我们选择廉价易得的喹啉 -N- 氧化物（1a）和己内酰胺（2a）作为典型的底物，筛选脱氢偶联的反应条件。在反应管中，1mL 溶剂在 120℃下反应 24 小时。如表 1 所示，当在反应体系中，只有 2 当量的醋酸铜或碳酸银存在时（Entry 1, 2），脱氢偶联反应不能顺利进行。令我们高兴的是，当醋酸铜作催化剂时，氧化剂 oxone、过硫酸钾、过氧叔丁醚和碳酸银等加入反应体系中（Entry 3, 4, 5），发现碳酸银是有效的氧化剂，以 93% 的产率获得目标产物（Entry 6），明显优于其他氧化剂。氯化铜也能促进反应（Entry 7），虽然收率不如用醋酸铜，但碳酸铜彻底无效（Entry 8）。醋酸钯几乎没有催化活性（Entry 9, 10）。苯、甲苯、二甲苯、乙腈、1,4- 二氧六环等溶剂相比较（Entry 11, 12, 13, 14），苯是理想的溶剂。反应在其他溶剂中进行，副产物多，收率较低。当在体系中添加碳酸银（10 mol%）和醋酸铜（2 equiv）时（Entry 15），目标产物获得了 81% 的产率。

表 1. 喹啉 -N- 氧化物脱氢胺化条件优化

1a + 2a → 3aa (120 °C, 24 h; solvent (1 mL))

entry	catalyst	oxidant	solvent (1 mL)	yield (%)
1	$Cu(OAc)_2$ (2 equiv)		benzene	trace
2	Ag_2CO_3 (2 equiv)		benzene	trace
3	$Cu(OAc)_2$ (10 mol %)	oxone (2 equiv)	benzene	10
4	$Cu(OAc)_2$ (10 mol %)	$K_2S_2O_8$ (2 equiv)	benzene	18
5	$Cu(OAc)_2$ (10 mol %)	$^tBuOO^tBu$ (2 equiv)	benzene	trace
6	$Cu(OAc)_2$ (10 mol %)	Ag_2CO_3 (2 equiv)	benzene	93
7	$CuCl_2$ (10 mol %)	Ag_2CO_3 (2 equiv)	benzene	72
8	$CuCO_3$ (10 mol %)	Ag_2CO_3 (2 equiv)	benzene	no
9	$Pd(OAc)_2$ (10 mol %)	Ag_2CO_3 (2 equiv)	benzene	no
10	$Pd(OAc)_2$ (10 mol %)	$Cu(OAc)_2$ (2 equiv)	benzene	trace
11	$Cu(OAc)_2$ (10 mol %)	Ag_2CO_3 (2 equiv)	toluene	66
12	$Cu(OAc)_2$ (10 mol %)	Ag_2CO_3 (2 equiv)	xylene	80
13	$Cu(OAc)_2$ (10 mol %)	Ag_2CO_3 (2 equiv)	acetonitrile	49
14	$Cu(OAc)_2$ (10 mol %)	Ag_2CO_3 (2 equiv)	1,4-dioxane	75
15	Ag_2CO_3 (10 mol %)	$Cu(OAc)_2$ (2 equiv)	benzene	81

在优化的条件下，我们探索的铜催化喹啉 -N- 氧化物与酰胺 / 胺脱氢胺

化的范围和通用性，如 Scheme 2 所示。用已内酰胺作为胺化试剂，与不同的喹啉 -N- 氧化物衍生物反应。在不同位置连有烷基、芳基的喹啉 -N- 氧化物（3ba，3ca，3da，3ea）都是良好的底物，顺利地生成目标产物。喹啉 -N- 氧化物 3 位的甲基，在这个过程中没有表现出明显的空间位阻效应。喹啉 -N- 氧化物上的强吸电子基团（$-NO_2$，3fa）和供电子基（$-OCH_3$，3ga）都能够兼容。在这个反应中，溴（3ha）和氯等卤素也是可以兼容的官能团（3ia，3ja）。这为产物的进一步官能化提供了一个很好的机会。喹喔啉 -N- 氧化物也具有优异的反应活性（3ka），以 95% 的分离收率得到目标产物。然而，同样条件下，异喹啉 -N- 氧化物反应效果很差，只有微量的产物生成。令人遗憾的是，吡啶 -N- 氧化物与已内酰胺在相同条件下不反应。

Scheme 2. 喹啉 -N- 氧化物底物范围 [a]

1 + 2a → 3

$Cu(OAc)_2$ (10 mol %)
Ag_2CO_3 (2 equiv)
benzene (1 mL)
120 °C, 24 h

3aa, 93% **3ba**, 88% **3ca**, 85%

3da, 91%[b] **3ea**, 94% **3fa**, 87%

3ga, 82%[b] **3ha**, 92% **3ia**, 88%

3ja, 81% **3ka**, 95% **3la, Trace**

[a] Reaction conditions: quinoline **N**-oxide (0.2 mmol), hex-anolactam (0.6 mmol, 3 equiv), $Cu(OAc)_2$ (10 mol %), Ag_2CO_3 (0.4 mmol, 2 equiv), benzene (1 mL), 120 °C, 24 h; [b] 130 °C.

此外，相同条件下，进一步对各种内酰胺进行了考察，见 Scheme 3。不同大小的环内酰胺作为反应物时，都以很高的产率给出产物（3ab，3ac）。在不同位置连有甲基的吡咯烷酮也都是适合的底物，虽然 5，5- 二甲基 -2- 吡咯烷酮表现出明显的位阻效应（3ad，3ae，3af）。2- 唑啉酮也是良好的反应物，以 93% 的收率获得目标产物。进一步的实验发现，环胺也是有效的胺化试剂。不仅哌啶（3ah）、吡咯烷（3ai）和甲基哌啶（3aj，3ak）表现出良好的反应活性，而且具有其他杂原子（O，N）的吗啉（3al）及哌嗪（3am）也是良好的胺化试剂，在较低的温度下都可以获得良好的产率。此外，在一个锅里，通过控制反应物的化学计量，双分子喹啉 -N- 氧化物与哌嗪双 N-H 的双脱氢胺化反应也可以顺利进行（3an）。

Scheme 3. 胺类化合物的底物范围[a]

1a + 2 → 3　$Cu(OAc)_2$ (10 mol %), Ag_2CO_3 (2 equiv), benzene (1 mL), 120 °C, 24 h

3ab, 82%[b]　**3ac**, 86%[c]　**3ad**, 84%[d]

3ae, 72%[e]　**3af**, 85%[f]　**3ag**, 93%[b]

3ah, 76%[g]　**3ai**, 75%[h]　**3aj**, 70%[i]

3ak, 63%[f]　**3al**, 78%[g]　**3am**, 52%[g]

3an, 72%[j]

[a] Reaction conditions: quinoline N-oxide (0.2 mmol), lactam /cyclamine (0.6m mol, 3 equiv), $Cu(OAc)_2$ (10 mol %), Ag_2CO_3 (0.4 mmol, 2 equiv), benzene (1 mL), 120 °C, 24 h. [b] 80 °C. [c] 100 °C, 8h. [d] 110 °C. [e] 140 °C. [f] 90 °C. [g] 50 °C. [h] 40 °C. [i] 55 °C. [j] quinoline *N*-oxide (0.6 mmol), piperazine (0.2 mmol), $Cu(OAc)_2$ (0.04 mmol), Ag_2CO_3 (1.2 mmol), 100 °C, 24h.

脱氢偶联产品容易被三氯化磷还原，给出相应的 2- 氨基喹啉衍生物（Scheme 4）[8]。这表明，喹啉 -N- 氧化物与胺的脱氢胺化及还原为氨基喹啉骨架构建提供了一个有用的方法。

Scheme 4. 克级实验

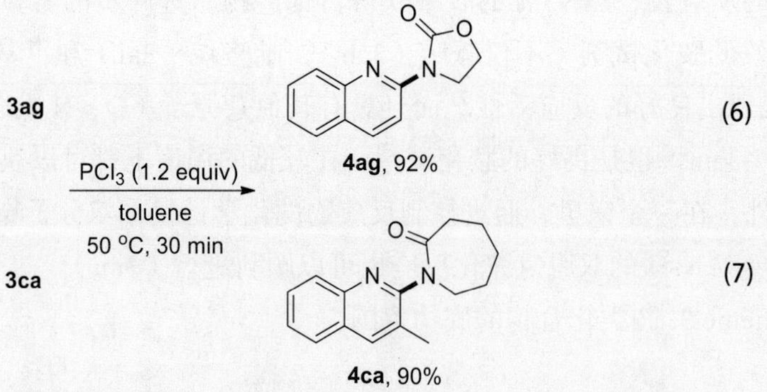

3ag → 4ag, 92% (6)

PCl_3 (1.2 equiv)
toluene
50 °C, 30 min

3ca → 4ca, 90% (7)

其次，通过己内酰胺与等量的喹啉 -N- 氧化物和 2- 氘代喹啉 -N- 氧化物混合物竞争性反应，考察了该脱氢胺化反应的氘动力学同位素效应（KIE），见 Scheme 5。通过剩余原料混合物的核磁共振分析，发现 KIE 是 $K_H / K_D = 1.3$，这一数据显示，C-H 键的断裂在喹啉 -N- 氧化物的脱氢胺化反应中不是限速步骤。

Scheme 5. 脱氧还原

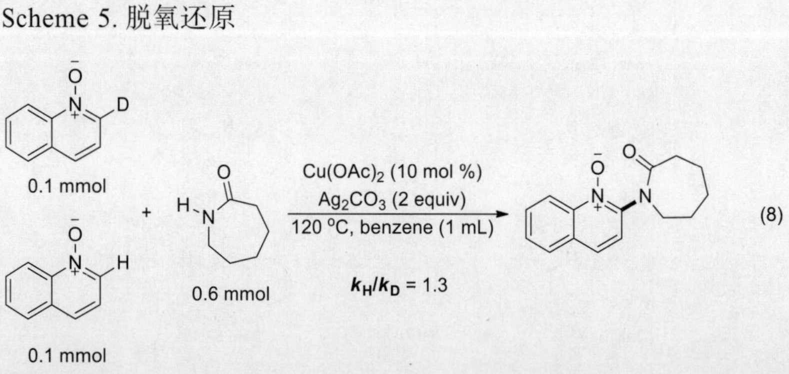

0.1 mmol + 0.1 mmol + 0.6 mmol

$Cu(OAc)_2$ (10 mol %)
Ag_2CO_3 (2 equiv)
120 °C, benzene (1 mL)

$k_H/k_D = 1.3$ (8)

根据相关文献报道以及我们的实验观察 [7]~[9]，提出了一个合理的醋酸铜催化碳酸银氧化的脱氢胺化催化循环过程。如 Scheme 6 所示，喹啉 -N- 氧化物与醋酸铜的金属化生成的中间体 A，进一步酰胺 / 胺化形成物种 B，碳酸银氧化中间体 B 获得复杂的活性物种 C，经还原消除给出最终产物 2-

氨基喹啉 -N- 氧化物和一价铜物种，进一步氧化得到活性催化剂，开启新的催化循环。

Scheme 6. 脱氢胺化机理

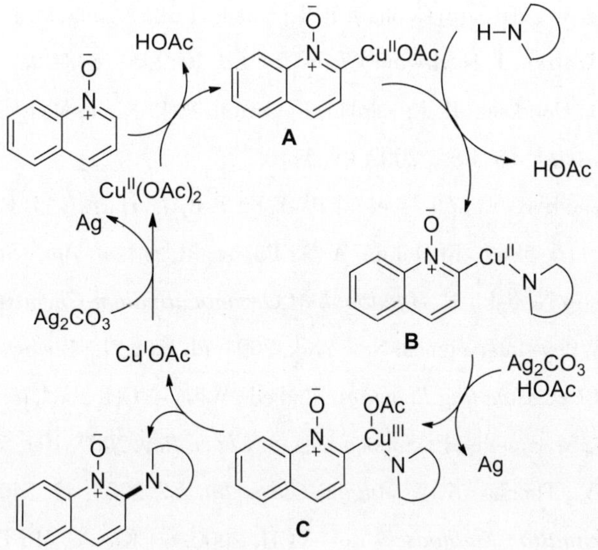

1.4 结论

总之，我们发展了铜催化喹啉 -N- 氧化物与胺的脱氢胺化反应，这一反应为 2- 氨基喹啉化合物的便捷合成提供了一种新的策略。

1.5 参考文献

[1] For recent review, see: (a) Yu, J.–Q.; Shi, Z.–J. *C-H Activation*; Springer–Verlag Berlin Heidelberg, 2010. (b) Doyle, M. P.; Goldberg, K. I. *Acc. Chem. Res*. 2012, 45: 777. (c) Bruckl, T.; Baxter, R. D.; Ishihara, Y.; Baran, P. S. *Acc. Chem. Res*. 2012, 45, 826. (d) Arockiam, P. B.; Bruneau, C.; Dixneuf, P. H. *Chem. Rev*. 2012, 112, 5879. (e) Sun, C.–L.; Li, B.–J. Shi, Z.–J. *Chem. Rev*. 2011, 111, 1293. (f) Lyons, T.

W.; Sanford, M. S. *Chem. Rev.* 2010, 110, 1147. (g) Yamaguchi, J.; Yamaguchi, A. D.; Itami, K. *Angew. Chem. Int. Ed.* 2012, 51, 8960.

[2] (a) Ricci, A. *Amino Group Chemistry: From Synthesis to the Life Sciences*; Wiley–VCH: Weinheim, 2010. (b) Gephart, R. T.; Huang, D. L.; Aguila, M. J. B.; Schmidt, G.; Shahu, A.; Warren. T. H. *Angew. Chem. Int. Ed.* 2012, 51, 6488. (c) Tew, G. N.; Liu, D.; Chen, B.; Doerksen, R. J.; Kaplan, J.; Carroll, P. J.; Klein, M. L.; DeGrado, W. F. *Proc. Natl. Acad. Sci.* USA. 2002, 99, 5110.

[3] For representative example, see: (a) Paul, F.; Patt, J.; Hartwig, J. F. *J. Am. Chem. Soc.* 1994, 116, 5969. (b) Guram, A. S.; Buchwald, S. L. *J. Am. Chem. Soc.* 1994, 116, 7901. (c) Negishi, E. *Handbook of Organopalladium Chemistry for Organic Synthesis*; Wiley–Interscience: New York, 2002. (d) Jiang, L.; Buchwald, S. L. *Metal-Catalyzed Cross-Coupling Reactions*, 2nd ed.: Wiley–VCH, 2004. (e) Beccalli, E. M.; Broggini, G.; Martinelli, M.: Sottocornola, S. *Chem. Rev.* 2007, 107, 5318.

[4] (a) Ley, S. V.; Thomas. A. W. *Angew. Chem. Int. Ed.* 2003, 42, 5400. (b) Ricci, A. *Modern Amination Methods*; Wiley–VCH, 2000. (c) Kienle, M.; Dubbaka, S. R.; Brade, K.; Knochel, P. *Eur. J. Org. Chem.* 2007, 72, 4166. (d) Miki, Y.; Hirano, K.; Satoh, T.; Miura, M. *Org. Lett.* 2013, 15, 172. (e) Qi, H.–L.; Chen, D.–S.; Ye, J.–S.; Huang, J.–M. *J. Org. Chem.* 2013, 78, 7482. (f) Jiao, J.; Zhang, X.–R.; Chang, N.–H.; Wang, J.; Wei, J.–F.; Shi, X.–Y.; Chen, Z.–G. *J. Org. Chem.* 2011, 76, 1180. (g) Jerphagnon, T.; Klink, G. P. M.; Vries, J. G.; Koten, G. *Org. Lett.* 2005, 7, 5241. (h) Yang, C.–T.; Fu, Y.; Huang, Y.–B.; Yi, J.; Guo, Q.–X.; Liu, L. *Angew. Chem. Int. Ed.* 2009, 48, 7398.

[5] (a) Xiao, Q.; Tian, L.–M.; Tan, R.–C.; Xia, Y.; Qiu, D.; Zhang, Y.; Wang, J.–B. *Org. Lett.* 2012, 14, 4230. (b) Li, J.; B é nard, S.; Neuville, L.; Zhu, J. *Org. Lett.* 2012, 14, 5980. (c) Raghuvanshi, D. S.; Gupta, A. K.; Singh, K. N. *Org. Lett.* 2012, 14, 4326. (d) Lam, P. Y. S.; Deudon, S.; Averill, K. M.; Li, R. H.; He, M. Y.; DeShong, P.; Clark, C. G. *J. Am. Chem. Soc.* 2000, 122, 7600. (e) Lam, P. Y. S.; Vincent, G.; Bonne, D.; Clark, C. G. *Tetrahedron Lett.* 2002, 43, 3091. (f) Kwong, F. Y.; Klapars, A.; Buchwald, S. L. *Org. Lett.* 2002, 4, 581. (g) Collman, J. P.; Zhong, M. *Org. Lett.* 2000, 2, 1233. (h) Yu, X.–Q.; Yamamoto, Y.; Miyaura, N. *Chem. Asian J.* 2008, 3, 1517.

[6] (a) Wang, X.-Q.; Jin, Y.-H.; Zhao, Y.-F.; Zhu, L.; Fu, H. *Org. Lett.* 2012, 14, 452. (b) Cho, S. H.; Yoon, J.; Chang, S. *J. Am. Chem. Soc.* 2011, 133, 5996. (c) Shrestha, R.; Mukherjee, P.; Tan, Y.; Litman, Z. C.; Hartwig, J. F. *J. Am. Chem. Soc.* 2013, 135, 8480. (d) Xiao, B.; Gong, T.-J.; Xu, J.; Liu, Z.-J.; Liu, L. *J. Am. Chem. Soc.* 2011, 133, 1466. (e) Thu, H. Y.; Yu, W.-Y.; Che, C.-M. *J. Am. Chem. Soc.* 2006, 128, 9048. (f) Wasa, M.; Yu, J.-Q. *J. Am. Chem. Soc.* 2008, 130, 14058. (g) Inamoto, K.; Saito, T.; Katsuno, M.; Sakamoto, T.; Hiroya, K. *Org. Lett.* 2007, 9, 2931. (h) Li, J.-J.; Mei, T.-S.; Yu, J.-Q. *Angew. Chem. Int. Ed.* 2008, 47, 452. (i) Jordan-Hore, J. A.; Johansson, C. C. C.; Gulias, M.; Beck, E. M.; Gaunt, M. J. *J. Am. Chem. Soc.* 2008, 130, 16184. (j) Tsang, W. C. P.; Zheng, N.; Buchwald, S. L. *J. Am. Chem. Soc.* 2005, *127*, 14560. (k) Tsang, W. C. P.; Munday, R. H.; Brasche, G.; Zheng, N.; Buchwald. S. L. *J. Org. Chem.* 2008, 73, 7603. (l) John, A.; Nicholas, K. M. *J. Org. Chem.* 2011, 76, 4158. (m) Shuai, Q.; Deng, G.-J.; Chua, Z.-J.; Bohle, D. S.; Li, C. J. *Adv. Synth. Catal.* 2010, 352, 632. (n) Monguchi, D.; Fujiwara, T.; Furukawa, H.; Mori, A. *Org. Lett.* 2009, 11, 1607. (o) Zhao, H.-Q.; Wang, M.; Su, W.-P.; Hong, M.-C. *Adv. Synth. Catal.* 2010, 352, 1301. (p) Wang, Q.; Schreiber, S. L. *Org. Lett.* 2009, 11, 5178. (q) Cho, S. H.; Kim, J. Y.; Lee, S. Y.; Chang, S. *Angew. Chem. Int. Ed.* 2009, 48, 9127. (r) Li, Y.-M.; Xie, Y.-S.; Zhang, R.; Jin, K.; Wang, X.; Duan, C.-Y. *J. Org. Chem.* 2011, 76, 5444. (s) Yin, J.-J.; Xiang, B.-P.; Huffman, M. A.; Raab, C.-E.; Davies, I. W. *J. Org. Chem.* 2007, 72, 4554. (t) Medley, J. W.; Movassaghi, M. *J. Org. Chem.* 2009, 74, 1341. (u) Manley, P. J.; Bilodeau, M. T. *Org. Lett.* 2002, 4, 3127. (v) Couturier, M.; Caron, L.; Tumidajski, S.; Jones, K.; White, T. D. *Org. Lett.* 2006, 8, 1929. (w) Londregan, A. T.; Jennings, S.; Wei, L.-Q. *Org. Lett.* 2010, 12, 5254.

[7] (a) Wu, J.-L.; Cui, X.-L.; Chen, L.-M.; Jiang, G.-J.; Wu, Y.-J. *J. Am. Chem. Soc.* 2009, 131, 13888. (b) Wu, Z.-Y.; Cui, X.-L.; Chen, L.-M.; Jiang, G.-J.; Wu, Y.-J. *Adv. Syth. Catal.* 2013, 355, 1971.

[8] Cho, S. H.; Hwang, S. J.; Chang, S. *J. Am. Chem. Soc.* 2008, 130, 9245.

[9] Gong, X.; Song, G.-Y.; Zhang, H.; Li, X.-W. *Org. Lett.* 2011, 13, 1766.

1.6 化合物数据与图谱

1-(quinolin-N-oxide-2-yl)azepan-2-one (3aa). ^{1}H NMR (400 MHz, $CDCl_3$) δ 8.67 (d, J = 8.7 Hz, 1H), 7.77 (d, J = 8.1 Hz, 1H), 7.69-7.64 (m, 2H), 7.54 (t, J = 7.4 Hz, 1H), 7.34 (d, J = 8.8 Hz, 1H), 3.75 (br, 2H), 2.74 (br, 2H), 1.82 (br, 6H); ^{13}C NMR (100 MHz, $CDCl_3$) δ 176.41, 144.63, 141.83, 130.10, 128.70, 128.27, 127.95, 125.29, 122.32, 119.38, 49.77, 37.45, 29.92, 28.94, 23.25. HRMS (ESI) Calcd. For $C_{15}H_{17}N_2O_2$: $[M+H]^+$, 257.1 290, Found: *m/z* 257.1 283.

1-(8-methylquinolin-N-oxide-2-yl)azepan-2-one (3ba). ^{1}H NMR (400 MHz, $CDCl_3$) δ 7.61-7.56 (m, 2H), 7.41-7.38 (m, 2H), 7.28-7.25 (m, 1H), 3.87 (s, 1H), 3.61 (s, 1H), 3.15 (s, 3H), 2.80-2.69 (m, 2H), 2.04-1.68 (m, 6H); ^{13}C NMR (100 MHz, $CDCl_3$) δ 176.60, 145.82, 142.00, 133.68, 133.38, 130.95, 127.83, 126.75, 125.45, 122.17, 49.66, 37.45, 30.10, 29.08, 25.00, 23.45. HRMS (ESI) Calcd. For $C_{16}H_{19}N_2O_2$: $[M+H]^+$, 271.1 447, Found: *m/z* 271.1 445.

1-(3-methylquinolin-N-oxide-2-yl)azepan-2-one (3ca). ^{1}H NMR (400 MHz, $CDCl_3$) δ 8.58 (d, J = 8.6 Hz, 1H), 7.67 (d, J = 8.1 Hz, 1H), 7.59 (t, J = 7.7 Hz, 1H), 7.49 (t, 2H), 3.90-3.84 (m, 1H), 3.54-3.48 (m, 1H), 2.85-2.68 (m, 2H), 2.39 (s, 3H), 2.16-2.13 (m, 1H), 1.98-1.77 (m, 5H); ^{13}C NMR (100 MHz, $CDCl_3$) δ 176.07, 146.14, 140.32, 130.62, 129.19, 128.58, 128.34, 127.26, 125.75, 119.49, 50.29, 37.65, 30.25, 29.42, 23.16, 18.21. HRMS (ESI) Calcd. For $C_{16}H_{19}N_2O_2$: $[M+H]^+$, 271.1 447, Found: *m/z* 271.1 444.

1-(6-methylquinolin-N-oxide-2-yl)azepan-2-one (3da). ^{1}H NMR (400 MHz, $CDCl_3$) δ 8.60 (d, J = 8.8 Hz, 1H), 7.62-7.54 (m, 3H), 7.33 (d, J = 8.6 Hz, 1H), 3.79 (br, 2H), 2.77 (br, 2H), 2.52 (s, 3H), 1.87 (br, 6H); ^{13}C NMR (100 MHz, $CDCl_3$) δ 176.55, 144.13, 140.52, 138.60, 132.39, 128.95, 126.95, 125.01, 122.32, 119.43, 49.92, 37.55, 30.06, 29.05, 23.38, 21.32. HRMS (ESI) Calcd. For $C_{16}H_{19}N_2O_2$: $[M+H]^+$, 271.1 447, Found: *m/z* 271.1 443.

1-(4-phenylquinolin-N-oxide-2-yl)azepan-2-one (3ea). ^{1}H NMR (400

MHz, $CDCl_3$) δ 8.85 (d, J = 8.7 Hz, 1H), 7.95 (d, J = 8.3 Hz, 1H), 7.79 (t, J = 7.6 Hz, 1H), 7.61 (t, J = 7.6 Hz, 1H), 7.55-7.51 (m, 5H), 7.35 (s, 1H), 3.86 (br, 2H), 2.80 (br, 2H), 1.89 (br, 6H); ^{13}C NMR (100 MHz, $CDCl_3$) δ 176.56, 144.28, 142.19, 138.41, 136.76, 130.26, 129.73, 128.71, 128.63, 128.34, 127.41, 126.65, 122.60, 120.14, 50.04, 37.62, 30.10, 29.14, 23.39. HRMS (ESI) Calcd. For $C_{21}H_{221}N_2O_2$: $[M+H]^+$, 333.1 603, Found: *m/z* 333.1 598.

1-(5-nitroquinolin-N-oxide-2-yl)azepan-2-one (3fa). ^{1}H NMR (400 MHz, $CDCl_3$) δ 9.12 (d, J = 8.8 Hz, 1H), 8.43 (t, 2H), 7.84 (t, J = 8.3 Hz, 1H), 7.59 (d, J = 9.5 Hz, 1H), 3.80 (br, 2H), 2.80 (br, 2H), 1.91 (br, 6H); ^{13}C NMR (100 MHz, $CDCl_3$) δ 176.53, 146.07, 145.57, 143.30, 128.36, 126.28, 126.01, 125.56, 122.3 , 120.21, 49.71, 37.51, 30.02, 29.19, 23.33. HRMS (ESI) Calcd. For $C_{15}H_{16}N_3O_4$: $[M+H]^+$, 302.1 141, Found: *m/z* 302.1 141.

1-(5-methoxyquinolin-N-oxide-2-yl)azepan-2-one (3ga). ^{1}H NMR (400 MHz, $CDCl_3$) δ 8.29 (d, J = 8.9 Hz, 1H), 8.09 (d, J = 9.0 Hz, 1H), 7.65 (t, J = 8.4 Hz, 1H), 7.33 (d, J = 9.0 Hz, 1H), 6.96 (d, J = 7.9 Hz, 1H), 4.02 (s, 3H), 3.79 (br, 2H), 2.79 (br, 2H), 1.88 (br, 6H); ^{13}C NMR (100 MHz, $CDCl_3$) δ 176.52, 155.74, 145.24, 143.18, 130.58, 121.48, 121.15, 120.26, 111.59, 106.53, 56.12, 49.85, 37.60, 30.11, 29.10, 23.41. HRMS (ESI) Calcd. For $C_{16}H_{19}N_2O_3$: $[M+H]^+$,287.1 396, Found: *m/z* 287.1 390.

1-(4-bromoquinolin-N-oxide-2-yl)azepan-2-one (3ha). ^{1}H NMR (400 MHz, $CDCl_3$) δ 8.77 (d, J = 8.6 Hz, 1H), 8.17 (d, J = 8.2 Hz, 1H), 7.82 (t, J = 7.7 Hz, 1H), 7.75 (t, J = 7.6 Hz, 1H), 7.69 (s, 1H), 3.79 (br, 2H), 2.79 (br, 2H), 1.90 (br, 6H); ^{13}C NMR (100 MHz, $CDCl_3$) δ 176.53, 144.44, 142.50, 131.06, 129.44, 127.93, 127.74, 125.83, 120.28, 118.98, 49.90, 37.52, 30.05, 29.13, 23.34. HRMS (ESI) Calcd. For $C_{15}H_{16}BrN_2O_2$: $[M+H]^+$, 335.0 395, Found: *m/z* 335.0 396.

1-(6-chloroquinolin-N-oxide-2-yl)azepan-2-one (3ia). ^{1}H NMR (400 MHz, $CDCl_3$) δ 8.61 (d, J = 8.3 Hz, 1H), 7.74 (s, 1H), 7.58 (d, J = 7.2 Hz, 1H), 7.48 (br, 1H), 7.35 (d, J = 8.5 Hz, 1H), 3.73 (br, 2H), 2.73 (br, 2H), 1.82 (br, 6H); ^{13}C NMR (100 MHz, $CDCl_3$) δ 176.58, 145.25, 140.80, 134.47, 130.89, 129.38, 126.74, 124.27, 123.51, 121.49, 49.87, 37.51, 30.00, 29.08, 23.33. HRMS (ESI) Calcd. For $C_{15}H_{17}ClN_2O_2$: $[M+H]^+$, 291.0 900, Found: *m/z* 291.0 901.

1-(4-chloroquinolin-N-oxide-2-yl)azepan-2-one(3ja). ^{1}H NMR (400 MHz, $CDCl_3$) δ 8.78 (d, J = 8.6 Hz, 1H), 8.21 (d, J = 8.3 Hz, 1H), 7.84 (t, J = 7.3 Hz, 1H), 7.76 (t, J = 7.6 Hz, 1H), 7.50 (s, 1H), 3.80 (br, 2H), 2.79 (br, 2H), 1.90 (br, 6H); ^{13}C NMR (100 MHz, $CDCl_3$) δ 176.55, 144.32, 142.41, 131.10, 129.22, 129.11, 126.67, 125.11, 122.41, 120.28, 49.89, 37.51, 30.03, 29.11, 23.33. HRMS (ESI) Calcd. For $C_{15}H_{16}ClN_2O_2$: $[M+H]^+$, 291.0 900, Found: *m/z* 291.0 894.

1-(quinoxalin-N-oxide-2-yl)azepan-2-one (3ka). ^{1}H NMR (400 MHz, $CDCl_3$) δ 8.71 (s, 1H), 8.55 (d, J = 8.4 Hz, 1H), 8.11 (d, J = 7.8 Hz, 1H), 7.81-7.72 (m, 2H), 3.73 (br, 2H), 2.77 (br, 2H), 1.88 (br, 6H); ^{13}C NMR (100 MHz, $CDCl_3$) δ 176.75, 146.83, 143.54, 140.07 , 137.57, 131.03, 130.14, 129.96, 118.76, 49.88, 37.35, 29.96, 29.16, 23.28. HRMS (ESI) Calcd. For $C_{14}H_{16}N_3O_2$: $[M+H]^+$, 258.1 243, Found: *m/z* 258.1 237.

1-(quinolin-N-oxide-2-yl)piperidin-2-one (3ab). ^{1}H NMR (400 MHz, CDCl3) δ 8.74 (d, J = 8.7 Hz, 1H), 7.86 (d, J = 8.0 Hz, 1H), 7.78-7.71 (m, 2H), 7.64 (t, J = 7.4 Hz, 1H), 7.39 (d, J = 8.8 Hz, 1H), 3.78 (br, 2H), 2.65 (br, 2H), 2.04 (br, 4H); ^{13}C NMR (100 MHz, $CDCl_3$) δ 170.76, 143.96, 142.31, 130.35, 129.25, 128.56, 128.05, 125.49, 122.27, 119.80, 47.37, 32.56, 22.83, 21.02. HRMS (ESI) Calcd. For $C_{14}H_{15}N_2O_2$: $[M+H]^+$, 243.1 134, Found: *m/z* 243.1 131.

1-(quinolin-N-oxide-2-yl) pyrrolidin-2-one (3ac). ^{1}H NMR (400 MHz, $CDCl_3$) δ 8.69 (d, J = 8.8 Hz, 1H), 7.82 (d, J = 8.1 Hz, 1H), 7.73 (t, 2H), 7.62-7.54 (m, 2H), 4.21 (t, J = 7.0 Hz, 2H), 2.61 (t, J = 8.0 Hz, 2H), 2.33-2.25 (m, 2H); ^{13}C NMR (100 MHz, $CDCl_3$) δ 176.41, 144.63, 141.83, 130.10, 128.70, 128.27, 127.95, 125.29, 122.32, 119.38, 49.77, 37.45, 29.92, 28.94, 23.25. HRMS (ESI) Calcd. For $C_{13}H_{13}N_2O_2$: $[M+H]^+$, 229.0 977, Found: *m/z* 229.0 974.

5-methyl-1-(quinolin-N-oxide-2-yl)pyrrolidin-2-one (3ad). ^{1}H NMR (400 MHz, $CDCl_3$) δ 8.71 (d, J = 8.7 Hz, 1H), 7.86 (d, J = 8.1 Hz, 1H), 7.75 (t, 2H), 7.62 (t, J = 7.4 Hz, 1H), 7.49 (d, J = 8.8 Hz, 1H), 5.20-5.15 (m, 1H), 2.69-2.63 (m, 2H), 2.56-2.47 (m, 1H), 1.87-1.87 (m, 1H), 1.10 (d, J = 6.3 Hz, 3H);

^{13}C NMR (100 MHz, $CDCl_3$) δ 175.62, 142.02, 140.14, 130.36, 128.77, 128.41, 128.05, 125.31, 122.32, 119.37, 53.99, 31.01, 27.87, 20.51. HRMS (ESI) Calcd. For $C_{14}H_{15}N_2O_2$: $[M+H]^+$,243.1 134, Found: *m/z* 243.1 139.

5,5-dimethyl-1-(quinolin-N-oxide-2-yl)pyrrolidin-2-one (3ae). ^{1}H NMR (400 MHz, $CDCl_3$) δ 8.76 (d, *J* = 8.7 Hz, 1H), 7.87 (d, *J* = 8.1 Hz, 1H), 7.76 (t, *J* = 7.8 Hz, 1H), 7.70-7.63 (m, 2H), 7.28 (d, *J* = 2.7 Hz, 1H), 2.73 (m, 2H), 2.21 (m, 2H), 1.41 (m, 6H); ^{13}C NMR (100 MHz, $CDCl_3$) δ 174.91, 142.65, 139.78, 130.34, 129.72, 128.78, 128.00, 124.35, 123.09, 120.47, 64.88, 35.70, 30.20, 28.68, 26.22. HRMS (ESI) Calcd. For $C_{15}H_{17}N_2O_2$: $[M+H]^+$, 257.1 290, Found: *m/z* 257.1 293.

4-methyl-1-(quinolin-N-oxide-2-yl)pyrrolidin-2-one (3af). ^{1}H NMR (400 MHz, $CDCl_3$) δ 8.71 (d, *J* = 8.7 Hz, 1H), 7.85 (d, *J* = 8.1, 1H), 7.78-7.72 (m, 2H), 7.64-7.58 (m, 2H), 4.31 (dd, *J* = 9.6, 7.4 Hz, 1H), 3.34-3.29 (m, 1H), 2.79-2.69 (m, 2H), 2.32-2.25 (m, 1H), 1.27 (d, *J* = 6.5 Hz, 3H); ^{13}C NMR (100 MHz, $CDCl_3$) δ 175.76, 142.15, 141.24, 130.50, 128.50, 128.31, 128.04, 125.72, 120.66, 119.39, 54.09, 39.23, 28.15, 19.00 (s). HRMS (ESI) Calcd. For $C_{14}H_{15}N_2O_2$: $[M+H]^+$,243.1 134, Found: *m/z* 243.1 130.

3-(quinolin-N-oxide-2-yl)oxazolidin-2-one (3ag). ^{1}H NMR (400 MHz, $CDCl_3$) δ 8.76 (br, 1H), 7.89-7.69 (m, 5H), 4.67-4.62 (m, 4H); ^{13}C NMR (100 MHz, $CDCl_3$) δ 156.40, 142.04, 140.60, 130.74 , 128.44, 128.34, 128.17, 126.06, 119.61, 119.21, 63.68, 44.02. HRMS (ESI) Calcd. For $C_{12}H_{11}N_2O_3$: $[M+H]^+$, 231.0 770, Found: *m/z* 231.0 769.

2-(piperidin-1-yl)quinoline-N-oxide (3ah). ^{1}H NMR (400 MHz, $CDCl_3$) δ 8.69 (d, *J* = 8.7 Hz, 1H), 7.76-7.71 (m, 2H), 7.67 (d, *J* = 9.1 Hz, 1H), 7.48 (t, *J* = 7.1 Hz, 1H), 7.09 (d, *J* = 9.1 Hz, 1H), 3.58-3.56 (m, 4H), 1.89-1.83 (m, 4H), 1.75-1.71 (m, 2H); ^{13}C NMR (100 MHz, $CDCl_3$) δ 151.38, 142.34, 130.50, 127.60, 126.87, 125.68, 125.37, 118.67, 114.15, 48.92, 25.86, 24.52. HRMS (ESI) Calcd. For $C_{14}H_{17}N_2O$: $[M+H]^+$, 229.1 341, Found: *m/z* 229.1 338.

2-(pyrrolidin-1-yl)quinoline-N-oxide (3ai). ^{1}H NMR (400 MHz, $CDCl_3$) δ 8.59 (d, *J* = 8.8 Hz, 1H), 7.69 (t, 2H), 7.62-7.60 (m, 1H), 7.40-7.36 (m, 1H), 6.96-6.92 (m, 1H), 3.96-3.92 (m, 4H), 2.02-1.99 (m, 4H); ^{13}C NMR (100 MHz,

$CDCl_3$) δ 148.42, 142.04, 130.72, 128.18, 127.43, 124.59, 123.86, 117.82, 112.46, 50.63, 25.47. HRMS (ESI) Calcd. For $C_{13}H_{15}N_2O$: $[M+H]^+$, 215.1 184, Found: *m/z* 215.1 180.

2-(4-methylpiperidin-1-yl)quinoline-N-oxide (3aj). ^1H NMR (400 MHz, $CDCl_3$) δ 8.67 (d, *J* = 8.7 Hz, 1H), 7.73-7.68 (m, 2H), 7.63 (d, *J* = 9.1 Hz, 1H), 7.45 (t, *J* = 7.5 Hz, 1H), 7.07 (d, *J* = 9.1 Hz, 1H), 4.21 (d, *J* = 12.0 Hz, 2H), 2.90 (t, *J* = 11.9 Hz, 2H), 1.79 (d, *J* = 12.5 Hz, 2H), 1.66-1.52 (m, 3H), 1.01 (d, *J* = 6.2 Hz, 3H); ^{13}C NMR (100 MHz, $CDCl_3$) δ 151.25, 142.34, 130.51, 127.58, 126.74, 125.70, 125.40, 118.72, 114.29, 48.24, 34.09, 31.01, 21.91. HRMS (ESI) Calcd. For $C_{15}H_{19}N_2O$: $[M+H]^+$, 243.1 497, Found: *m/z* 243.1 500.

2-(2-methylpiperidin-1-yl)quinoline-N-oxide (3ak). ^1H NMR (400 MHz, $CDCl_3$) δ 8.68 (d, *J* = 8.6 Hz, 1H), 7.73 (t, 2H), 7.66 (d, *J* = 9.0 Hz, 1H), 7.48 (t, *J* = 7.5 Hz, 1H), 7.08 (d, *J* = 9.1 Hz, 1H), 4.84-4.80 (m, 1H), 3.49 (br, 2H), 2.09-2.03 (m, 1H), 1.82 (br, 3H), 1.71-1.69 (m, 1H), 1.64-1.61 (m, 1H), 1.23 (d, *J* = 6.7 Hz, 3H); ^{13}C NMR (100 MHz, $CDCl_3$) δ 151.16, 142.38, 130.44, 127.54, 126.71, 125.76, 125.50, 118.75, 115.92, 48.68, 44.38, 30.89, 26.08, 19.48, 15.92 (s).HRMS (ESI) Calcd. For $C_{15}H_{19}N_2O$: $[M+H]^+$, 243.1 497, Found: *m/z* 243.1 497.

4-(quinolin-N-oxide-2-yl)morpholine (3al). ^1H NMR (400 MHz, $CDCl_3$) δ 8.68 (d, *J* = 8.7 Hz, 1H), 7.78-7.69 (m, 3H), 7.51 (t, *J* = 7.5 Hz, 1H), 7.06 (d, *J* = 9.0 Hz, 1H), 4.00-3.98 (m, 4H), 3.64-3.62 (m, 4H); ^{13}C NMR (100 MHz, $CDCl_3$) δ 150.37, 142.25, 130.79, 127.74, 127.09, 126.23, 125.70, 118.68, 113.29, 66.79, 47.92. HRMS (ESI) Calcd. For $C_{13}H_{15}N_2O_2$: $[M+H]^+$, 231.1 134, Found: *m/z* 231.1 132.

2-(4-methylpiperazin-1-yl)quinoline-N-oxide (3am). ^1H NMR (400 MHz, $CDCl_3$) δ 8.68 (d, *J* = 8.7 Hz, 1H), 7.79-7.69 (m, 3H), 7.51 (t, *J* = 7.5 Hz, 1H), 7.09 (d, *J* = 9.1 Hz, 1H), 3.71 (s, 4H), 2.81 (s, 4H), 2.46 (s, 3H); ^{13}C NMR (100 MHz, $CDCl_3$) δ 150.51, 142.25, 130.75, 127.72, 127.05, 126.14, 125.68, 118.70, 113.75, 54.67, 47.03, 45.85.HRMS (ESI) Calcd. For $C_{14}H_{18}N_3O$: $[M+H]^+$, 244.1 450, Found: *m/z* 244.1 447.

1,4-di(quinolin-N-oxide-2-yl)piperazine (3an). ^1H NMR (400 MHz,

$CDCl_3$) δ 8.72 (d, *J* = 8.8 Hz, 2H), 7.82-7.74 (m, 6H), 7.54 (t, 2H), 7.18 (d, 2H), 3.92 (s, 8H); ^{13}C NMR (100 MHz, $CDCl_3$) δ 150.60, 142.25, 130.81, 127.81, 127.22, 126.26, 125.81, 118.72, 113.78, 47.48. HRMS (ESI) Calcd. For $C_{22}H_{21}N_4O_2$: $[M+H]^+$, 373.1 665, Found: *m/z* 373.1 665.

3-(quinolin-2-yl)oxazolidin-2-one (4ag) ^1H NMR (400 MHz, $CDCl_3$) δ 8.45 (d, *J* = 9.1 Hz, 1H), 8.15 (d, *J* = 9.1 Hz, 1H), 7.90 (d, *J* = 8.4 Hz, 1H), 7.79 (d, *J* = 8.0 Hz, 1H), 7.68 (t, *J* = 7.6 Hz, 1H), 7.47 (t, *J* = 7.4 Hz, 1H), 4.57-4.53 (m, 2H), 4.48-4.44 (m, 2H). ^{13}C NMR (100 MHz, $CDCl_3$) δ 155.21, 150.09, 146.58, 137.89, 129.78, 127.94, 127.49, 125.69, 125.19, 112.67, 62.14, 44.31. HRMS (ESI) Calcd. For $C_{12}H_{11}N_2O2$: $[M+H]^+$, 215.0 821, Found: *m/z* 215.0 816.

1-(3-methylquinolin-2-yl)azepan-2-one (4ca) ^1H NMR (400 MHz, $CDCl_3$) δ 7.97 (d, *J* = 8.5 Hz, 2H), 7.74 (d, *J* = 8.1 Hz, 1H), 7.62 (t, *J* = 7.5 Hz, 1H), 7.48 (t, *J* = 7.4 Hz, 1H), 3.95 (s, 2H), 2.77 (s, 2H), 2.44 (s, 3H), 2.05-1.83 (m, 6H). ^{13}C NMR (100 MHz, $CDCl_3$) δ 175.89, 156.65, 146.30, 137.91, 129.15, 128.62, 128.47, 127.85, 126.63, 126.44, 51.23, 37.96, 30.21, 29.37, 23.43, 18.22. HRMS (ESI) Calcd. For $C_{16}H_{19}N_2O$: $[M+H]^+$, 255.1497, Found: *m/z* 255.1493.

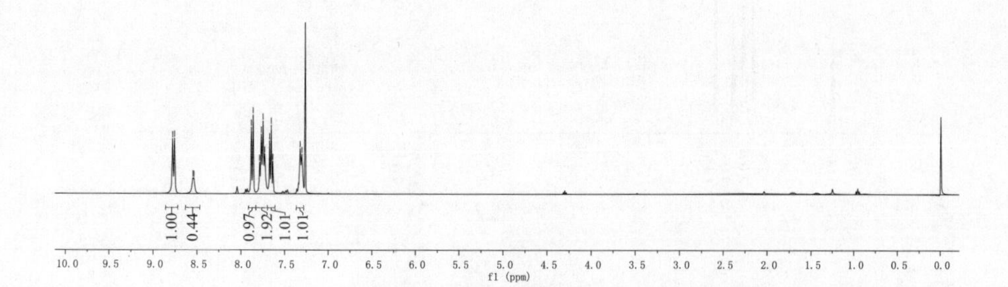

8.738 8.716 8.530 8.516 7.848 7.827 7.745 7.725 7.704 7.625 7.605 7.587 7.281 7.260

2 mmol + D_2O 1.5 mL $\xrightarrow[100\,^{\circ}C,\ 12\,h]{NaOH}$

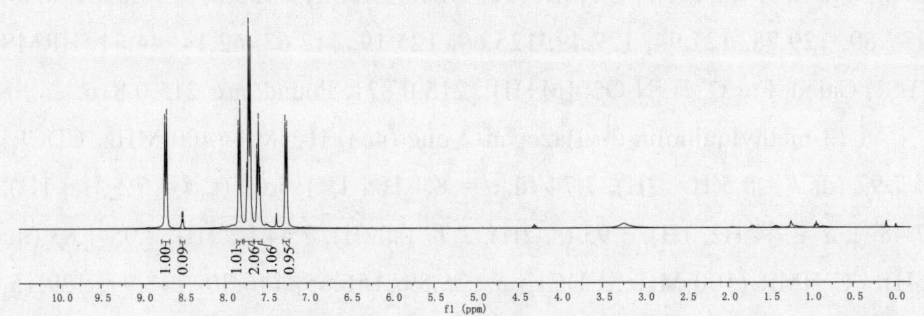

8.678 8.656 7.777 7.757 7.691 7.672 7.661 7.654 7.639 7.561 7.542 7.523 7.348 7.326 — 3.754 — 2.745 — 1.824

3aa

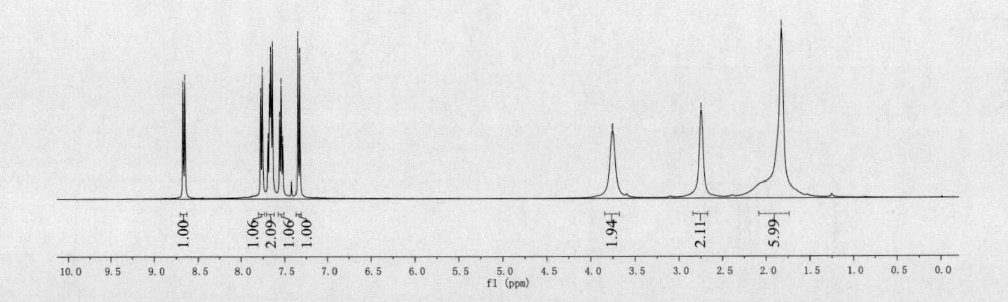

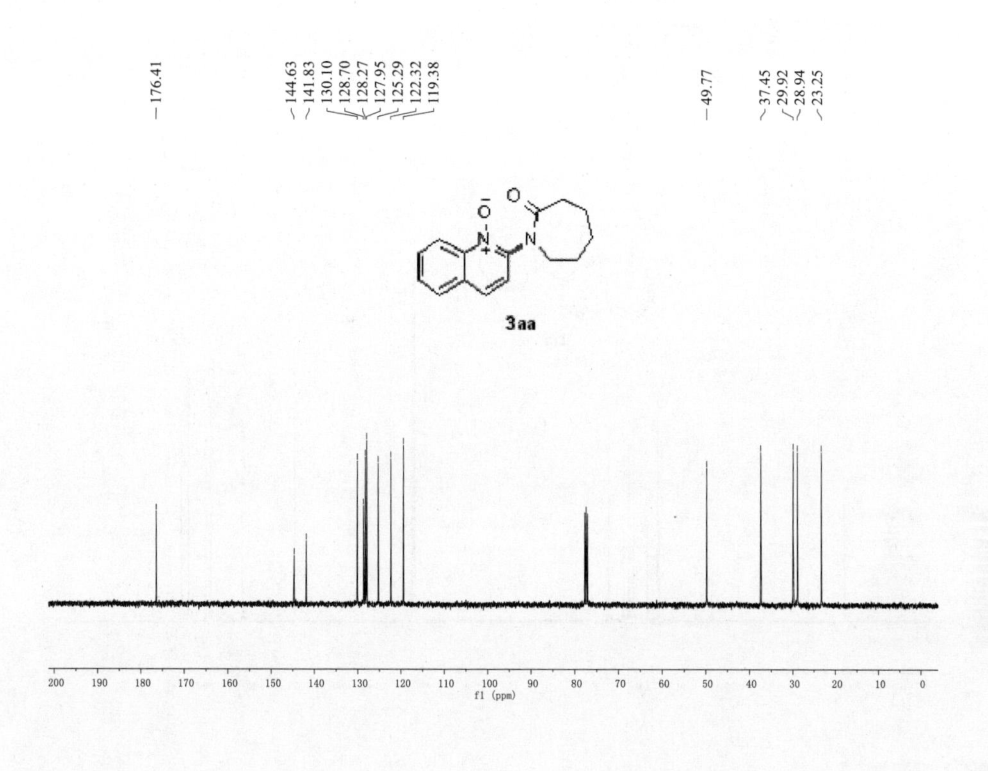
176.41
144.63
141.83
130.10
128.70
128.27
127.95
125.29
122.32
119.38
49.77
37.45
29.92
28.94
23.25
3aa
f1 (ppm)

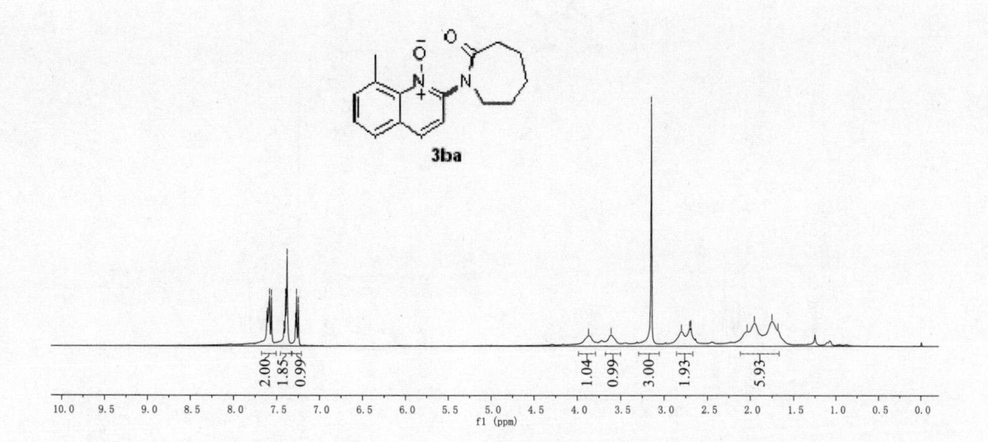
7.613
7.607
7.590
7.583
7.561
7.414
7.396
7.379
7.279
7.269
7.247
3.869
3.611
3.149
2.800
2.705
2.691
2.037
1.953
1.752
1.682
3ba
2.00
1.85
0.99
1.04
0.99
3.00
1.93
5.93
f1 (ppm)

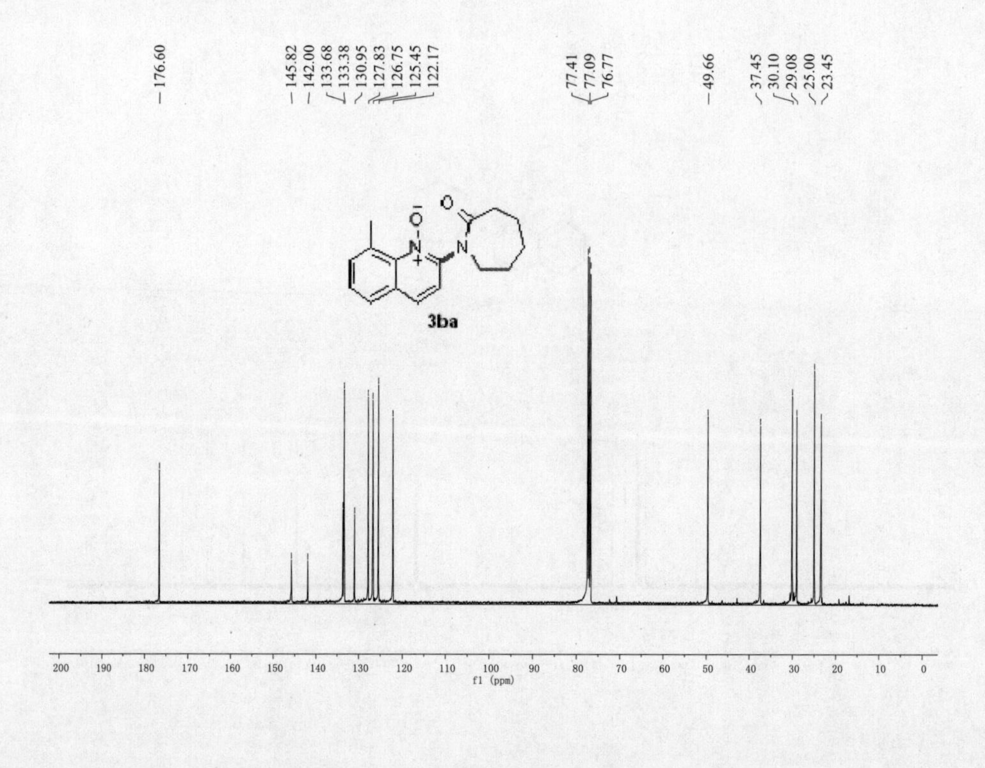
176.60
145.82
142.00
133.68
133.38
130.95
127.83
126.75
125.45
122.17
77.41
77.09
76.77
49.66
37.45
30.10
29.08
25.00
23.45
3ba
200 190 180 170 160 150 140 130 120 110 100 90 80 70 60 50 40 30 20 10 0
f1 (ppm)

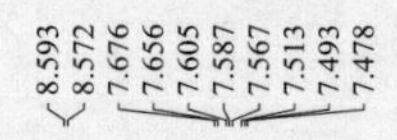
8.593
8.572
7.676
7.656
7.605
7.587
7.567
7.513
7.493
7.478

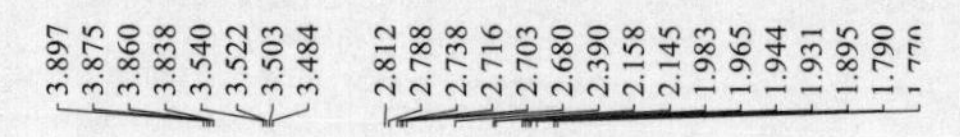
3.897
3.875
3.860
3.838
3.540
3.522
3.503
3.484
2.812
2.788
2.738
2.716
2.703
2.680
2.390
2.158
2.145
1.983
1.965
1.944
1.931
1.895
1.790

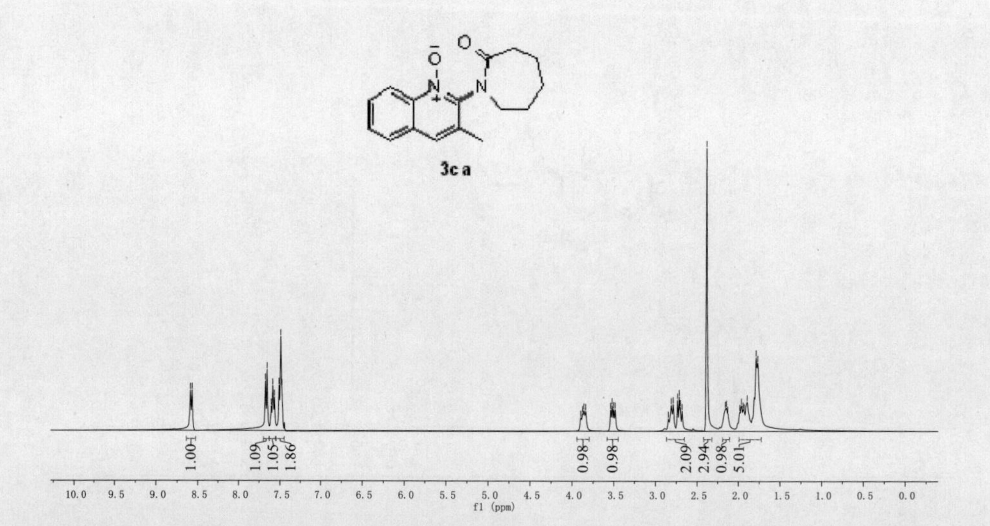
3ca
1.00
1.09
1.05
1.86
0.98
0.98
2.09
2.94
0.98
5.01
10.0 9.5 9.0 8.5 8.0 7.5 7.0 6.5 6.0 5.5 5.0 4.5 4.0 3.5 3.0 2.5 2.0 1.5 1.0 0.5 0.0
f1 (ppm)

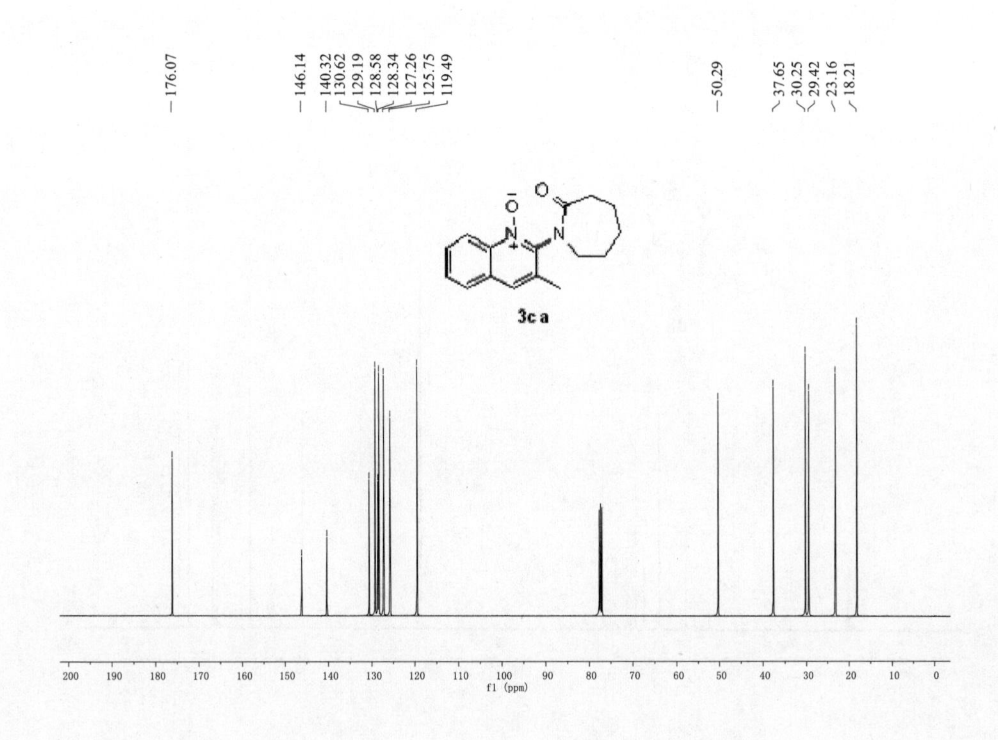
176.07
146.14
140.32
130.62
129.19
128.58
128.34
127.26
125.75
119.49
50.29
37.65
30.25
29.42
23.16
18.21
3c a
200 190 180 170 160 150 140 130 120 110 100 90 80 70 60 50 40 30 20 10 0
f1 (ppm)

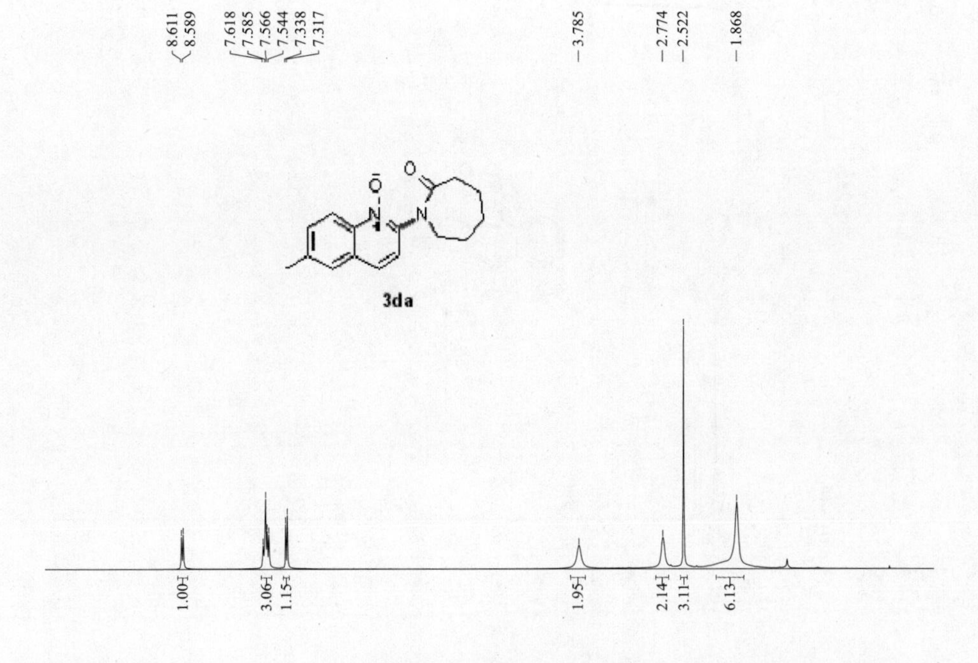
8.611
8.589
7.618
7.585
7.566
7.544
7.338
7.317
3.785
2.774
2.522
1.868
3da
1.00
3.06
1.15
1.95
2.14
3.11
6.13

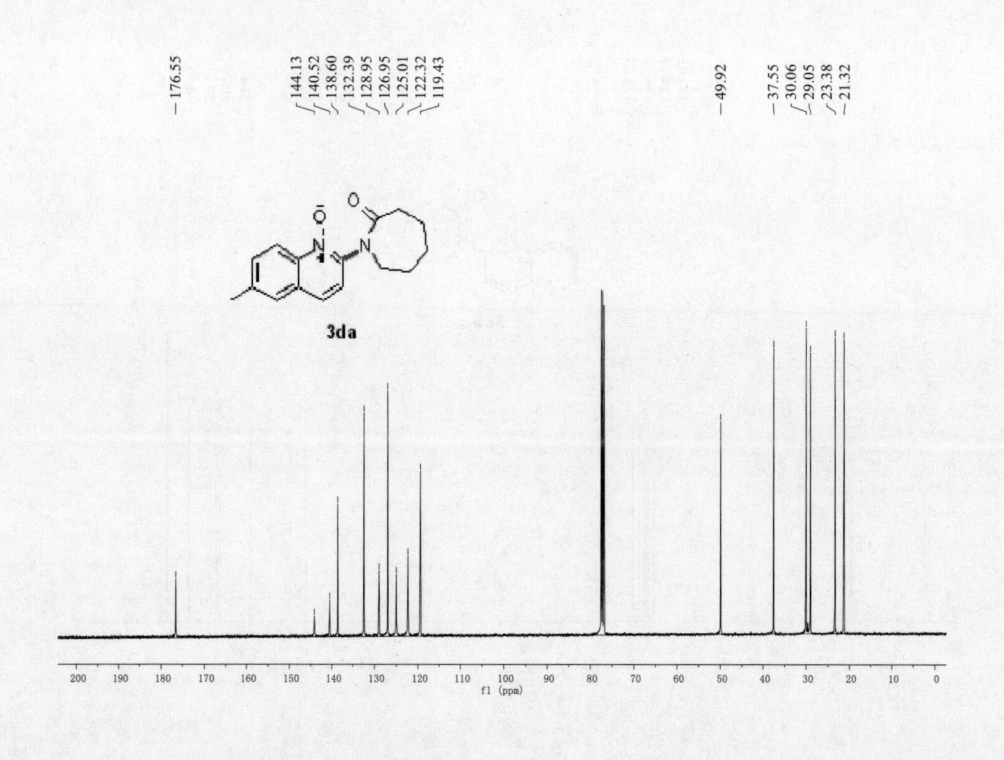
176.55
144.13
140.52
138.60
132.39
128.95
126.95
125.01
122.32
119.43
49.92
37.55
30.06
29.05
23.38
21.32
3da
f1 (ppm)

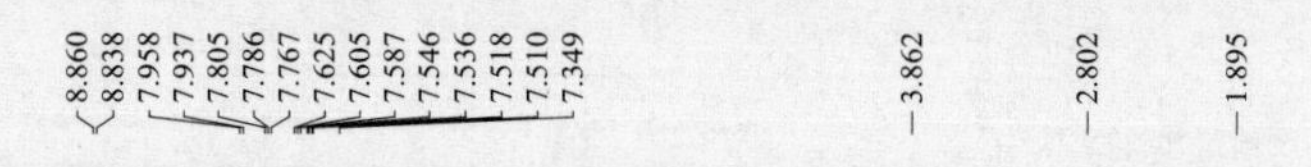
8.860
8.838
7.958
7.937
7.805
7.786
7.767
7.625
7.605
7.587
7.546
7.536
7.518
7.510
7.349
3.862
2.802
1.895

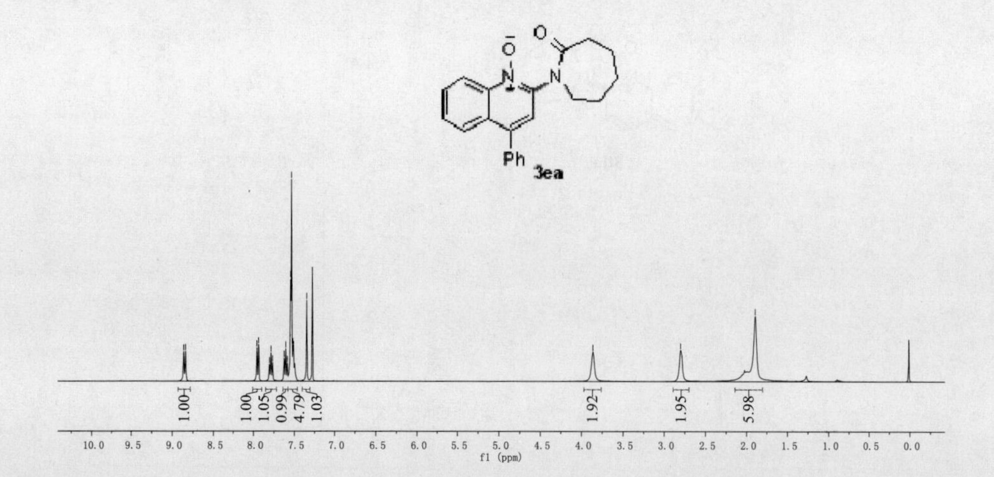
Ph
3ea
1.00
1.00
1.05
0.99
4.79
1.03
1.92
1.95
5.98
f1 (ppm)

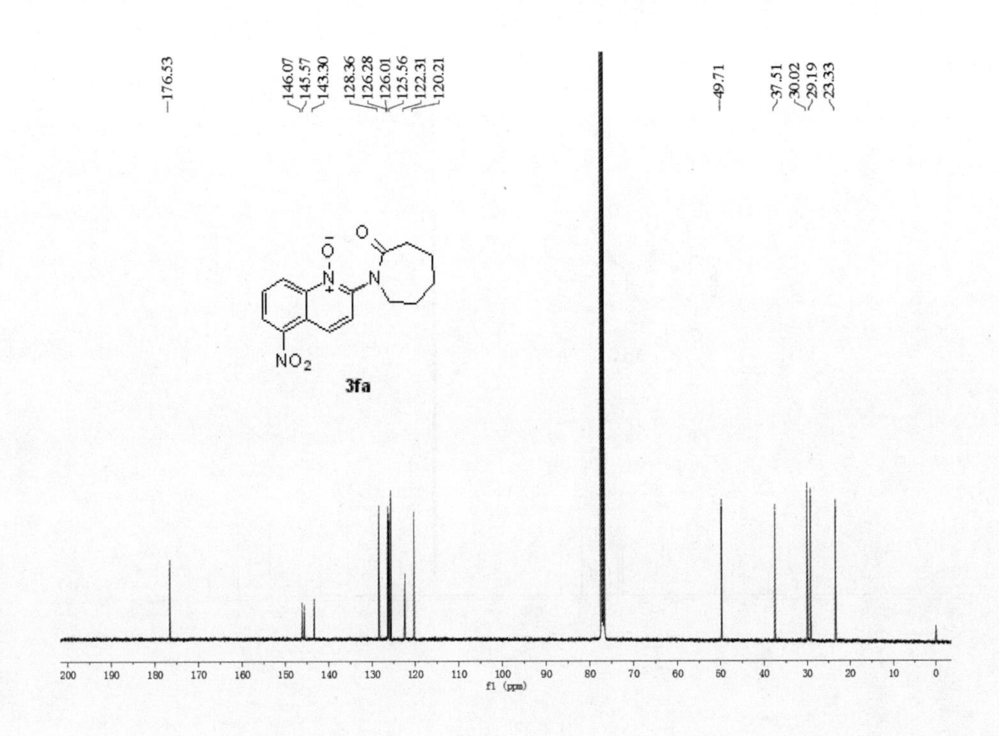

176.53
146.07
145.57
143.30
128.36
126.28
126.01
125.56
122.31
120.21
49.71
37.51
30.02
29.19
23.33
NO2
3fa
200 190 180 170 160 150 140 130 120 110 100 90 80 70 60 50 40 30 20 10 0
f1 (ppm)

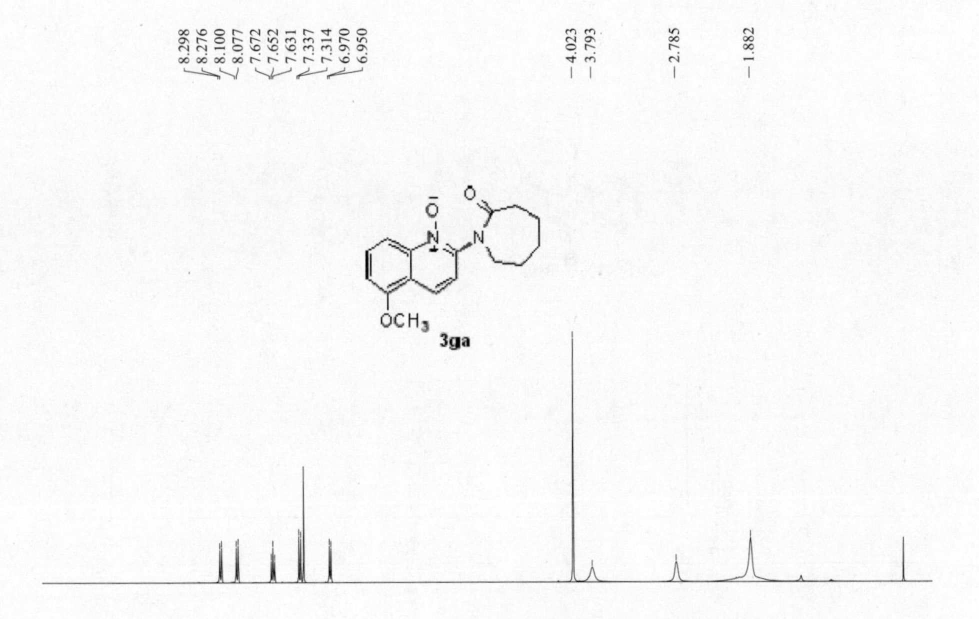

8.298
8.276
8.100
8.077
7.672
7.652
7.631
7.337
7.314
6.970
6.950
4.023
3.793
2.785
1.882
OCH3
3ga

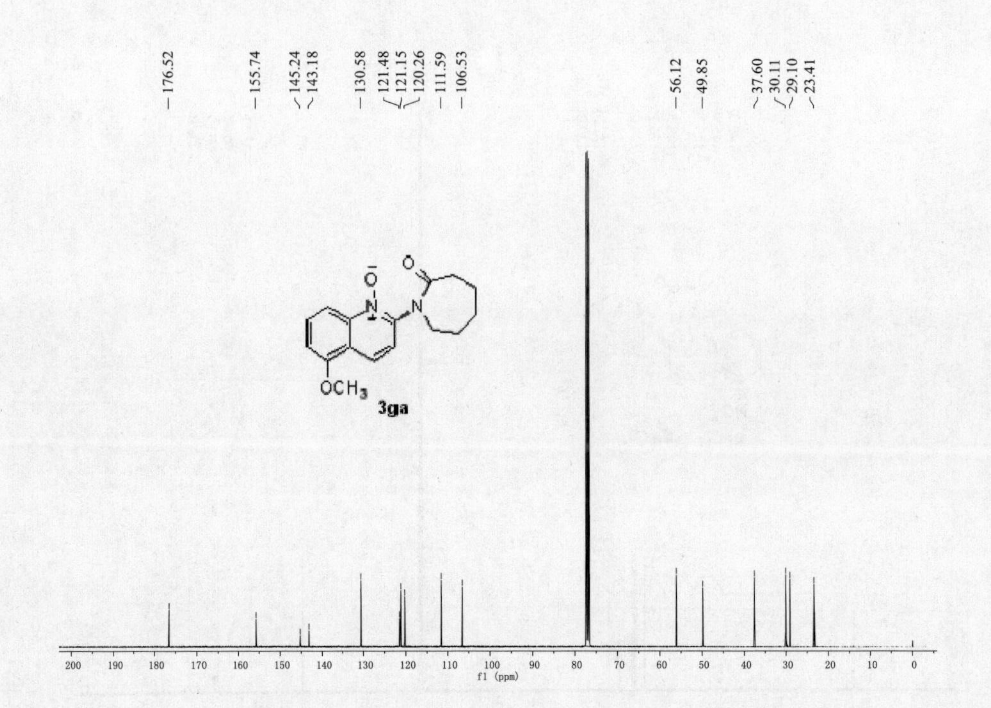
176.52
155.74
145.24
143.18
130.58
121.48
121.15
120.26
111.59
106.53
56.12
49.85
37.60
30.11
29.10
23.41
OCH3
3ga
f1 (ppm)

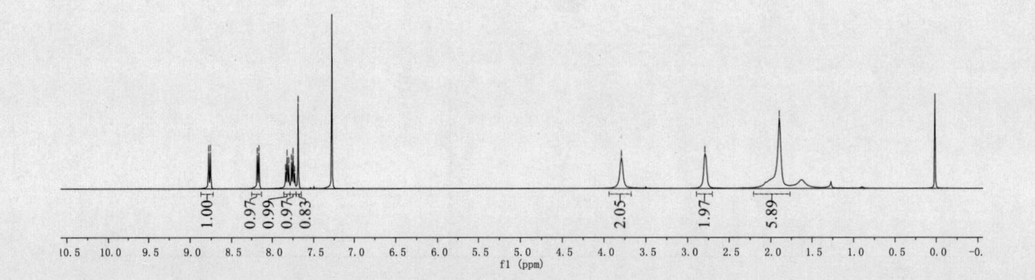
8.782
8.760
8.180
8.160
7.838
7.820
7.799
7.767
7.748
7.729
7.687
3.792
2.794
1.898
Br
3ha
1.00
0.97
0.99
0.97
0.83
2.05
1.97
5.89
f1 (ppm)

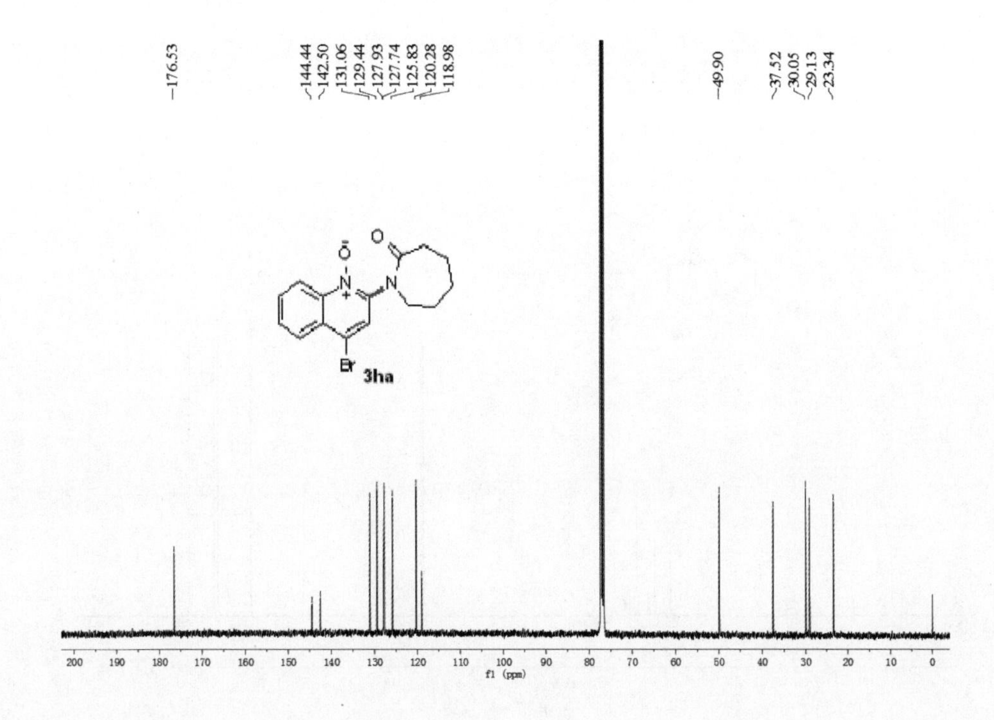
176.53
144.44
142.50
131.06
129.44
127.93
127.74
125.83
120.28
118.98
49.90
37.52
30.05
29.13
23.34
Br
3ha
200 190 180 170 160 150 140 130 120 110 100 90 80 70 60 50 40 30 20 10 0
f1 (ppm)

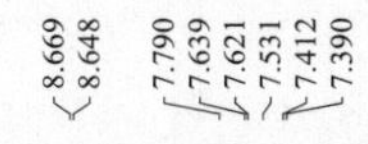
8.669
8.648
7.790
7.639
7.621
7.531
7.412
7.390

3.776
2.775
1.869

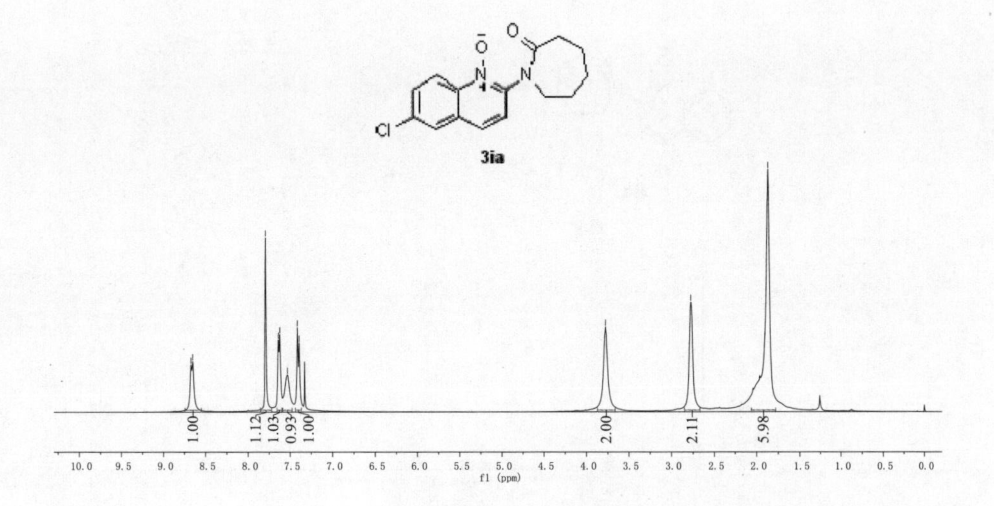
Cl
3ia
1.00
1.12
1.03
0.93
1.00
2.00
2.11
5.98
10.0 9.5 9.0 8.5 8.0 7.5 7.0 6.5 6.0 5.5 5.0 4.5 4.0 3.5 3.0 2.5 2.0 1.5 1.0 0.5 0.0
f1 (ppm)

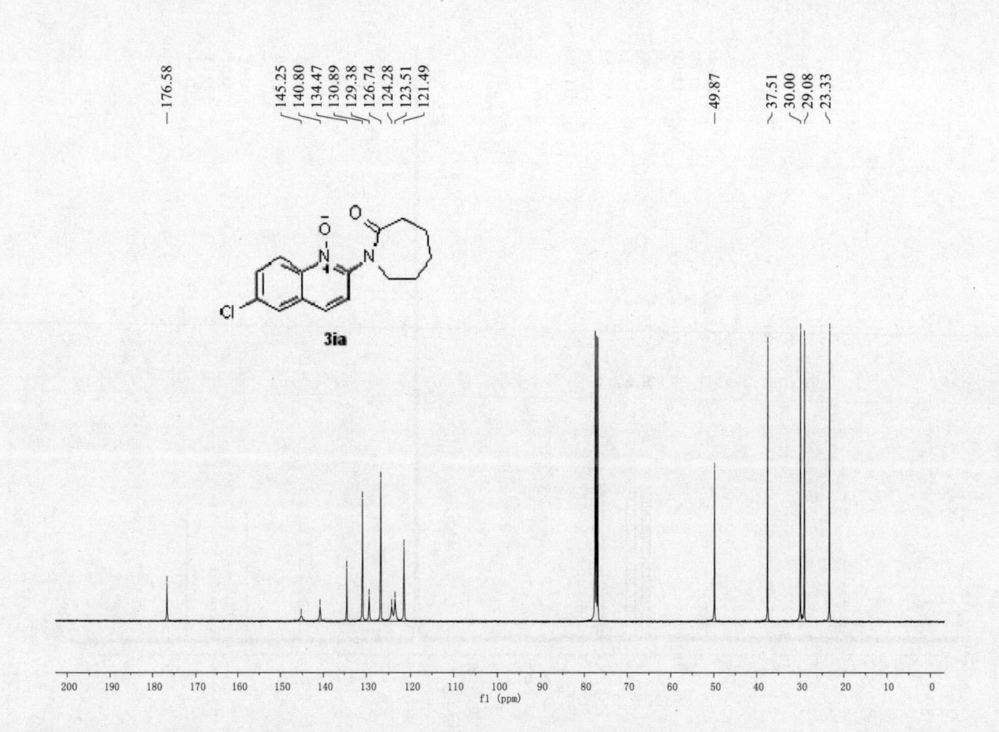
176.58
145.25
140.80
134.47
130.89
129.38
126.74
124.28
123.51
121.49
49.87
37.51
30.00
29.08
23.33
O
N
N
Cl
3ia
200 190 180 170 160 150 140 130 120 110 100 90 80 70 60 50 40 30 20 10 0
f1 (ppm)

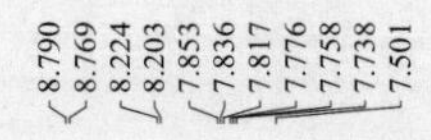
8.790
8.769
8.224
8.203
7.853
7.836
7.817
7.776
7.758
7.738
7.501
3.798
2.795
1.896

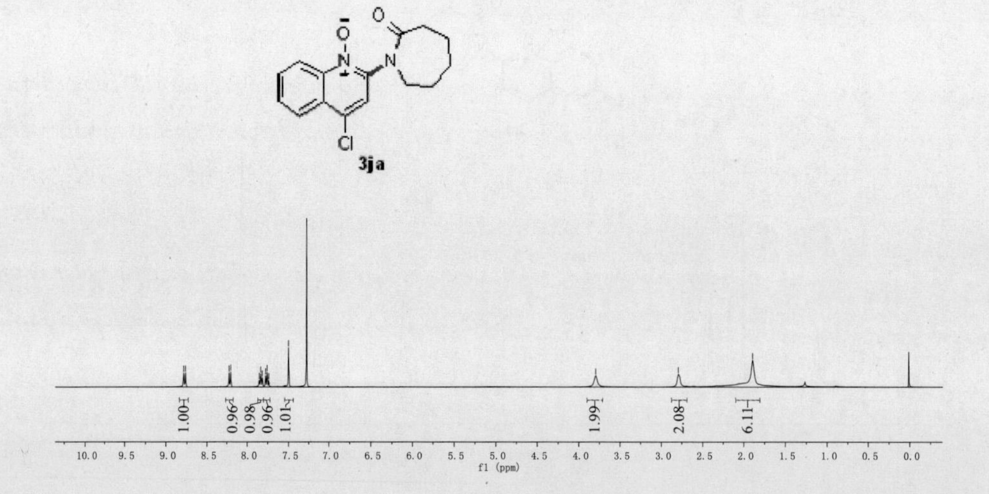
O
N
N
Cl
3ja
1.00
0.96
0.98
0.96
1.01
1.99
2.08
6.11
10.0 9.5 9.0 8.5 8.0 7.5 7.0 6.5 6.0 5.5 5.0 4.5 4.0 3.5 3.0 2.5 2.0 1.5 1.0 0.5 0.0
f1 (ppm)

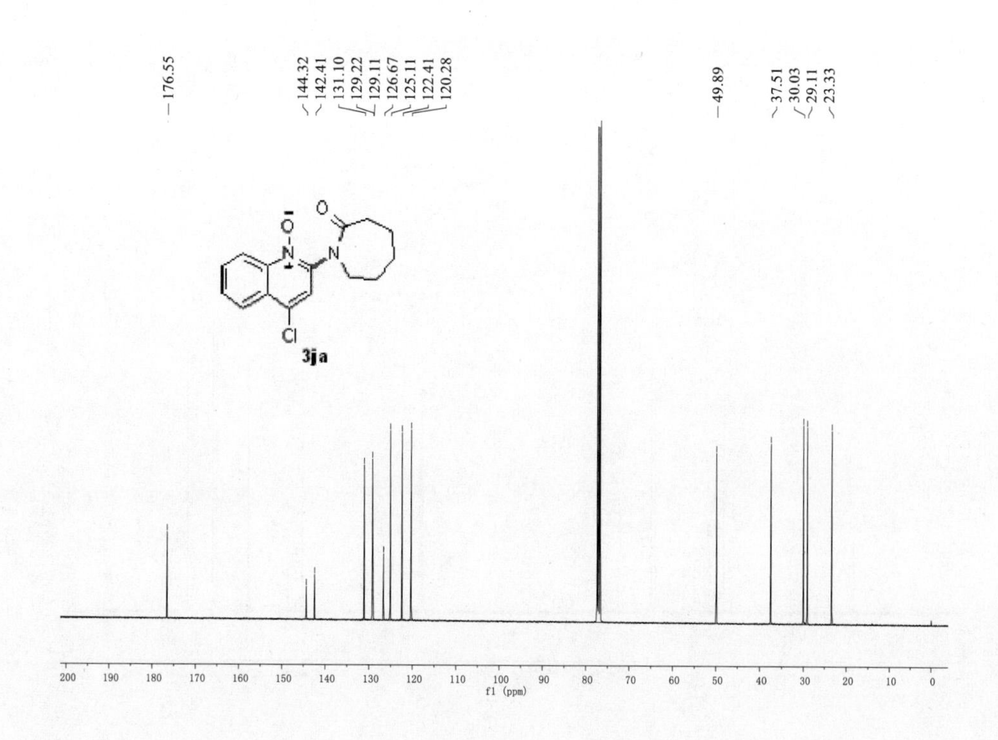
176.55
144.32
142.41
131.10
129.22
129.11
126.67
125.11
122.41
120.28
49.89
37.51
30.03
29.11
23.33
Cl
3ja
f1 (ppm)

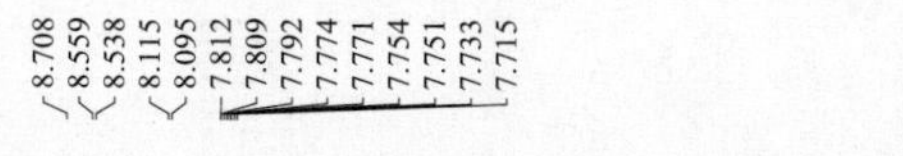
8.708
8.559
8.538
8.115
8.095
7.812
7.809
7.792
7.774
7.771
7.754
7.751
7.733
7.715
3.731

2.769
1.882

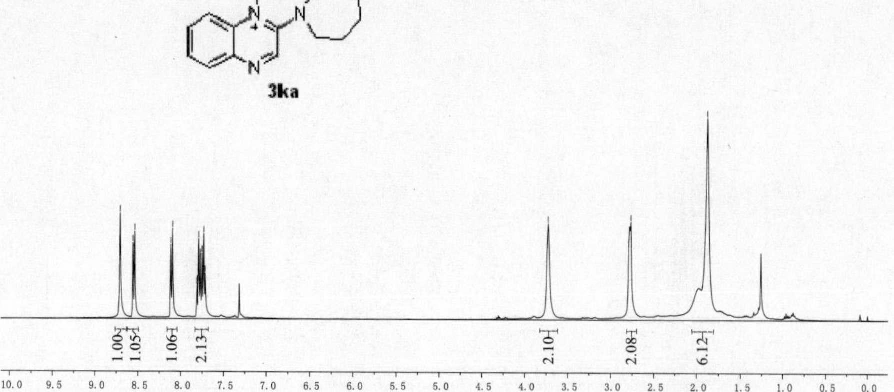
3ka
1.00
1.05
1.06
2.13
2.10
2.08
6.12
f1 (ppm)

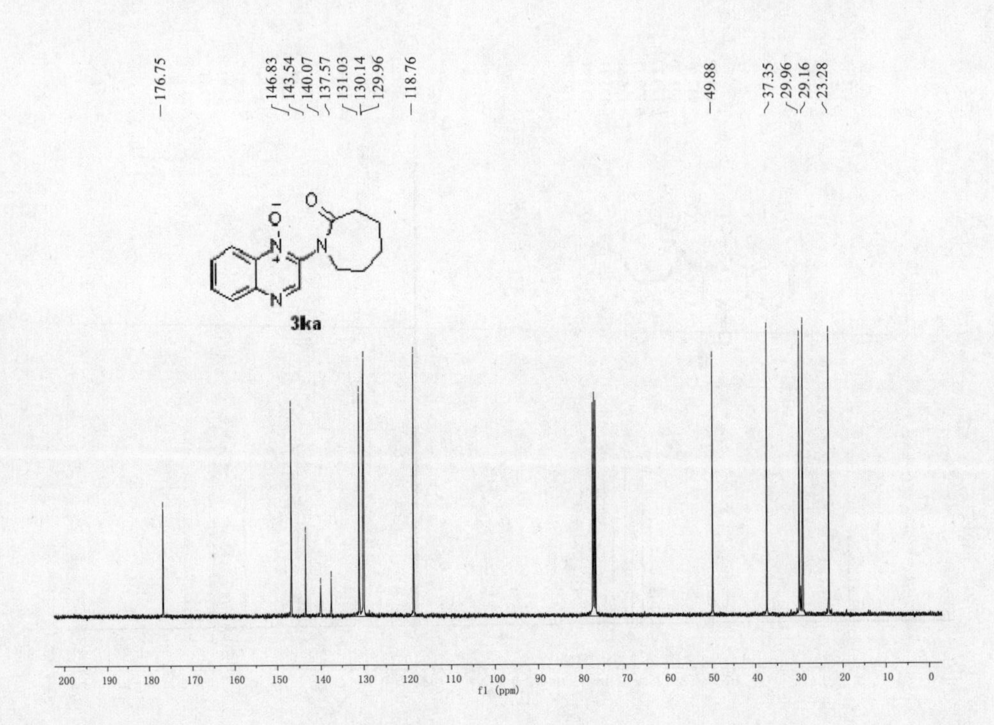
176.75
146.83
143.54
140.07
137.57
131.03
130.14
129.96
118.76
49.88
37.35
29.96
29.16
23.28
3ka
200 190 180 170 160 150 140 130 120 110 100 90 80 70 60 50 40 30 20 10 0
f1 (ppm)

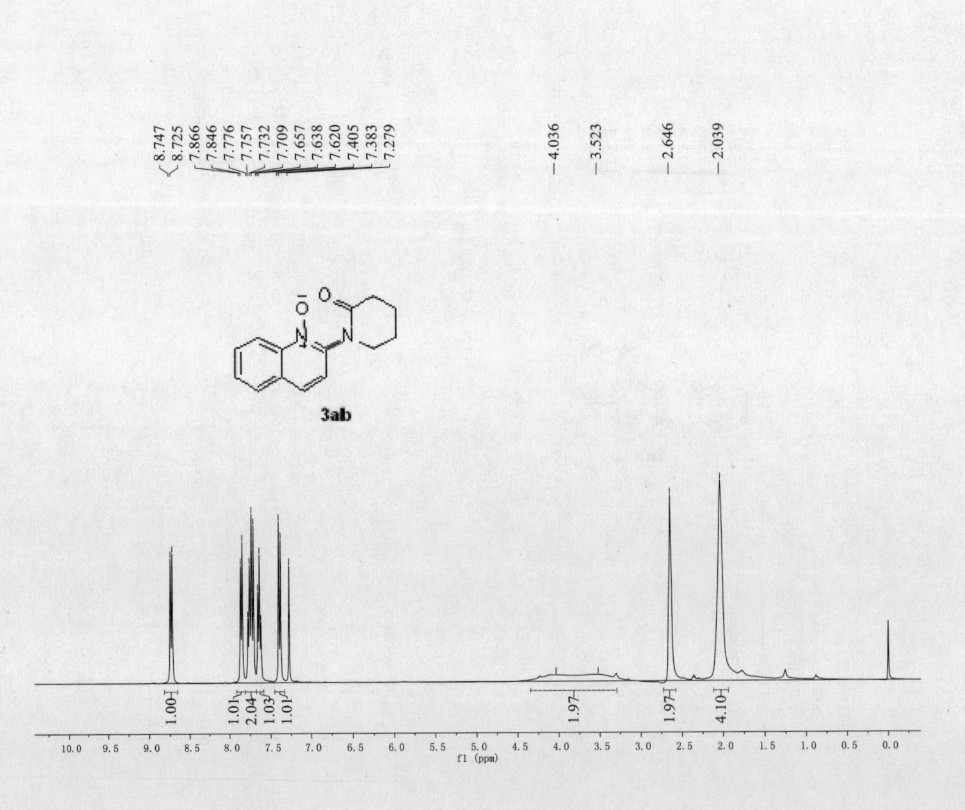
8.747
8.725
7.866
7.846
7.776
7.757
7.732
7.709
7.657
7.638
7.620
7.405
7.383
7.279
4.036
3.523
2.646
2.039
3ab
1.00
1.01
2.04
1.03
1.01
1.97
1.97
4.10
10.0 9.5 9.0 8.5 8.0 7.5 7.0 6.5 6.0 5.5 5.0 4.5 4.0 3.5 3.0 2.5 2.0 1.5 1.0 0.5 0.0
f1 (ppm)

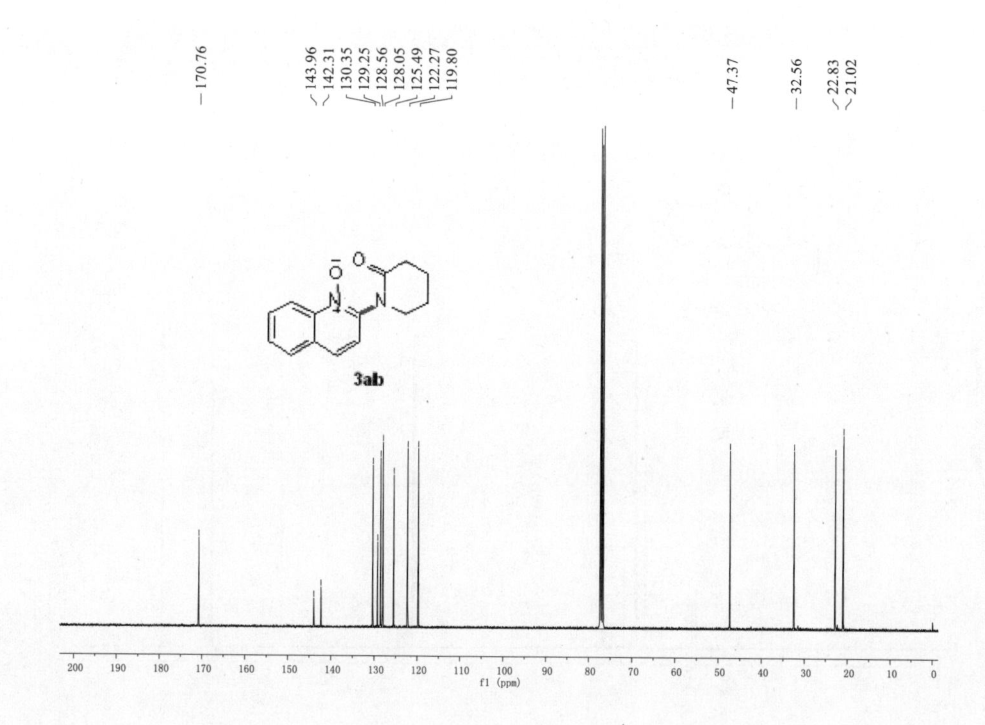
170.76
143.96
142.31
130.35
129.25
128.56
128.05
125.49
122.27
119.80
47.37
32.56
22.83
21.02
3ab
f1 (ppm)

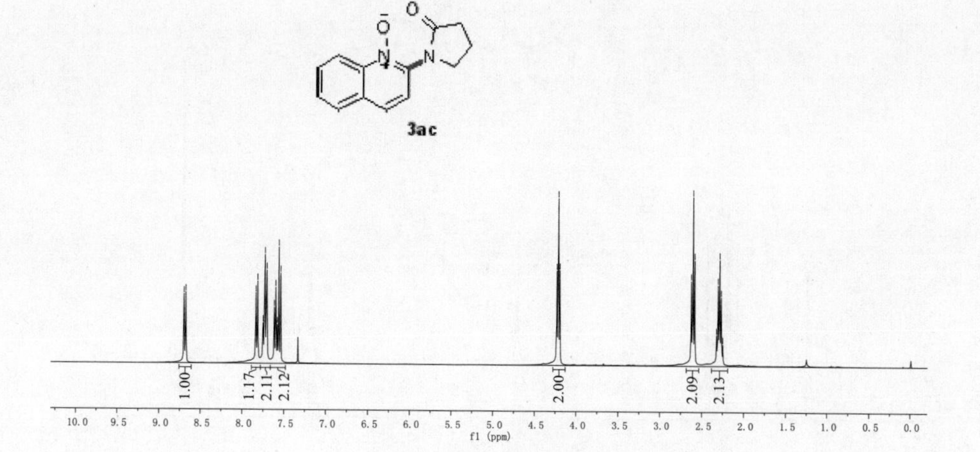
8.698
8.676
7.835
7.815
7.750
7.728
7.706
7.617
7.599
7.580
7.562
7.540
4.232
4.214
4.196
2.627
2.607
2.587
2.325
2.307
2.288
2.269
2.250
3ac
1.00
1.17
2.11
2.12
2.00
2.09
2.13
f1 (ppm)

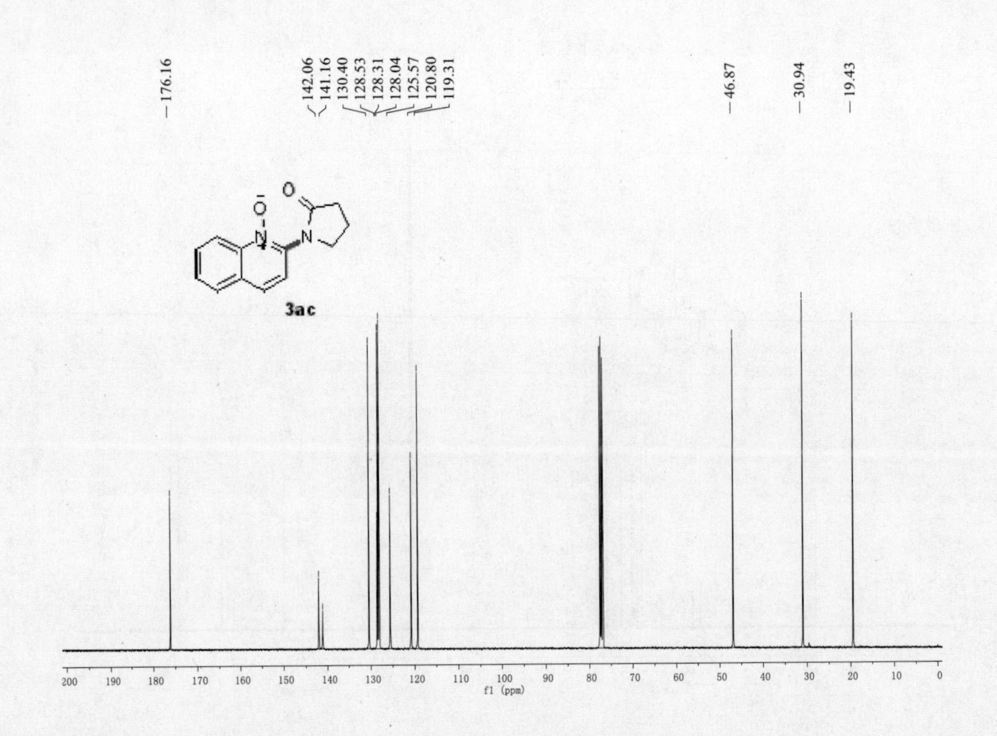
176.16
142.06
141.16
130.40
128.53
128.31
128.04
125.57
120.80
119.31
46.87
30.94
19.43
3ac
200 190 180 170 160 150 140 130 120 110 100 90 80 70 60 50 40 30 20 10 0
f1 (ppm)

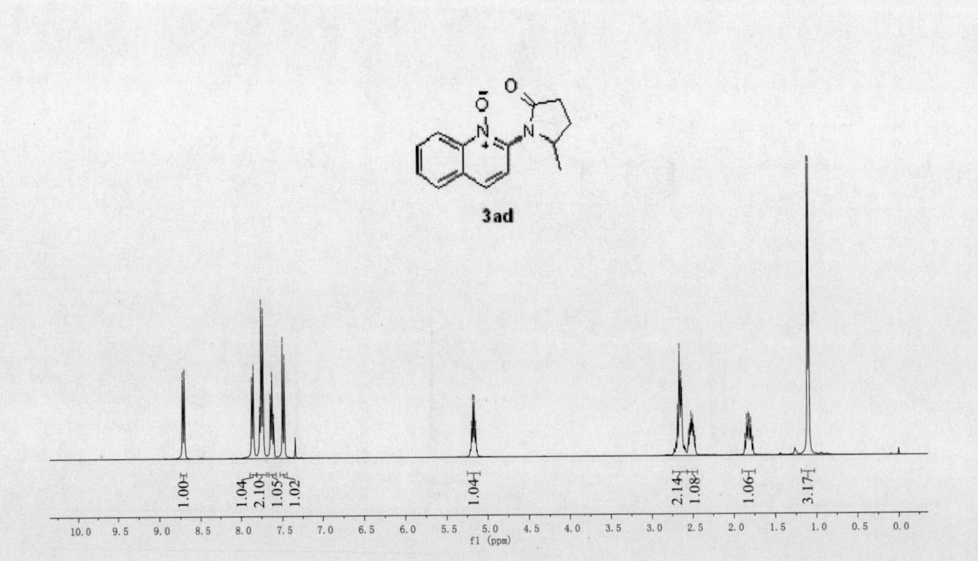
8.724
8.702
7.868
7.848
7.771
7.753
7.731
7.643
7.624
7.606
7.499
7.477
5.196
5.179
5.163
5.146
2.687
2.665
2.657
2.643
2.634
2.555
2.543
2.537
2.525
2.512
2.504
2.494
1.844
1.825
1.813
1.110
1.095
3ad
1.00
1.04
2.10
1.05
1.02
1.04
2.14
1.08
1.06
3.17
10.0 9.5 9.0 8.5 8.0 7.5 7.0 6.5 6.0 5.5 5.0 4.5 4.0 3.5 3.0 2.5 2.0 1.5 1.0 0.5 0.0
f1 (ppm)

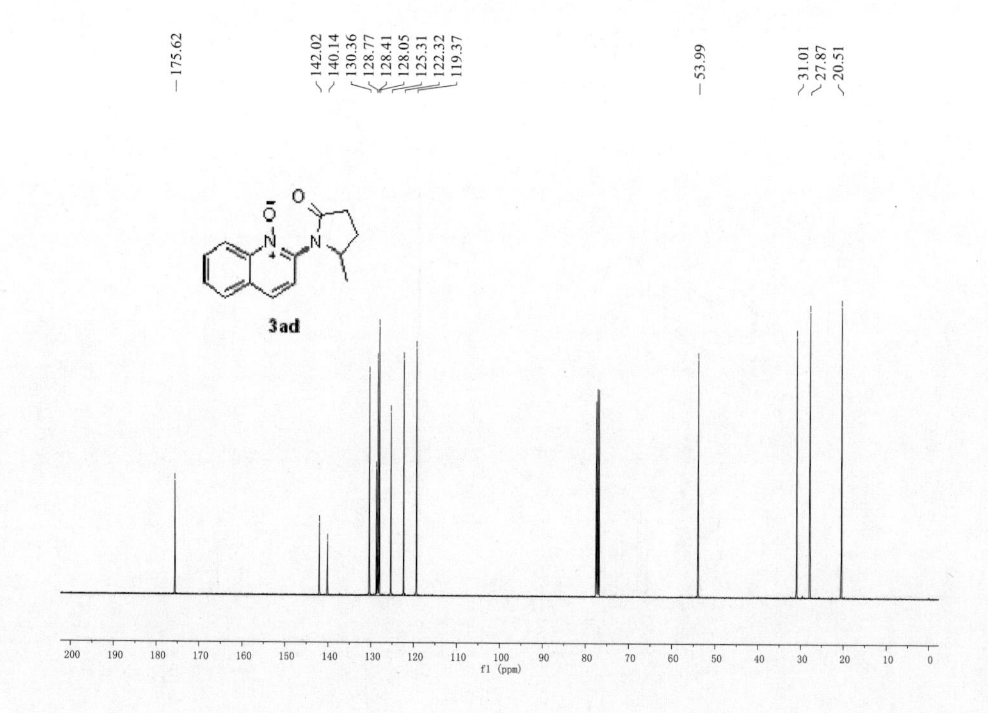
175.62
142.02
140.14
130.36
128.77
128.41
128.05
125.31
122.32
119.37
53.99
31.01
27.87
20.51
3ad
200 190 180 170 160 150 140 130 120 110 100 90 80 70 60 50 40 30 20 10 0
f1 (ppm)

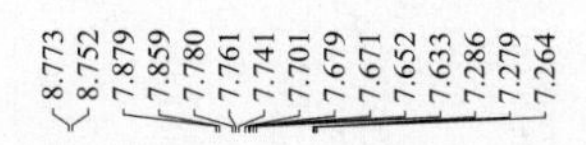
8.773
8.752
7.879
7.859
7.780
7.761
7.741
7.701
7.679
7.671
7.652
7.633
7.286
7.279
7.264
2.788
2.662
2.273
2.155
1.461
1.356

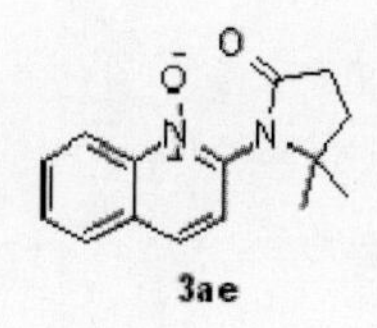
3ae

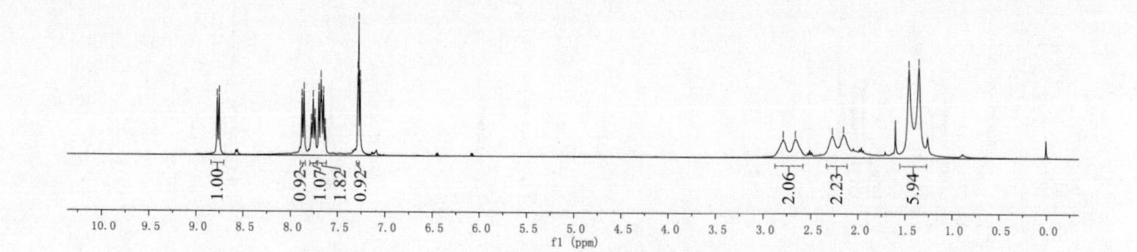
1.00
0.92
1.07
1.82
0.92
2.06
2.23
5.94
10.0 9.5 9.0 8.5 8.0 7.5 7.0 6.5 6.0 5.5 5.0 4.5 4.0 3.5 3.0 2.5 2.0 1.5 1.0 0.5 0.0
f1 (ppm)

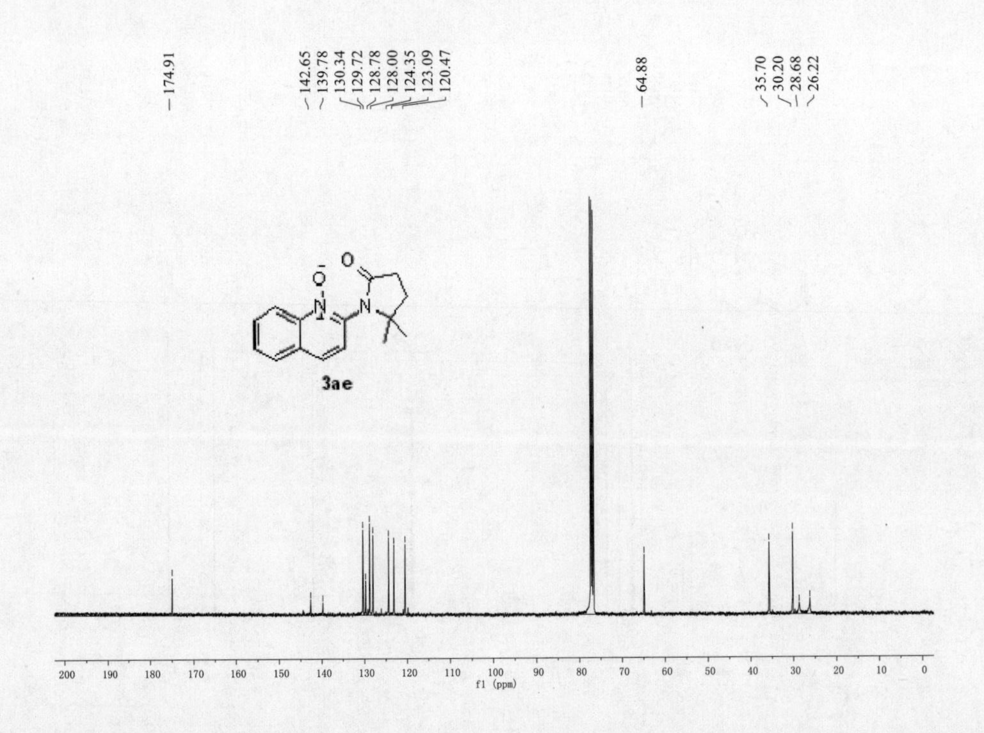
174.91
142.65
139.78
130.34
129.72
128.78
128.00
124.35
123.09
120.47
64.88
35.70
30.20
28.68
26.22
3ae
200 190 180 170 160 150 140 130 120 110 100 90 80 70 60 50 40 30 20 10 0
f1 (ppm)

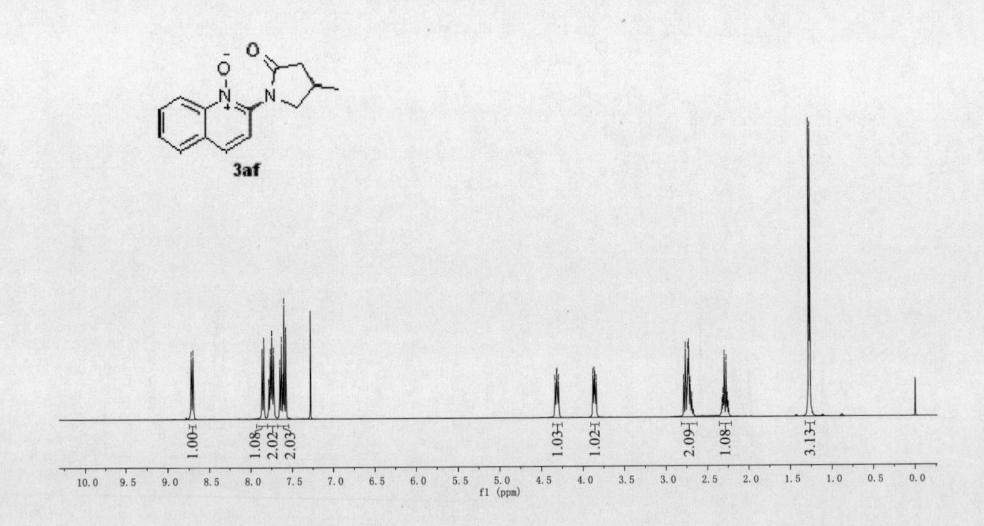
8.721
8.699
7.863
7.861
7.843
7.841
7.783
7.781
7.766
7.762
7.745
7.724
7.649
7.630
7.611
7.598
7.576
4.336
4.317
4.312
4.293
3.880
3.863
3.855
3.839
2.785
2.765
2.746
2.734
2.725
2.708
2.689
2.314
2.298
2.275
1.281
1.265
3af
1.00
1.08
2.02
2.03
1.03
1.02
2.09
1.08
3.13
10.0 9.5 9.0 8.5 8.0 7.5 7.0 6.5 6.0 5.5 5.0 4.5 4.0 3.5 3.0 2.5 2.0 1.5 1.0 0.5 0.0
f1 (ppm)

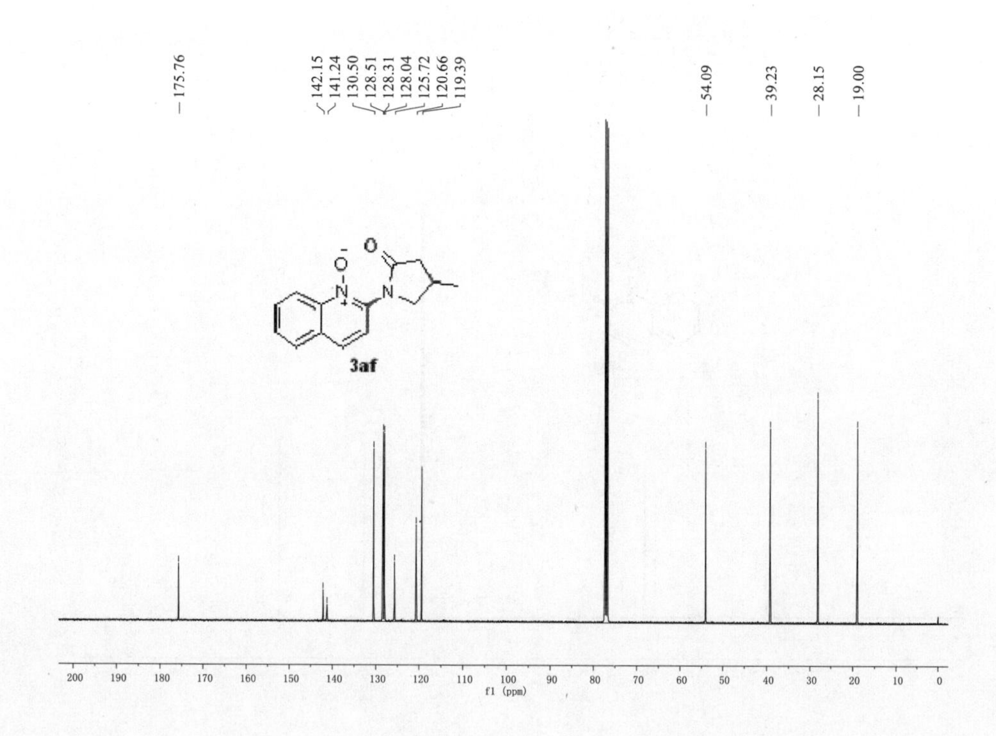
175.76
142.15
141.24
130.50
128.51
128.31
128.04
125.72
120.66
119.39
54.09
39.23
28.15
19.00
3af
f1 (ppm)

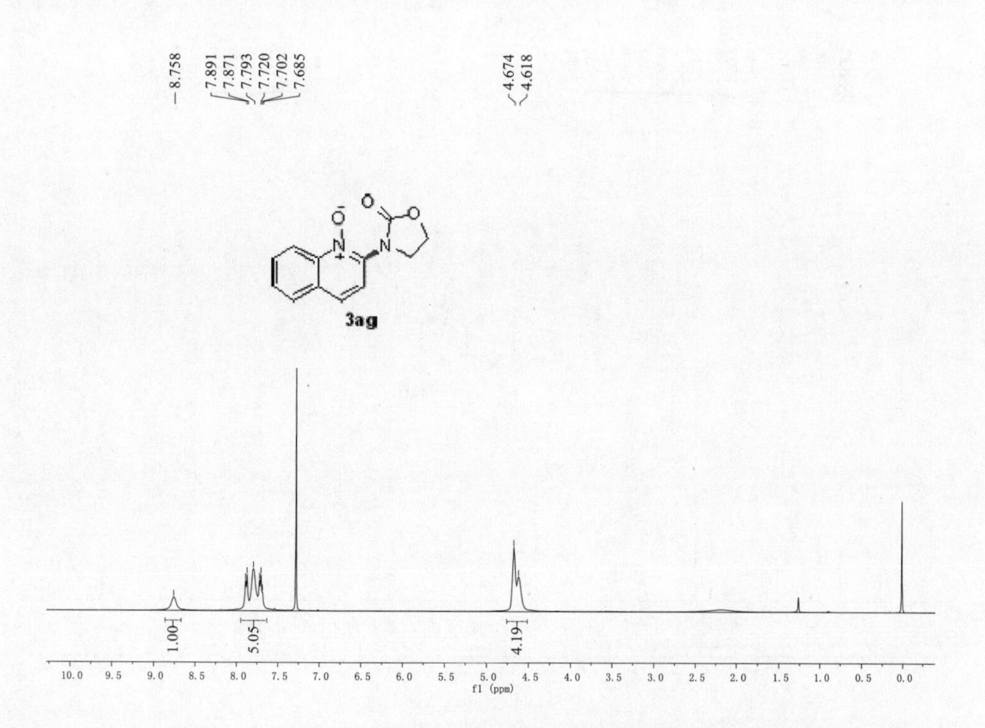
8.758
7.891
7.871
7.793
7.720
7.702
7.685
4.674
4.618
3ag
1.00
5.05
4.19
f1 (ppm)

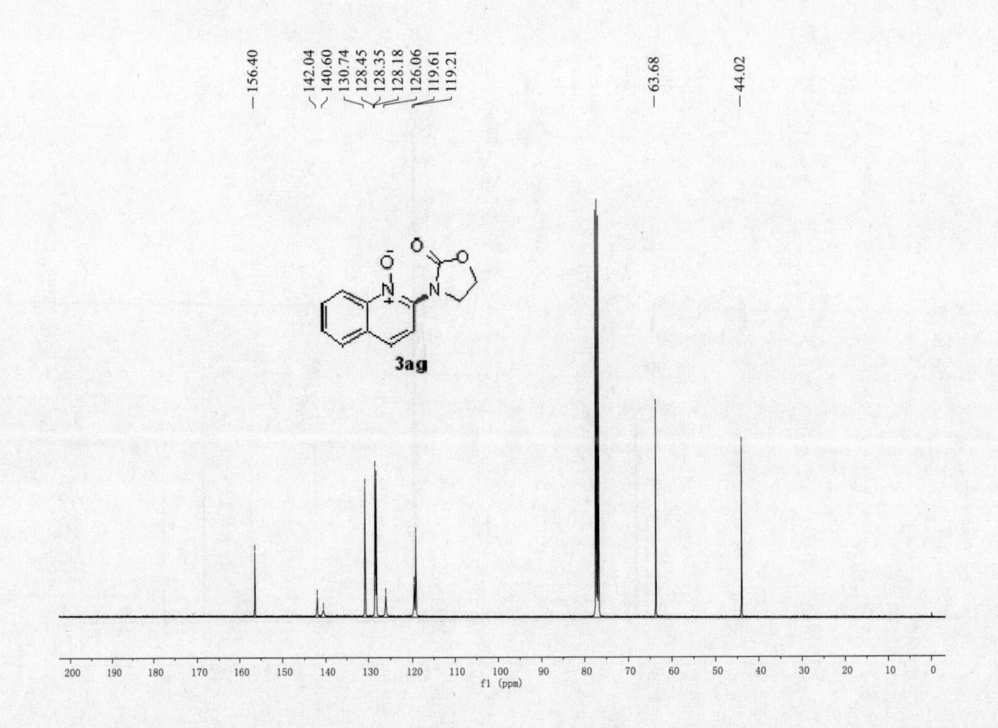
156.40
142.04
140.60
130.74
128.45
128.35
128.18
126.06
119.61
119.21
63.68
44.02
3ag
f1 (ppm)

8.700
8.679
7.759
7.750
7.739
7.732
7.728
7.710
7.678
7.656
7.497
7.480
7.462
7.105
7.083
3.581
3.568
3.555
1.885
1.870
1.856
1.843
1.829
1.754
1.739
1.725
1.710

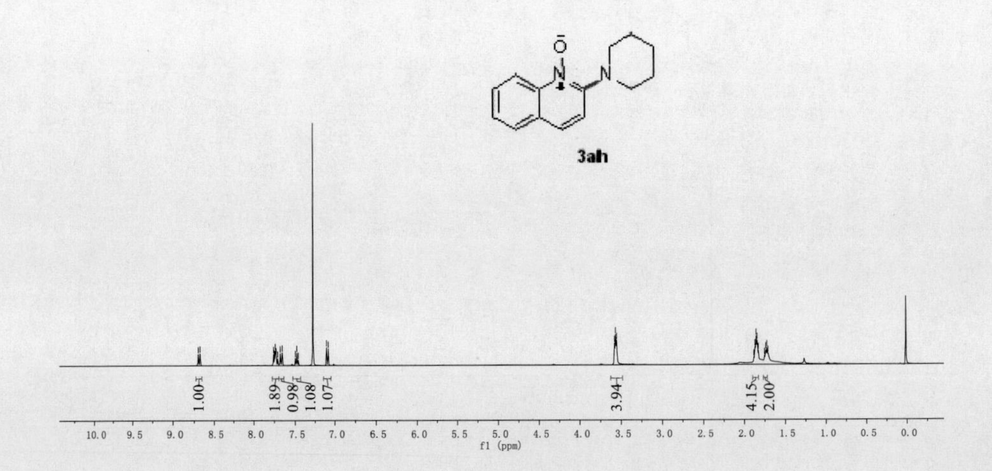
3ah
1.00
1.89
0.98
1.08
1.07
3.94
4.15
2.00
f1 (ppm)

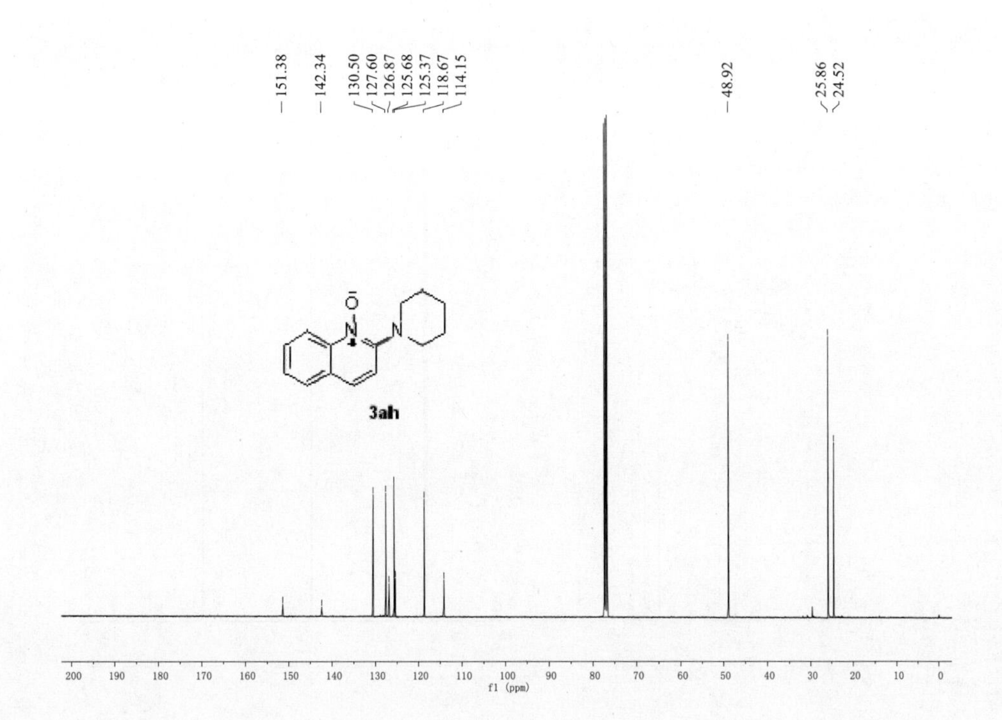
151.38
142.34
130.50
127.60
126.87
125.68
125.37
118.67
114.15
48.92
25.86
24.52
3ah
200 190 180 170 160 150 140 130 120 110 100 90 80 70 60 50 40 30 20 10 0
f1 (ppm)

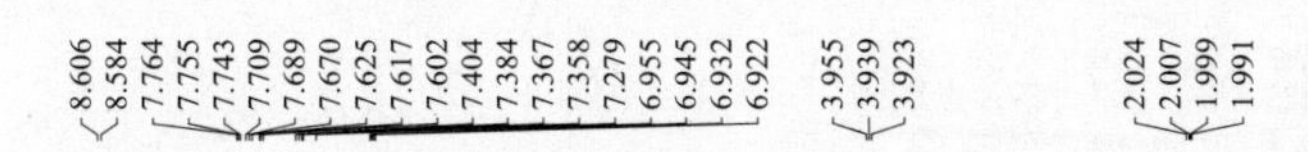
8.606
8.584
7.764
7.755
7.743
7.709
7.689
7.670
7.625
7.617
7.602
7.404
7.384
7.367
7.358
7.279
6.955
6.945
6.932
6.922
3.955
3.939
3.923
2.024
2.007
1.999
1.991

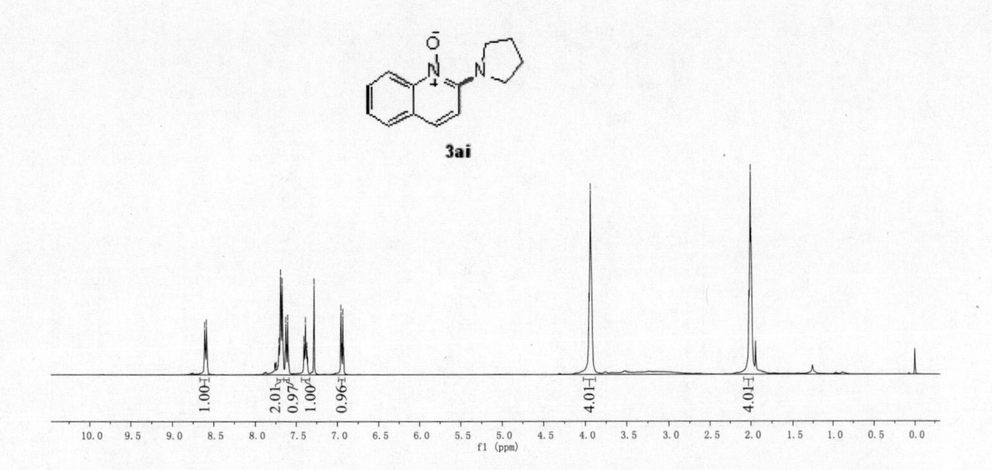
3ai
1.00
2.01
0.97
1.00
0.96
4.01
4.01
10.0 9.5 9.0 8.5 8.0 7.5 7.0 6.5 6.0 5.5 5.0 4.5 4.0 3.5 3.0 2.5 2.0 1.5 1.0 0.5 0.0
f1 (ppm)

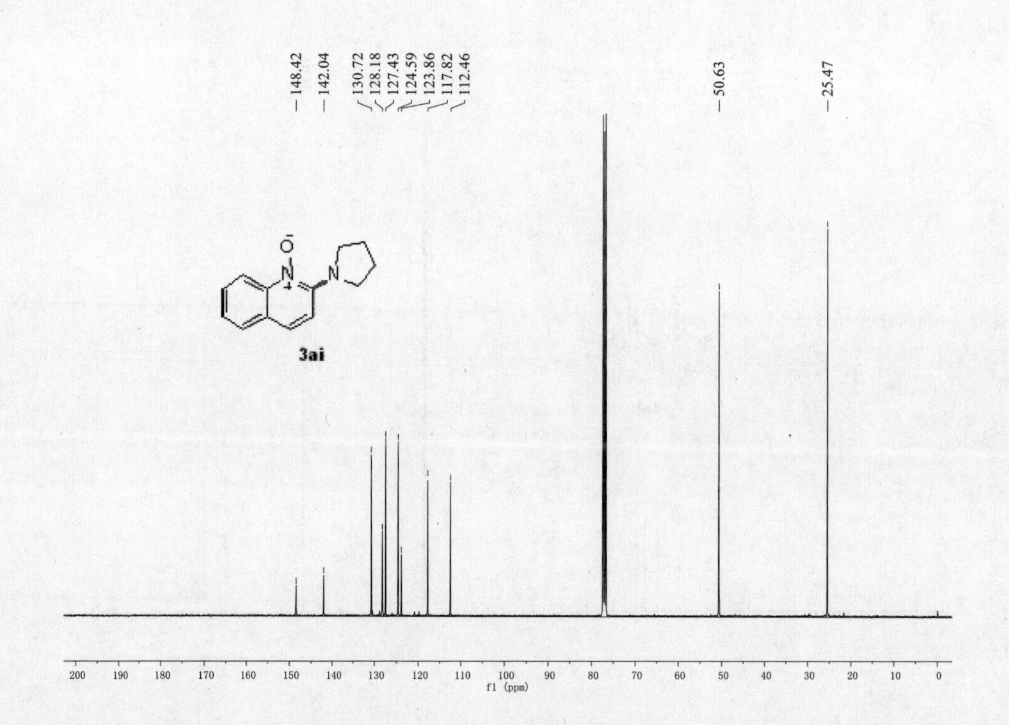
148.42
142.04
130.72
128.18
127.43
124.59
123.86
117.82
112.46
50.63
25.47
3ai
f1 (ppm)

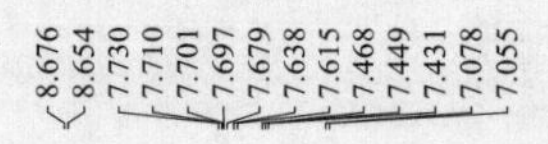
8.676
8.654
7.730
7.710
7.701
7.697
7.679
7.638
7.615
7.468
7.449
7.431
7.078
7.055
4.225
4.195

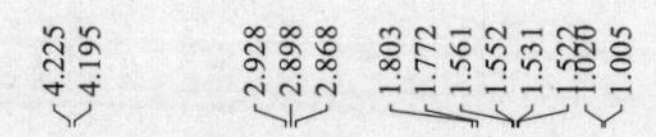
2.928
2.898
2.868
1.803
1.772
1.561
1.552
1.531
1.522
1.020
1.005

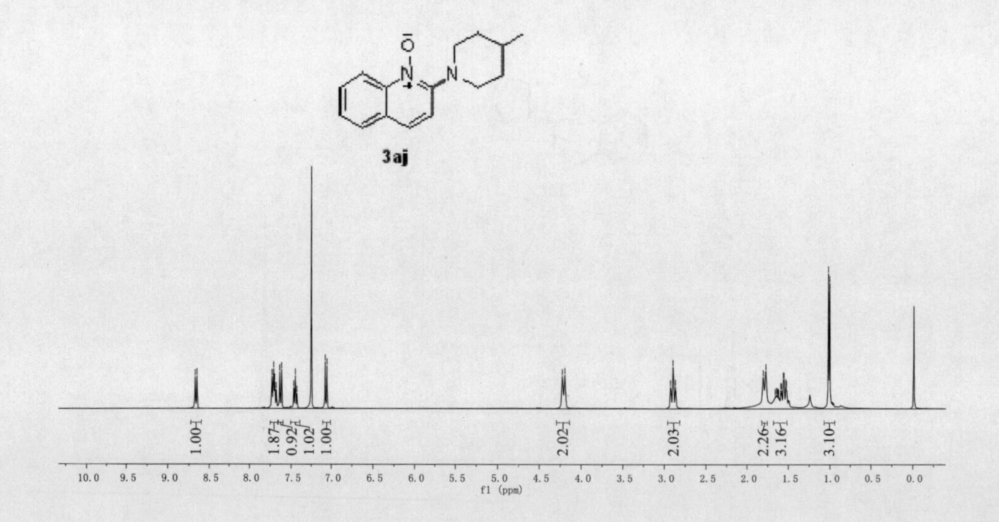
3aj
f1 (ppm)

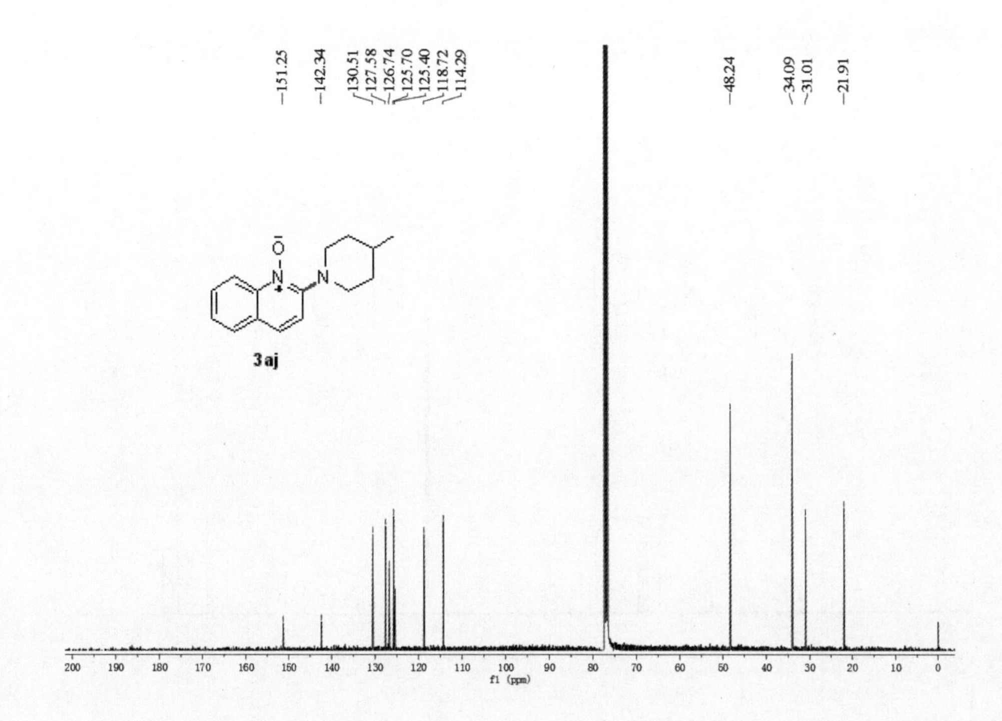
151.25
142.34
130.51
127.58
126.74
125.70
125.40
118.72
114.29
48.24
34.09
31.01
21.91
3aj
200 190 180 170 160 150 140 130 120 110 100 90 80 70 60 50 40 30 20 10 0
f1 (ppm)

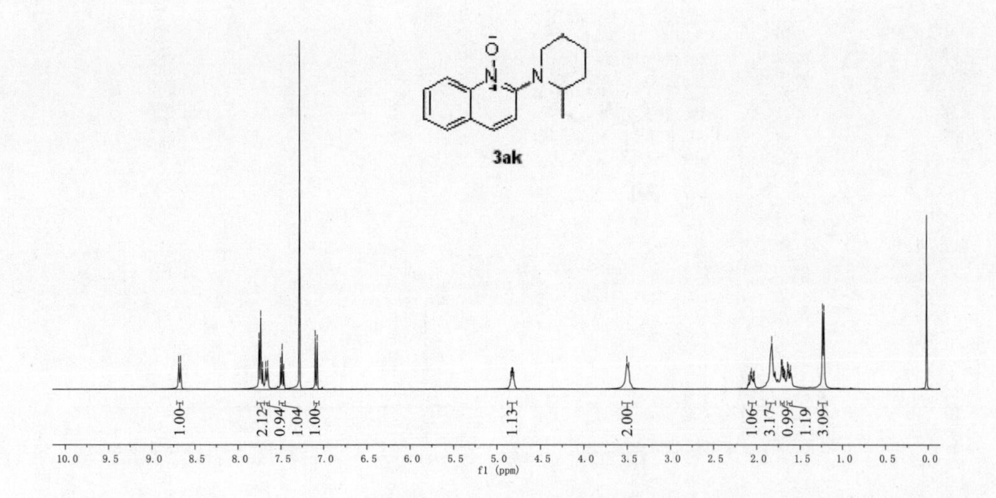
8.687
8.666
7.754
7.735
7.712
7.675
7.653
7.502
7.483
7.464
7.095
7.072
4.838
4.828
4.821
4.813
4.802
3.501
3.480
2.069
2.058
2.038
2.026
1.824
1.714
1.704
1.692
1.682
1.673
1.643
1.634
1.621
1.609
1.236
3ak
1.00
2.12
0.94
1.04
1.00
1.13
2.00
1.06
3.17
0.99
1.19
3.09
10.0 9.5 9.0 8.5 8.0 7.5 7.0 6.5 6.0 5.5 5.0 4.5 4.0 3.5 3.0 2.5 2.0 1.5 1.0 0.5 0.0
f1 (ppm)

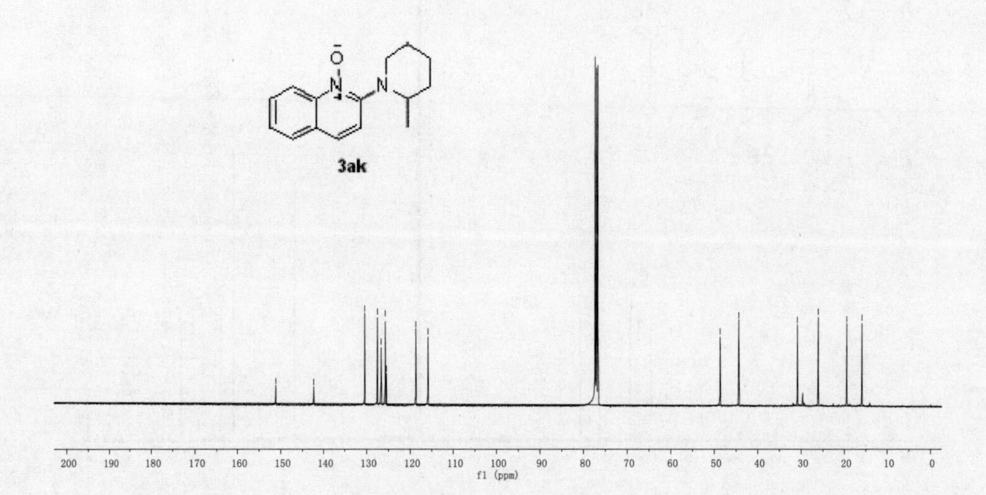
151.16
142.38
130.44
127.54
126.71
125.76
125.50
118.75
115.92
48.68
44.38
30.89
26.08
19.48
15.92
3ak
f1 (ppm)

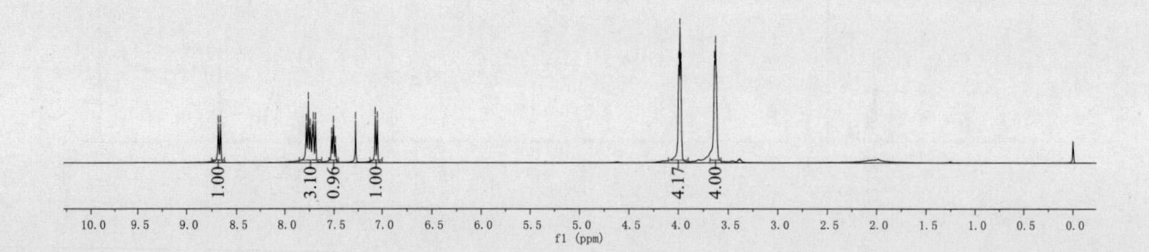
8.688
8.666
7.782
7.761
7.742
7.720
7.712
7.689
7.525
7.507
7.488
7.279
7.073
7.050
3.997
3.986
3.975
3.640
3.630
3.620
3al
1.00
3.10
0.96
1.00
4.17
4.00
f1 (ppm)

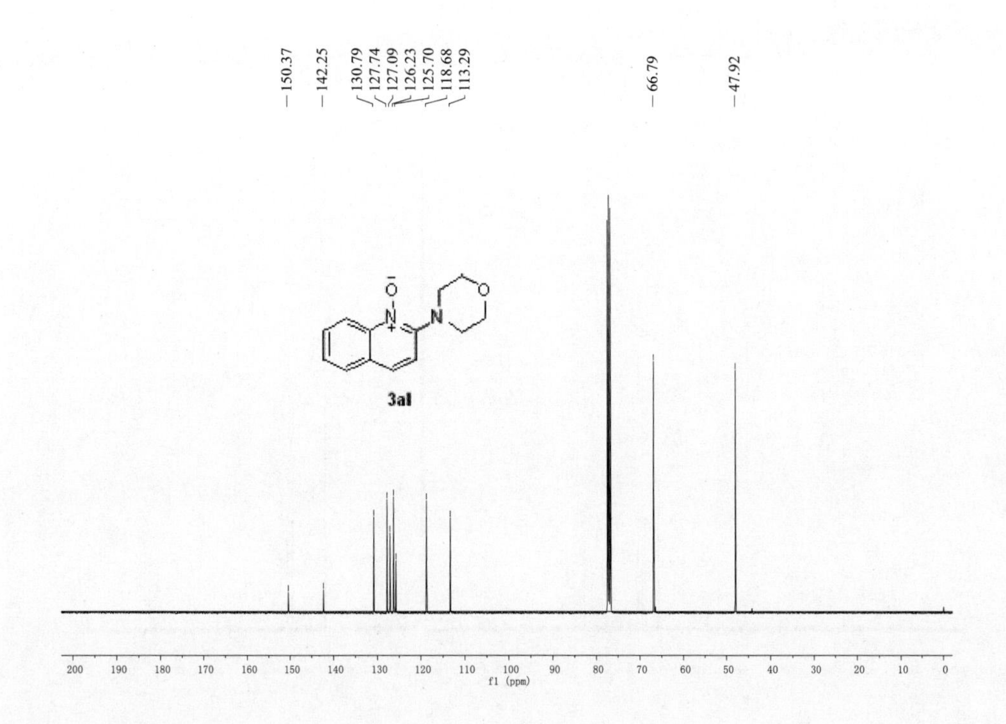
150.37
142.25
130.79
127.74
127.09
126.23
125.70
118.68
113.29
66.79
47.92
3al
f1 (ppm)

8.696
8.674
7.786
7.766
7.751
7.748
7.729
7.726
7.710
7.687
7.530
7.511
7.493
7.104
7.081
3.715
2.812
2.459

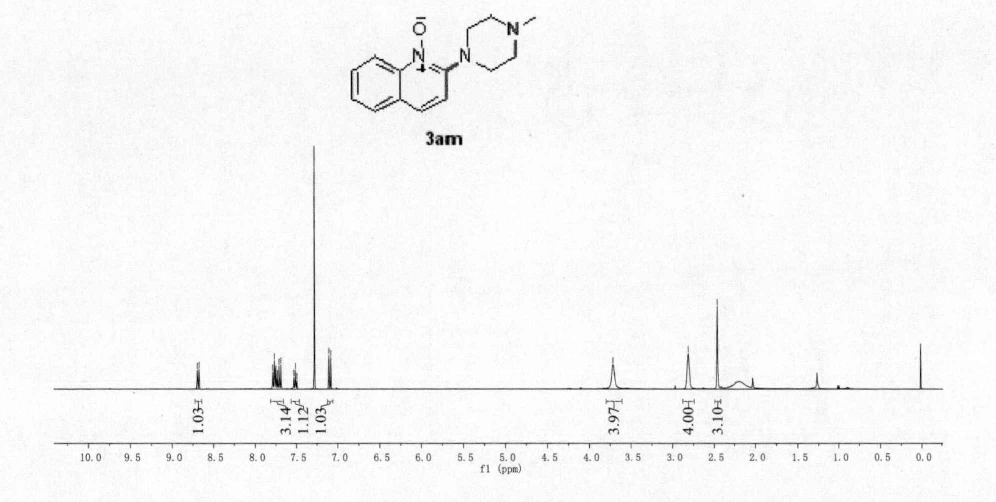
3am
1.03
3.14
1.12
1.03
3.97
4.00
3.10
f1 (ppm)

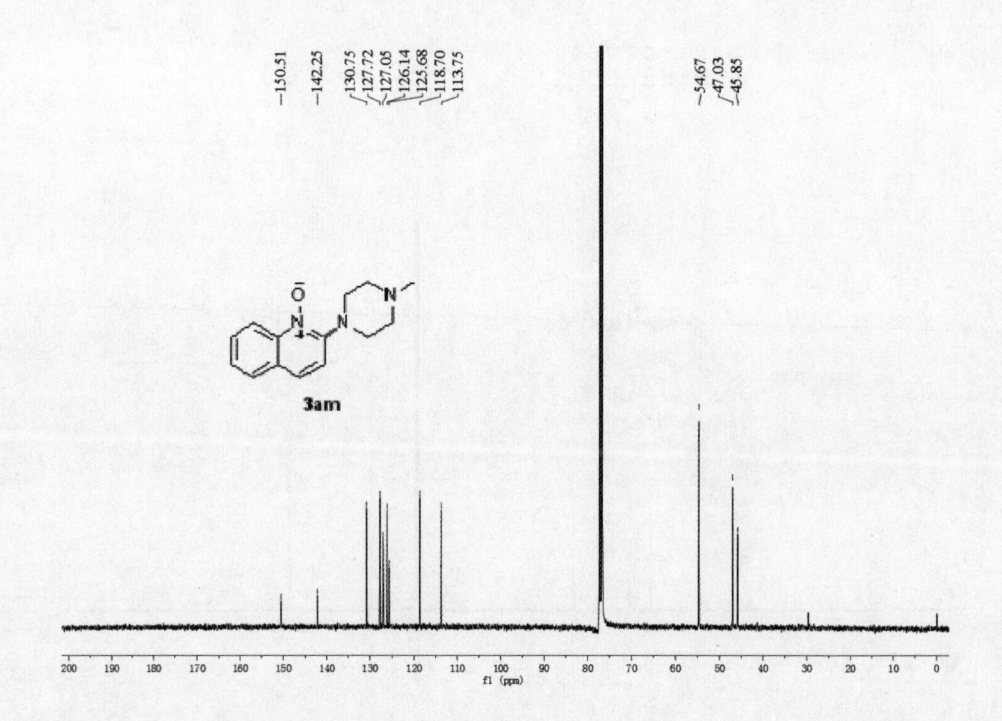

150.51
142.25
130.75
127.72
127.05
126.14
125.68
118.70
113.75
54.67
47.03
45.85
3am
200 190 180 170 160 150 140 130 120 110 100 90 80 70 60 50 40 30 20 10 0
f1 (ppm)

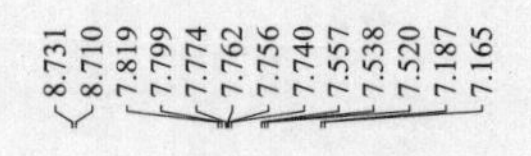

8.731
8.710
7.819
7.799
7.774
7.762
7.756
7.740
7.557
7.538
7.520
7.187
7.165
3.921

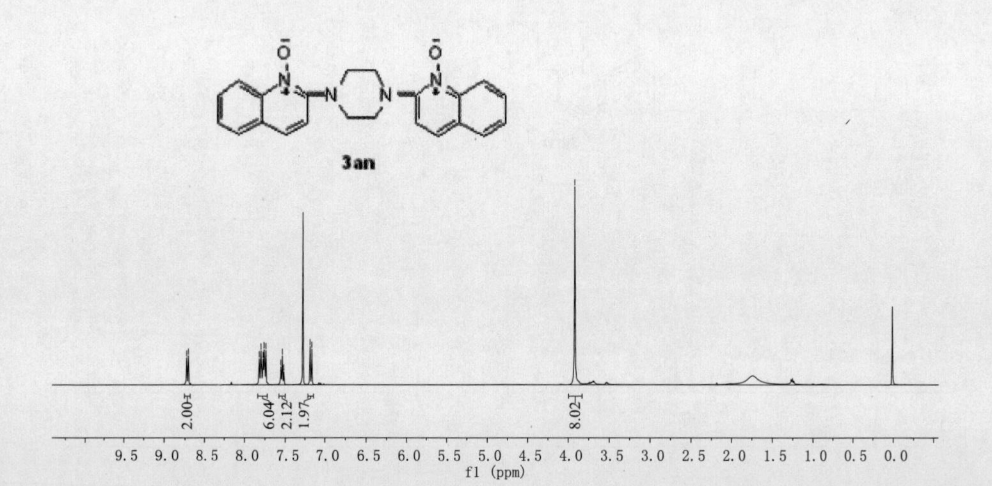

3an
2.00
6.04
2.12
1.97
8.02
9.5 9.0 8.5 8.0 7.5 7.0 6.5 6.0 5.5 5.0 4.5 4.0 3.5 3.0 2.5 2.0 1.5 1.0 0.5 0.0
f1 (ppm)

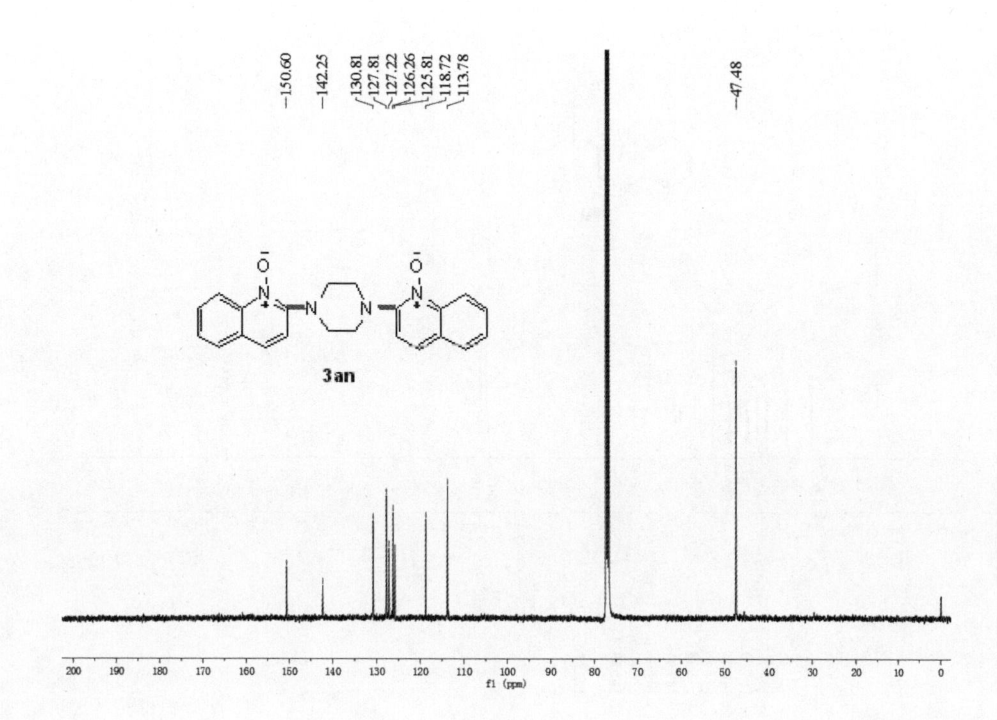
150.60
142.25
130.81
127.81
127.22
126.26
125.81
118.72
113.78
47.48
3an
200
190
180
170
160
150
140
130
120
110
100
90
80
70
60
50
40
30
20
10
0
f1 (ppm)

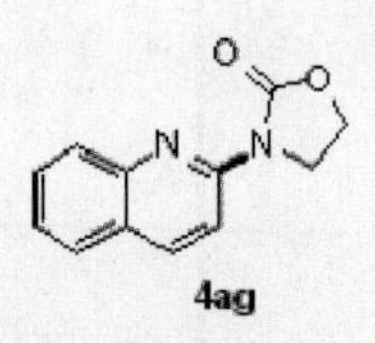

O
N
O
N
4ag

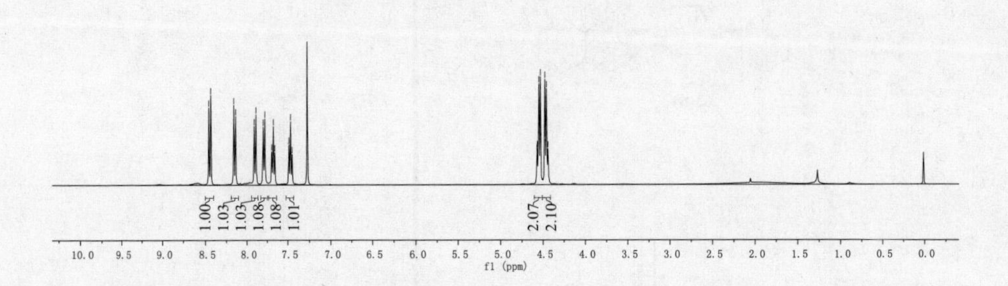

8.459
8.437
8.162
8.140
7.912
7.891
7.801
7.781
7.696
7.676
7.658
7.486
7.467
7.449
4.574
4.570
4.551
4.533
4.480
4.461
4.442
1.00
1.03
1.03
1.08
1.08
1.01
2.07
2.10
10.0 9.5 9.0 8.5 8.0 7.5 7.0 6.5 6.0 5.5 5.0 4.5 4.0 3.5 3.0 2.5 2.0 1.5 1.0 0.5 0.0
f1 (ppm)

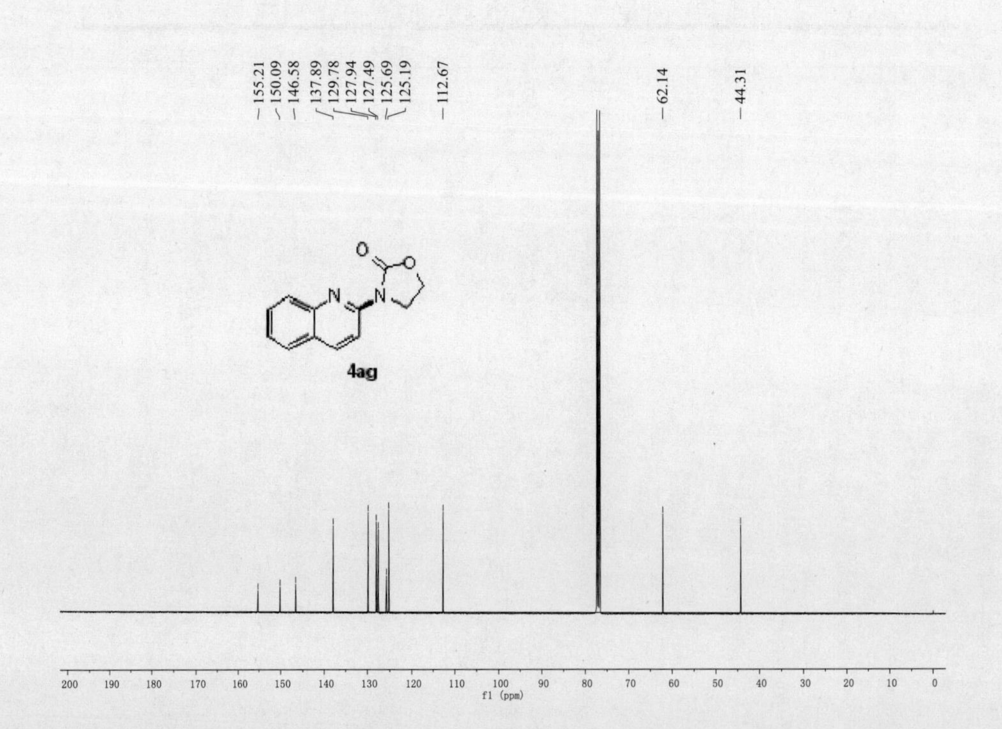

155.21
150.09
146.58
137.89
129.78
127.94
127.49
125.69
125.19
112.67
62.14
44.31
O
N
O
N
4ag
200 190 180 170 160 150 140 130 120 110 100 90 80 70 60 50 40 30 20 10 0
f1 (ppm)

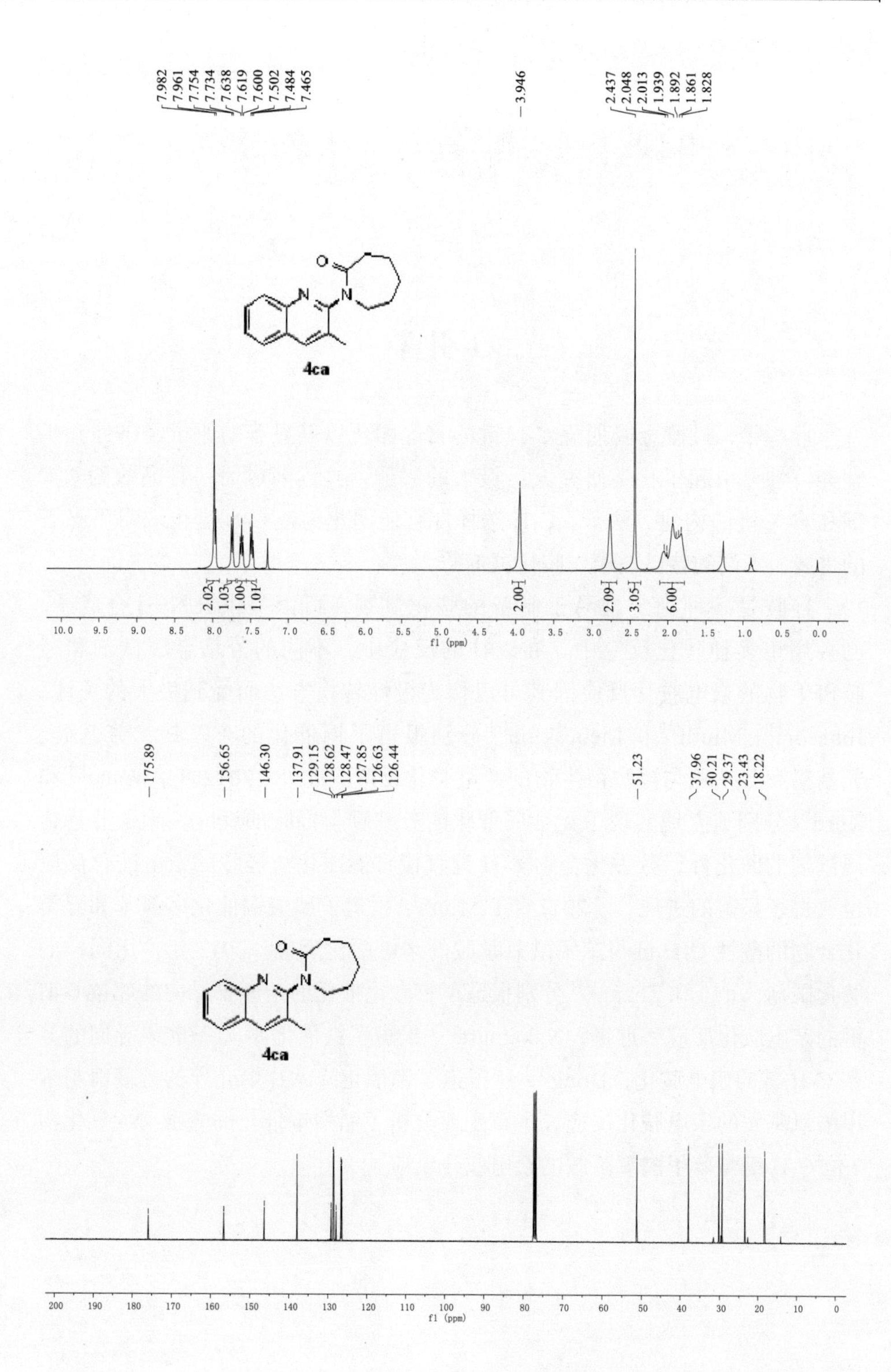
7.982
7.961
7.754
7.734
7.638
7.619
7.600
7.502
7.484
7.465
3.946
2.437
2.048
2.013
1.939
1.892
1.861
1.828
4ca
2.02
1.03
1.00
1.01
2.00
2.09
3.05
6.00
f1 (ppm)
175.89
156.65
146.30
137.91
129.15
128.62
128.47
127.85
126.63
126.44
51.23
37.96
30.21
29.37
23.43
18.22
4ca
f1 (ppm)

第2章 铜催化喹啉-N-氧化物的亲电胺化

2.1 引言

近些年，过渡金属催化 C-H 键的官能团化以其显著的原子经济性和步骤经济性，引起了化学研究人员极大的兴趣，并逐渐成为一种高效的 C-C 键和 C-X 键的构建方法 [1]。C-H 选择性官能团化构建 C-N 键也取得了显著的进展，不同的胺已被用作胺化试剂 [2]。

羟胺是一种稳定且易于制备的胺化试剂，可以提供 $R_2N(+)$ 合成子，已被用于多种胺化反应中。在以往的反应中，不同的芳基金属试剂和羟胺衍生物的亲电胺化反应因其可以作为极性转换方法而受到极大的关注。Johnson[3]，Miura[4] 和 Liebeskind[5] 分别报道了铜催化的芳基锌、芳基硅、芳基锡和芳基硼与羟胺衍生物的亲电胺化反应。此外，2012 年，Wang[6] 和 Kürti[7] 分别独立地实现了无金属催化的芳基硼与羟胺的反应。除了芳基金属试剂的胺化外，芳香化合物 C-H 键直接官能团化与羟胺的亲电胺化反应也取得了显著的进展 [8]。2011 年，Miura[9] 报道了醋酸铜催化多氟苯和唑类化合物的酸性 C-H 键与苯甲酰氧基胺的亲电胺化反应。2013 年，用同样的胺化试剂，Yu[10] 和 Zhang[11] 分别报道了钌和铑催化的杂原子导向的邻位 C-H 键的亲电胺化反应。近来，Nakamura[12] 报道了铁催化 8- 氨基喹啉导向的芳基 C-H 键的亲电胺化，Dong[13] 还报道了钯催化降冰片烯介导的芳基卤与苯甲酰氧基胺的亲电胺化反应。本章主要分析了醋酸铜催化的喹啉 -N- 氧化物 2 位 C-H 键与苯甲酰氧基胺的亲电胺化反应。

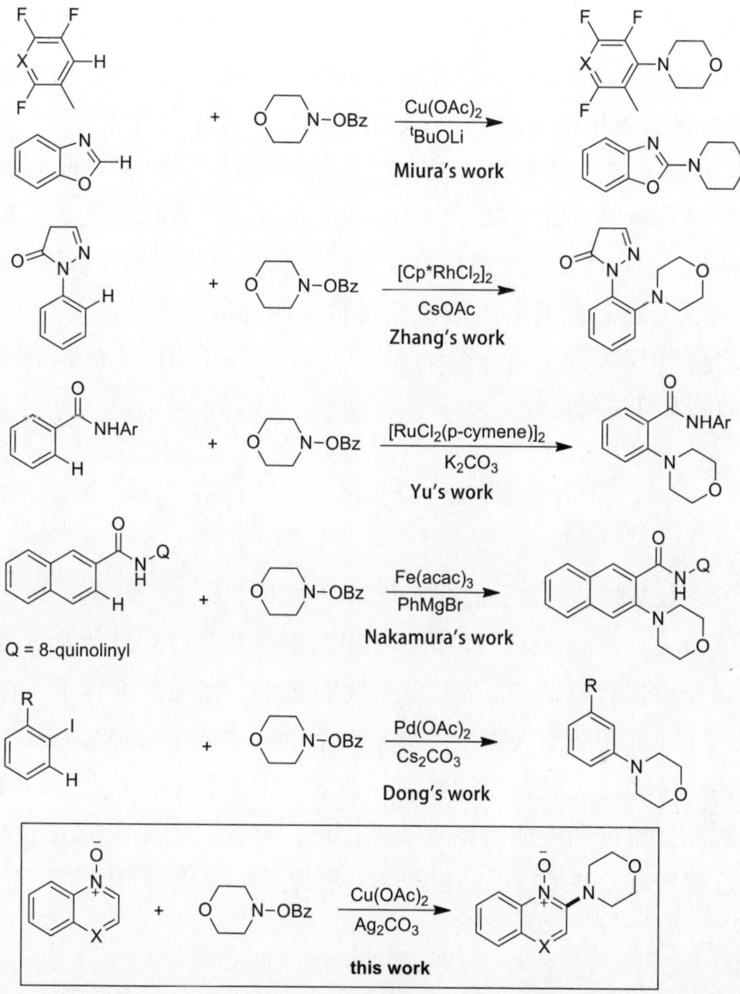

2.2 实验部分

基本信息：所有的商业化试剂和溶剂都是直接使用的，没有额外的纯化。用 200 ~ 300 目的硅胶进行柱层析。用 Bruker AscendTM400 超导核磁共振仪（德国）做 1H NMR 和 13 C NMR 光谱。1H NMR 图谱的化学位移用四甲基硅烷作为 0.0 ppm，13 C NMR 图谱的化学位移用氘代氯仿作为 77.0 ppm。所有偶合常数以赫兹（Hz）为单位。在 Waters LCT PremierxTM

（USA）高效液相色谱 - 高分辨质谱上获得产物分子的高分辨质谱数据。

吡啶 -N- 氧化物衍生物的制备：在剧烈磁力搅拌下，将 3- 氯过苯甲酸（mCPBA）（345 mg，2 mmol）和二氯甲烷（5 mL）的混合溶液滴加到冷却至 0℃的吡啶二氯甲烷溶液中。该过程完成后，将反应混合物升至室温并搅拌一夜。向混合物中加入饱和碳酸氢钠的水溶液以中和残留的 3- 氯过苯甲酸，所得混合物用二氯甲烷（3 × 10 mL）萃取。将有机相合并，并用饱和氯化钠溶液（3 × 5 mL）洗涤。分液，将有机层合并，用无水硫酸钠干燥，过滤并减压蒸发，得到粗产物，将其通过柱色谱法（硅胶 200 ~ 300 目，用乙酸乙酯 / 甲醇以 8:1 混合作洗脱液）。通过 1H NMR 和 MS 谱确定产物，并与以前的文献进行比较。

CH_2Cl_2, rt

苯甲酰氧基胺的制备：将过氧化苯甲酰（12.11 g，50 mmol）、磷酸氢二钾（13.06 g，75 mmol）和 N,N- 二甲基甲酰胺（125 mL）加入到装有聚四氟乙烯磁性搅拌器的 500 mL 单颈圆底瓶中。在强磁搅拌下，在室温下将 60~125 mmol 的胺滴入体系，24 小时后加入去离子水（200 mL）溶解所有固体，然后将反应混合物转移到分液漏斗中，用 150 mL 乙酸乙酯萃取，收集有机相，用饱和碳酸氢钠水溶液洗涤，有机层用无水硫酸钠干燥，过滤并通过旋转蒸发浓缩，得到粗产物，经柱层析纯化得到所需产物，经 1H NMR 鉴定。

K_2HPO_4, DMF, rt

亲电胺化实验步骤：将喹啉 -N- 氧化物（0.2 mmol）、苯甲酰基羟胺（0.6 mmol，3.0 equiv）、醋酸铜（0.02 mmol，10 mol%）、碳酸银（0.02 mmol，10 mol%）、叔丁醇（1mL）在空气中装进用橡胶塞密封的 30mL 压力管中。反应混合物在 80℃下搅拌 24 小时，在原料完全消耗后 [薄层色谱（TLC）监测，乙酸乙酯 / 甲醇为洗脱剂]，反应冷却至室温。该混合物通过一个短柱，用甲醇 / 乙酸乙酯（比例为 1 : 1）的混合物反复清洗。有机层在减压下浓缩，得到原油，经硅胶柱层析（200 ~ 300 目）纯化，得到理想的产物。

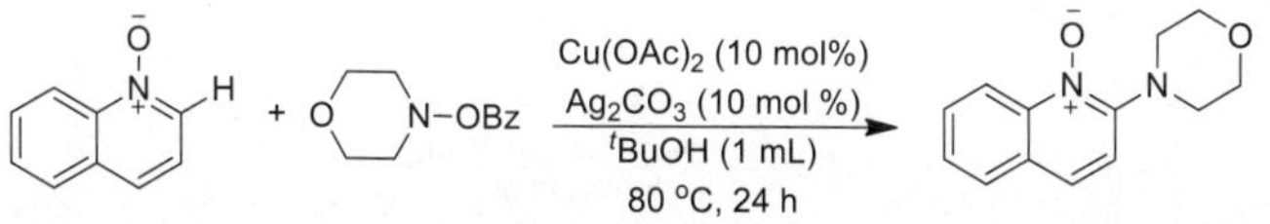

制备 2-d1- 喹啉 -N- 氧化物：将重水（1.5 mL）、氢氧化钠（200 mg，5 mmol）、喹啉 -N- 氧化物（258 mg，2.0 mmol）加入到用橡胶塞密封的 30 mL 压力管中。反应混合物在 100℃下搅拌一夜，冷却至室温后，用氯仿（3 × 10 mL）萃取。将合并的有机相用饱和氯化钠溶液（3 × 5 mL）洗涤，经硫酸镁干燥并过滤。减压除去氯仿，得到产物。在氘代氯仿中，用 1H NMR 检测到氘产物为 91％。比较 8.76 ppm 和 8.53 ppm 的峰的面积以获得氘代比例（参见 1H 谱）。光谱数据与相关报道一致[1]。

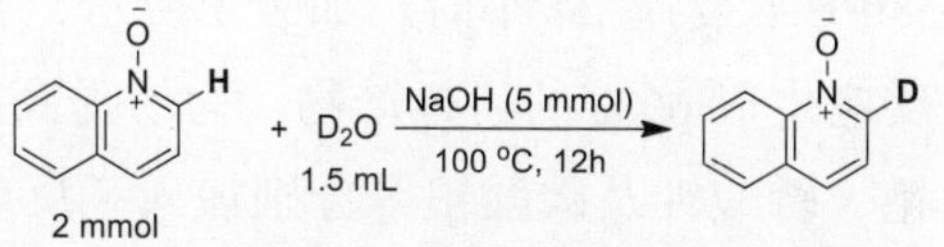

动力学同位素效应: 2- 氘代喹啉 -N- 氧化物（0.1mmol）和喹啉 -N- 氧化物（0.1 mmol）、苯甲酰基羟胺 (0.6 mmol，3.0 equiv)、醋酸铜 (0.02 mmol，10 mol%)、碳酸银 (0.02 mmol，10 mol%)、叔丁醇 (1 mL) 在空气中装进用橡胶塞密封的 30 mL 压力管中。反应混合物在 80℃下搅拌 5 分钟，冷却至室温。将混合物过一个小硅藻土柱子，用乙酸乙酯 / 甲醇以 1 ∶ 1 混合的溶剂反复冲洗。有机层减压浓缩，得到油状粗产物，经硅胶柱层析纯化（200 ~ 300 目）得到未反应的起始原料 2- 氘代喹啉 -N- 氧化物（0.1 mmol）和喹啉 -N- 氧化物。根据核磁共振氢谱分析化学位移为 8.76 ppm 和 8.53 ppm 的峰的面积，发现剩余的 2- 氘代喹啉 -N- 氧化物和喹啉 -N- 氧化物的比例为 0.56 ∶ 0.44，根据下面式子计算：

$$k_{\mathrm{H}}/k_{\mathrm{D}} = \frac{M/2 - 0.44m}{M/2 - 0.56m}$$

M, m 分别代表起始原料和剩余原料中 2- 氘代喹啉 -N- 氧化物和喹啉 -N- 氧化物的质量，在这里，M=29 mg，m=20 mg。因此，该反应的动力学同位素效应为 $k_{\mathrm{H}}/k_{\mathrm{D}} = 1.1$。

$Cu(OAc)_2$ (10 mol%)
Ag_2CO_3 (10 mol %)
^tBuOH (1 mL)
80 °C, 24 h

2.3 结果与讨论

最初，为了筛选亲电胺化的条件，我们选择了廉价易得的喹啉 -N - 氧化物 (1a) 和苯甲酰羟胺作为典型的底物。在空气氛围，在橡胶塞密封的反应管中，混合物在 80℃下反应 24 小时。如表 1 所示，当体系中含有 10% 的醋酸铜时，标准反应生成 69% 的目标产物。为了提高反应收率，不同的碱如碳酸钠、碳酸铯、磷酸钾及碳酸银等分别加入了反应体系中 (Entry 2，3，4)。结果表明，前三种碱并不利于产率的提高，而碳酸银的加入可以使产率提高到 77%(Entry 5)。溶剂筛选表明，甲苯、1,4- 二氧六环及 N，N-二甲酰胺等是有效溶剂 (Entry 6，7，8)。其他的铜盐，如溴化铜和溴化亚铜也表现出一定的催化活性，尽管其收率低于醋酸铜 (Entry 9,10)。醋酸钯对这个反应是无效的 (Entry 11)。在缺乏醋酸铜和碳酸银的情况下，亲电胺化完全失败 (Entry 12)。

表 1. 条件优化

0.2 mmol + 0.6 mmol N-OBz → catalyst (10 mol%), additive (10 mol %), solvent, 80 °C, 24 h

Entry	Catalyst	Additive	Solvent	Yield (%)[a]
1	$Cu(OAc)_2$	—	${}^tBuOH$	69
2	$Cu(OAc)_2$	Na_2CO_3	${}^tBuOH$	64
3	$Cu(OAc)_2$	Cs_2CO_3	${}^tBuOH$	62
4	$Cu(OAc)_2$	K_3PO_4	${}^tBuOH$	58
5	**$Cu(OAc)_2$**	**Ag_2CO_3**	**${}^tBuOH$**	**77**
6	$Cu(OAc)_2$	Ag_2CO_3	toluene	64
7	$Cu(OAc)_2$	Ag_2CO_3	1,4-dioxane	54
8	$Cu(OAc)_2$	Ag_2CO_3	DMF	58
9	$CuBr_2$	Ag_2CO_3	${}^tBuOH$	74
10	CuBr	Ag_2CO_3	${}^tBuOH$	60
11	$Pd(OAc)_2$	Ag_2CO_3	${}^tBuOH$	trace
12	—	—	${}^tBuOH$	0

[a] Isolated yield.

在优化条件下，利用不同的喹啉 -N- 氧化物衍生物和苯甲酰羟胺衍生物，考查了亲电胺化反应的底物范围和局限性。如表 2 中所述，在不同位置上带有烷基的喹啉 -N- 氧化物，反应也可以平稳进行，并且得到良好的产率 (3b，3c)。喹啉 -N- 氧化物 3 位的甲基，在转化中并没有表现出明显的空间位阻 (3c)。具有强吸电子基 (NO_2) 和供电子基 (OCH_3, 3ga) 等官能团的喹啉 -N- 氧化物也适合作为这种转化的底物 (3d, 3e)。值得注意的是，卤素是可以被兼容的，这为产物的进一步功能化提供了一个很好的机会 (3f-3h)。异喹啉和喹恶啉 -N- 氧化物也显示出良好的反应活性，分别以 80% 和 59% 的分离收率得到相应的产物 (3i, 3j)。进一步研究表明，该反应也与不同的苯甲酰羟胺 (3k-3m) 反应良好。

表 2. 铜催化喹啉 -N- 氧化物的亲电胺化反 [a]

1 0.2 mmol + 2 0.6 mmol → 3

$Cu(OAc)_2$ (10 mol%), Ag_2CO_3 (10 mol %), ^tBuOH (1 mL), 80 °C, 24 h

3a 77%　3b 90%　3c 83%

3d 60%　3e 51%　3f 71%

3g 73%　3h 55%　3i 80%

3j 59%　3k 65%　3l 58%

3m 52%

[a] Reaction conditions: quinoline N-oxides (0.2 mmol), O-benzoyl hydroxylamine (0.6 mmol, 3 equiv), $Cu(OAc)_2$ (10 mol %), Ag_2CO_3 (10 mol %), ^tBuOH (1 mL), 80 °C, 24 h, isolated yield.

在克级实验中，在优化条件下，喹啉 -N- 氧化物 (1a) 和苯甲酰羟胺的亲电胺化反应也能顺利地进行，并以 71% 的分离收率得到目标产物。

此外，在温和的条件下，产物 2- 胺基喹啉 -N- 氧化物容易被三氯化磷还原，从而生成在药物和天然化合物中广泛存在的 2- 氨基喹啉衍生物 (Scheme1)。

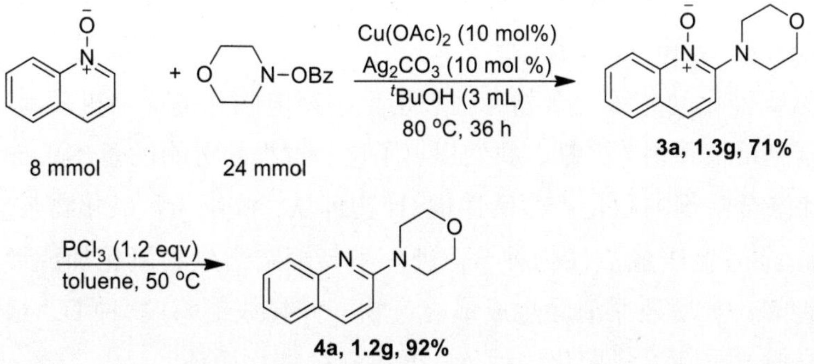

Scheme 1. 克级亲电胺化以及还原

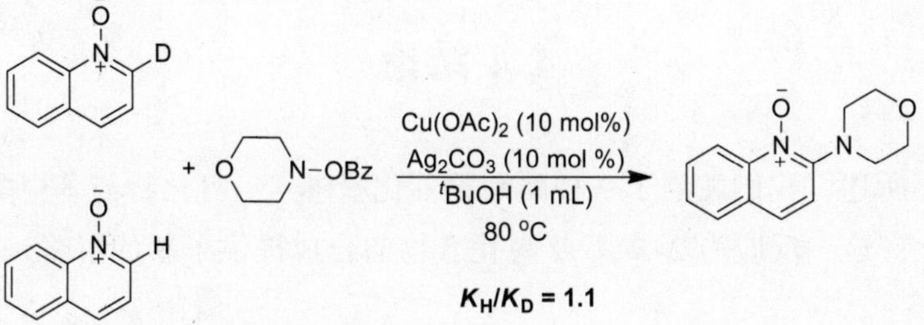

Scheme 2. 动力学同位素效应

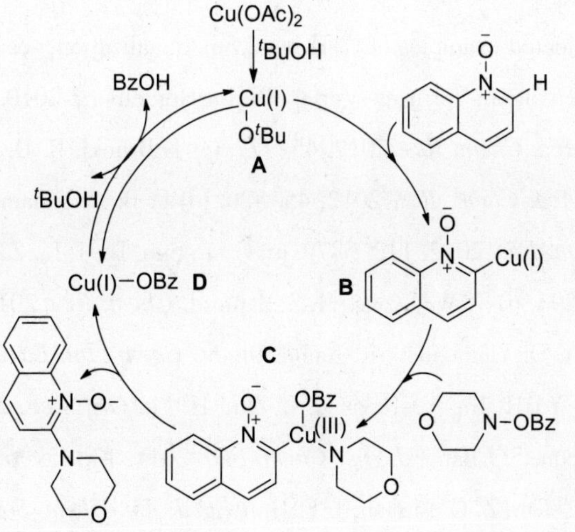

然后，用苯甲酰羟胺与等摩尔的喹啉 -N- 氧化物及 2- 氘代喹啉 -N- 氧化物反应，测定醋酸铜催化亲电胺化的分子间氘代动力学同位素效应

(KIE)，经 1H NMR 分析残料混合物 (Scheme 2)。其 K_H/K_D 为 1.1，这一结果表明，喹啉 -N- 氧化物的 C-H 键官能团化可能不是限速步骤。

Scheme 3. 亲电胺化的机理

虽然铜催化的芳香化合物和羟胺衍生物亲电胺化的详细机理尚不清楚，但根据实验结果和相关文献，我们提出了这一过程的可能机理 (Scheme 3)[14]。铜 (II) 和络合溶剂的歧化产生活性铜 (I) 物种 A，喹啉 -N- 氧化物与铜 (I) 物种 A 亲电金属化生成活性物种 B，进一步与羟胺衍生物氧化加成形成关键中间物种 C，然后还原消除生成最终产物，并释放铜 (I) 物种 D，最后与溶剂配体交换，重新生成催化物种 A，开始新的催化循环。

2.4 结论

综上所述，我们发展了一种醋酸铜催化喹啉 -N- 氧化物与苯甲酰羟胺的亲电胺化，这一反应为 2- 氨基喹啉化合物的合成提供了新的策略。

2.5 参考文献

[1] For recent selected examples of C–H bond functionalization, see: (a) J.–Q. Yu, Z.–J. Shi, C.–H. Activation; Springer–Verlag: Berlin Heidelberg. 2010. (b) M. P. Doyle, K. I. Goldberg. *Acc. Chem. Res.* 2012, 45, 777. (c) T. Bruckl, R. D. Baxter, Y. Ishihara, P. S. Baran. *Acc. Chem. Res.* 2012, 45, 826. (d) P. B. Arockiam, C. Bruneau, P. H. Dixneuf. *Chem. Rev.* 2012, 112, 5879. (e) C.–L. Sun, B.–J. Li, Z.–J. Shi. *Chem. Rev,* 2011, 111, 1293. (f) T. W. Lyons, M. S. Sanford. *Chem. Rev.* 2010, 110, 1147. (g) J. Yamaguchi, A. D. Yamaguchi, K. Itami. *Angew. Chem., Int. Ed.* 2012, 51, 8960. (h) X.–Q. Wang, Y.–H. Jin, Y.–F. Zhao, L. Zhu, H. Fu. *Org. Lett.* 2012, 14, 452. (i) S. H. Cho, J. Yoon, S. Chang. *J. Am. Chem. Soc.* 2011, 133, 5996. (g) R. Shrestha, P. Mukherjee, Y. Tan, Z. C. Litman, J. F. Hartwig. *J. Am. Chem. Soc.* 2013, 135, 8480. (k) B. Xiao, T.–J. Gong, J. Xu, Z.–J. Liu, L. Liu. *J. Am. Chem. Soc.* 2011, 133, 1466.(l) Q. Shuai, G.–J. Deng, Z.–J. Chua, D. S. Bohle, C. J. Li. *Adv. Synth. Catal.* 2010, 352,

632. (m) D. Monguchi, T. Fujiwara, H. Furukawa, A. Mori. *Org. Lett.* 2009, 11, 1607. (n) H.-Q. Zhao, M. Wang, W.-P. Su, M.-C. Hong. *Adv. Synth. Catal.* 2010, 352, 1301. (o) S. H. Cho, J. Y. Kim, S. Y. Lee, S. Chang. *Angew. Chem., Int. Ed.,* 2009, 48, 9127. (p) A. T. Londregan, S. Jennings, L.-Q. Wei. *Org. Lett.* 2010, 12, 5254. (q) G. B. Yan, A. J. Borah, M.H. Yang. *Adv. Synth. Catal.* 2014, 356, 2375. (r) X. Chen, X. S. Hao, C. E. Goodhue, J.-Q. Yu. *J. Am. Chem. Soc.* 2006, 128, 6790.

[2] (a) K. H. Ng, Z. Y. Zhou, W. Y. Yu. *Org. Lett.* 2012, 14, 272. (b) T. Kawano, K.Hirano, T. Satoh, M. Miura. *J. Am. Chem. Soc.* 2010, 132, 6900. (c) J. A. Souto, P. Becker, A. Iglesias, K. Mun iz. *J. Am. Chem. Soc.* 2012, 134, 15505. (d) X. Y. Liu, P. Gao, Y. W. Shen, Y. M. Liang. *Org. Lett.* 2011, 13, 4196. (e) C. Grohmann, H. Wang, F. Glorius. *Org. Lett.* 2012, 14, 656. (f) E. J. Yoo, S. Ma, T.-S. Mei, K. S. L. Chan, J. -Q. Yu. *J. Am. Chem. Soc.* 2011, 133, 7652.

[3] (a) A. M. Berman, J. S. Johnson. *J. Am. Chem. Soc.* 2004, 126, 5680. (b) Ashley M. Berman, Jeffrey S. Johnson. *J. Org. Chem.* 2005, 70, 364. (c) Ashley M. Berman, Jeffrey S. Johnson. *J. Org. Chem.* 2006, 71, 219.

[4] Y. Miki, K. Hirano, T. Satoh, M. Miura. *Org. Lett.* 2013. 15, 172.

[5] Z. H. Zhang, Y. Yu, L. S. Liebeskind. *Org. Lett.* 2008. 10, 3005.

[6] Q. Xiao, L. M. Tian, R. C Tan, Y. Xia, D. Qiu, Y. Zhang, J. B Wang. *Org. Lett.* 2012, 14, 4230.

[7] C. Zhu, G. Q. Li, D. H. Ess, J. R. Falck, L. Kürti. *J. Am. Chem. Soc.* 2012, 134, 18253.

[8] (a) B. Zhou, J. J. Du, Y. X. Yang, H. J. Feng, Y. C. Li. *Org. Lett.* 2014, 16, 592. (b) C. Grohmann, H. G. Wang, F. Glorius. *Org. Lett.* 2013, 15, 3014. (c) S. J. Yu, B. S. Wan, X. W. Li. *Org. Lett.* 2013, 15, 3706.

[9] N. Matsuda, K. Hirano, T. Satoh, M. Miura. *Org. Lett.* 2011, 13, 2860.

[10] M. Shang, S. H. Zeng, S. Z. Sun, H. X. Dai, J. Q. Yu. *Org. Lett.* 2013, 15, 5286.

[11] K. Wu, Z. L. Fan, Y. Xue, Q. Z. Yao, A. Zhang. *Org. Lett.* 2014, 16, 42.

[12] T. Matsubara, S. Asako, L. Ilies, E. Nakamura. *J. Am. Chem. Soc.* 2014, 136, 646.

[13] Z. Dong, G. B. Dong. *J. Am. Chem. Soc.* 2013, 135, 18350.

[14] (a) N. Matsuda, K. Hirano, T. Satoh, M. Miura. *Org. Lett.* 2011, 13, 2860. (b) B. Chen, X. L. Hou, Y. X. Li, Y. D. Wu. *J. Am. Chem. Soc.* 2011, 133, 7668. (c) R.

J.Phipps, M. J. Gaunt. *Science*. 2009, 323, 1593. (d) A. E. Wendlandt, A. M. Suess, S. S. Stahl. *Angew. Chem. Int. Ed*. 2011, 50, 11062. (e) A. Casitas, X. Ribas. *Chem. Sci*. 2013, 4, 2301.

2.6 化合物结构数据与图谱

2-morpholinoquinoline 1-oxide (3a): obtained as pale yellow solid (77% yield), ^{1}H NMR (400 MHz, $CDCl_3$) δ 8.68 (d, *J* = 8.8 Hz, 1H), 7.80–7.68 (m, 3H), 7.51 (t, 1H), 7.06 (d, 1H), 4.02–3.96 (m, 4H), 3.66–3.60 (m, 4H). ^{13}C NMR (101 MHz, $CDCl_3$) δ 130.78, 127.75, 127.02, 126.23, 118.69, 113.28, 77.34, 66.80, 47.91. HRMS (ESI) Calcd. For $C_{13}H_{15}N_2O_2$: $[M+H]^+$, 231.1 134. Found: *m*/*z* 243.1 128.

6-methyl-2-morpholinoquinoline 1-oxide (3b): obtained as white solid (90% yield), ^{1}H NMR (400 MHz, $CDCl_3$) δ 8.47 (d, *J* = 9.0 Hz, 1H), 7.60–7.39 (m, 3H), 6.93 (d, *J* = 9.0 Hz, 1H), 3.89 (t, *J* = 4.6 Hz, 4H), 3.51 (d, *J* = 4.6 Hz, 4H), 2.41 (s, 3H). ^{13}C NMR (101 MHz, $CDCl_3$) δ 149.84, 140.70, 136.20, 132.86, 126.77, 126.60, 125.83, 118.52, 113.23, 66.81, 47.96, 21.14. HRMS (ESI) Calcd. For $C_{14}H_{17}N_2O_2$: $[M+H]^+$, 245.1 290. Found: *m*/*z* 245.1 289.

3-methyl-2-morpholinoquinoline 1-oxide (3c): obtained as white solid (83% yield), ^{1}H NMR (400 MHz, CDCl3) δ 8.63 (d, *J* = 8.8, 1H), 7.76–7.61 (m, 2H), 7.59–7.47 (m, 2H), 3.91 (d, *J* = 4.7 Hz, 4H), 3.49 (s, 4H), 2.49 (s, 3H). ^{13}C NMR (101 MHz, CDCl3) δ 150.03, 141.13, 130.44, 129.39, 127.41, 127.36, 127.14, 126.95, 119.14, 67.66, 48.21, 19.09. HRMS (ESI) Calcd. For $C_{14}H_{17}N_2O_2$: $[M+H]^+$, 245.1 290. Found: *m*/*z* 245.1 291.

5-methoxy-2-morpholinoquinoline 1-oxide (3d): obtained as white solid (60% yield), ^{1}H NMR (400 MHz, $CDCl_3$) δ 8.23 (d, *J* = 8.9 Hz, 1H), 8.10 (d, *J* = 9.3 Hz, 1H), 7.65 (t, *J* = 8.4 Hz, 1H), 7.00 (d, *J* = 9.3 Hz, 1H), 6.86 (d, *J* = 7.8 Hz, 1H), 4.01 (s, 3H), 4.01–3.96 (m, 4H), 3.65 (d, 4H). ^{13}C NMR (101 MHz, $CDCl_3$) δ 155.67, 150.80, 143.21, 131.05, 121.96, 118.02, 111.80, 110.67, 104.66, 66.78, 55.95, 47.93. HRMS (ESI) Calcd. For $C_{14}H_{17}N_2O_3$: $[M+H]^+$,

261.1 239. Found: *m/z* 261.1 240.

2-morpholino-5-nitroquinoline 1-oxide (3e): obtained as red solid (51% yield), ^{1}H NMR (400 MHz, $CDCl_3$) δ 9.07 (d, *J* = 8.8 Hz, 1H), 8.47 (d, *J* = 9.7 Hz, 1H), 8.29 (d, *J* = 7.7 Hz, 1H), 7.82 (t, *J* = 8.3 Hz, 1H), 7.27 (s, 1H), 4.00 (t, *J* = 4.7 Hz, 4H), 3.71 (d, *J* = 4.7 Hz, 4H). ^{13}C NMR (101 MHz, $CDCl_3$) δ 150.49, 145.91, 143.21, 128.88, 125.18, 123.73, 122.32, 118.70, 116.32, 66.68, 47.86. HRMS (ESI) Calcd. For $C_{13}H_{14}N_3O_4$: $[M+H]^+$, 276.0 984. Found: *m/z* 243.0 981.

4-chloro-2-morpholinoquinoline 1-oxide(3f): obtained as pale yellow solid (71% yield), ^{1}H NMR (400 MHz, $CDCl_3$) δ 8.71 (d, *J* = 8.8 Hz, 1H), 8.21–8.08 (d, 1H), 7.84–7.80 (t, 1H), 7.62 (t, 1H), 7.16 (s, 1H), 4.11–3.93 (m, 4H), 3.64 (s, 4H). ^{13}C NMR (101 MHz, $CDCl_3$) δ 149.98, 142.62, 131.65, 131.34, 126.96, 124.89, 123.46, 119.14, 113.44, 66.68, 47.94. HRMS (ESI) Calcd. For $C_{13}H_{14}ClN_2O_2$: $[M+H]^+$, 265.0 744. Found: *m/z* 265.0 749.

6-chloro-2-morpholinoquinoline 1-oxide(3g): obtained as yellow solid (73% yield), ^{1}H NMR (400 MHz, $CDCl_3$) δ 8.62 (d, 1H), 7.75 (d, 1H), 7.71–7.52 (d, 2H), 7.08 (d, 1H), 3.98 (s, 4H), 3.63 (s, 4H). ^{13}C NMR (101 MHz, $CDCl_3$) δ 150.38, 140.82, 132.17, 131.36, 126.44, 126.31, 125.80, 120.63, 114.51, 66.75, 47.88. HRMS (ESI) Calcd. For $C_{13}H_{14}ClN_2O_2$: $[M+H]^+$, 265.0 744. Found: *m/z* 265.0 752.

4-bromo-2-morpholinoquinoline 1-oxide (3h): obtained as pale yellow solid (55% yield), ^{1}H NMR (400 MHz, $CDCl_3$) δ 8.70 (d, 1H), 8.07 (t, 1H), 7.88–7.71 (m, 1H), 7.71–7.51 (m, 1H), 7.34 (d, 1H), 3.98 (s, 4H), 3.62 (s, 4H). ^{13}C NMR (101 MHz, $CDCl_3$) δ 150.05, 142.63, 131.61, 127.54, 127.19, 124.77, 121.47, 119.12, 116.99, 66.68, 47.94. HRMS (ESI) Calcd. For $C_{13}H_{14}BrN_2O_2$: $[M+H]^+$, 309.0 239. Found: *m/z* 309.0 231.

1-morpholinoisoquinoline 2-oxide (3i): obtained as white solid (80% yield), ^{1}H NMR (400 MHz, $CDCl_3$) δ 8.21 (d, *J* = 8.3 Hz, 1H), 8.06 (d, *J* = 7.2 Hz, 1H), 7.77 (d, *J* = 7.9 Hz, 1H), 7.62 (t, 2H), 7.45 (d, J = 7.1 Hz, 1H), 3.98 (s, 4H), 3.60 (s, 4H). ^{13}C NMR (101 MHz, $CDCl_3$) δ 149.28, 137.58, 131.00, 128.89, 128.79, 127.45, 127.12, 124.10, 120.41, 67.55, 48.63. HRMS (ESI)

Calcd. For $C_{13}H_{15}N_2O_2$: $[M+H]^+$, 231.1 134. Found: *m*/*z* 243.1 130.

2-morpholinoquinoxaline 1-oxide (3j): obtained as pale yellow solid (59% yield), ^{1}H NMR (400 MHz, $CDCl_3$) δ 8.53 (d, *J* = 9.8 Hz, 2H), 8.05 (d, *J* = 8.2, 1H), 7.71 (d, 2H), 4.08–3.95 (m, 4H), 3.75–3.60 (m, 4H). ^{13}C NMR (101 MHz, $CDCl_3$) δ 144.95, 140.71, 138.85, 137.15, 130.72, 129.70, 128.80, 117.92, 66.65, 47.63. HRMS (ESI) Calcd. For $C_{12}H_{14}N_3O_2$: $[M+H]^+$, 232.1 086. Found: *m*/*z* 232.1 082.

2-(piperidin-1-yl)quinoline 1-oxide (3k): obtained as pale yellow solid (65% yield), ^{1}H NMR (400 MHz, $CDCl_3$) δ 8.67 (d, *J* = 8.7 Hz, 1H), 7.84–7.57 (m, 3H), 7.47 (t, *J* = 7.5 Hz, 1H), 7.09 (d, *J* = 9.1 Hz, 1H), 3.56 (t, *J* = 5.3 Hz, 4H), 1.85 (t, *J* = 5.3 Hz, 4H), 1.72 (d, *J* = 5.5 Hz, 2H). ^{13}C NMR (101 MHz, $CDCl_3$) δ 151.38, 142.35, 130.49, 127.60, 126.86, 125.68, 125.36, 118.66, 114.15, 48.92, 25.86, 24.51. HRMS (ESI) Calcd. For $C_{14}H_{17}N_2O$: $[M+H]^+$, 229.1 341. Found: *m*/*z* 229.1 337.

2-(4-methylpiperidin-1-yl)quinoline 1-oxide (3l): obtained as pale yellow solid (58% yield), 1H NMR (400 MHz, $CDCl_3$) δ 8.68 (d, *J* = 8.7 Hz, 1H), 7.80–7.61 (m, 3H), 7.53–7.43 (m, 1H), 7.09 (d, *J* = 9.1 Hz, 1H), 4.24 (d, *J* = 11.3 Hz, 2H), 2.94 (t, *J* = 11.5 Hz, 2H), 1.89–1.75 (m, 2H), 1.67 (s, 1H), 1.58 (m, 2H), 1.04 (d, *J* = 6.3 Hz, 3H). ^{13}C NMR (101 MHz, $CDCl_3$) δ 151.25, 142.34, 130.51, 127.58, 126.74, 125.70, 125.40, 118.72, 114.29, 48.24, 34.09, 31.01, 21.91. HRMS (ESI) Calcd. For $C_{15}H_{19}N_2O$: $[M+H]^+$, 243.1 497. Found: *m*/*z* 243.1 500.

2-(pyrrolidin-1-yl)quinoline 1-oxide (3m): obtained as pale yellow solid (52% yield), ^{1}H NMR (400 MHz, $CDCl_3$) δ 8.59 (d, *J* = 8.6 Hz, 1H), 7.83–7.55 (m, 3H), 7.39 (d, *J* = 7.6 Hz, 1H), 6.94 (d, *J* = 9.2 Hz, 1H), 3.94 (s, 4H), 2.00 (s, 4H). 13C NMR (101 MHz, $CDCl_3$) δ 148.41, 142.03, 130.72, 128.17, 127.43, 124.58, 123.86, 117.82, 112.45, 50.63, 25.47. HRMS (ESI) Calcd. For $C_{13}H_{15}N_2O$: $[M+H]^+$, 215.1 184. Found: *m*/*z* 215.1 181.

4-(quinolin-2-yl)morpholine (4a): obtained as white solid (92%), ^{1}H NMR (400 MHz, $CDCl_3$) δ 7.92 (d, *J* = 9.1 Hz, 1H), 7.72 (d, *J* = 8.4 Hz, 1H), 7.62 (d, *J* = 8.0 Hz, 1H), 7.55 (t, *J* = 7.7 Hz, 1H), 7.24 (d, *J* = 7.2 Hz, 1H), 6.96 (d,

J = 9.1 Hz, 1H), 3.85 (d, J = 4.8 Hz, 4H), 3.72 (d, J = 5.0 Hz, 4H). ^{13}C NMR (101 MHz, $CDCl_3$) δ 157.55, 147.75, 137.58, 129.61, 127.24, 126.75, 123.32, 122.67, 109.27, 66.90, 45.61. HRMS (ESI) Calcd. For $C_{13}H_{15}N_2$: $[M+H]^+$, 215.1 184 Found: m/z 215.1 181.

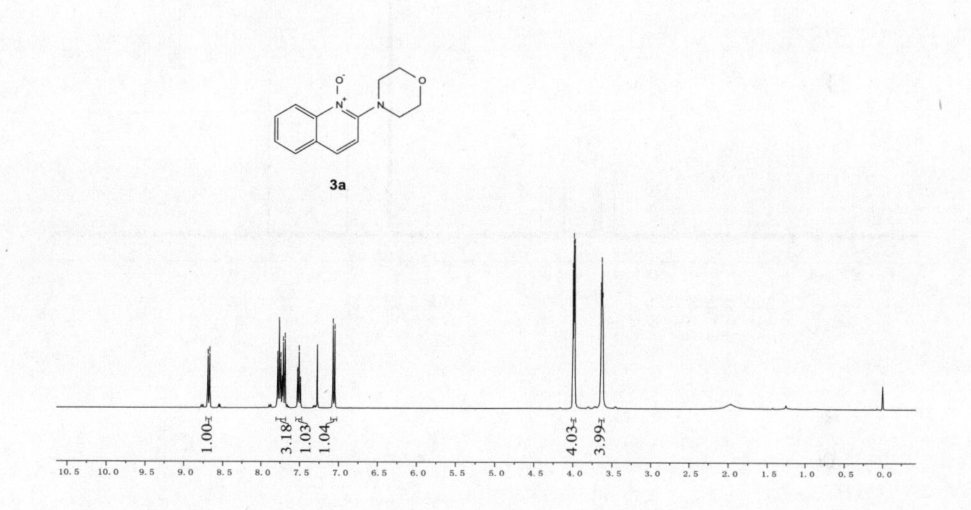

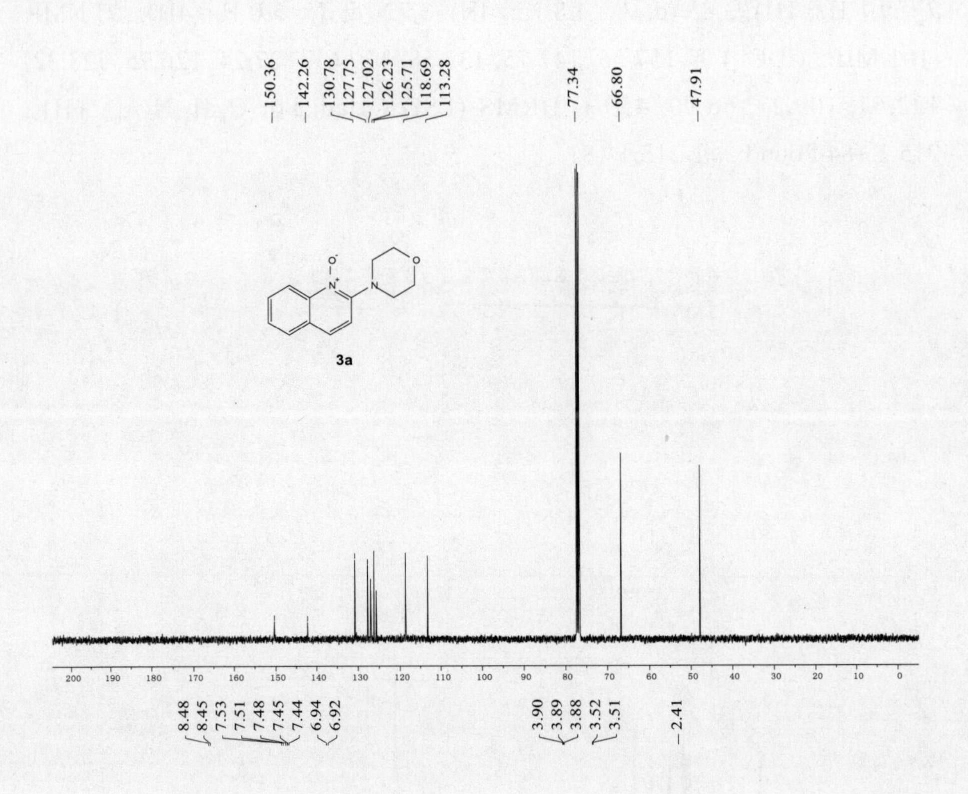
150.36
142.26
130.78
127.75
127.02
126.23
125.71
118.69
113.28
77.34
66.80
47.91
3a
200
190
180
170
160
150
140
130
120
110
100
90
80
70
60
50
40
30
20
10
0

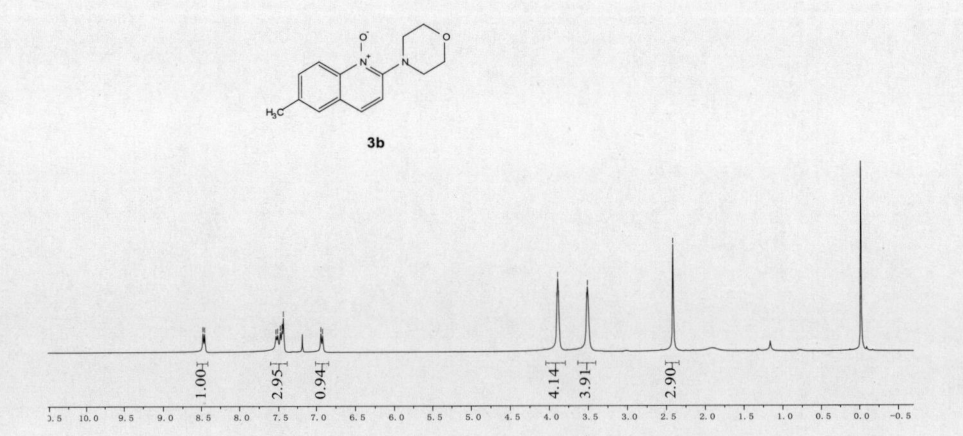
8.48
8.45
7.53
7.51
7.48
7.45
7.44
6.94
6.92
3.90
3.89
3.88
3.52
3.51
2.41
3b
1.00
2.95
0.94
4.14
3.91
2.90

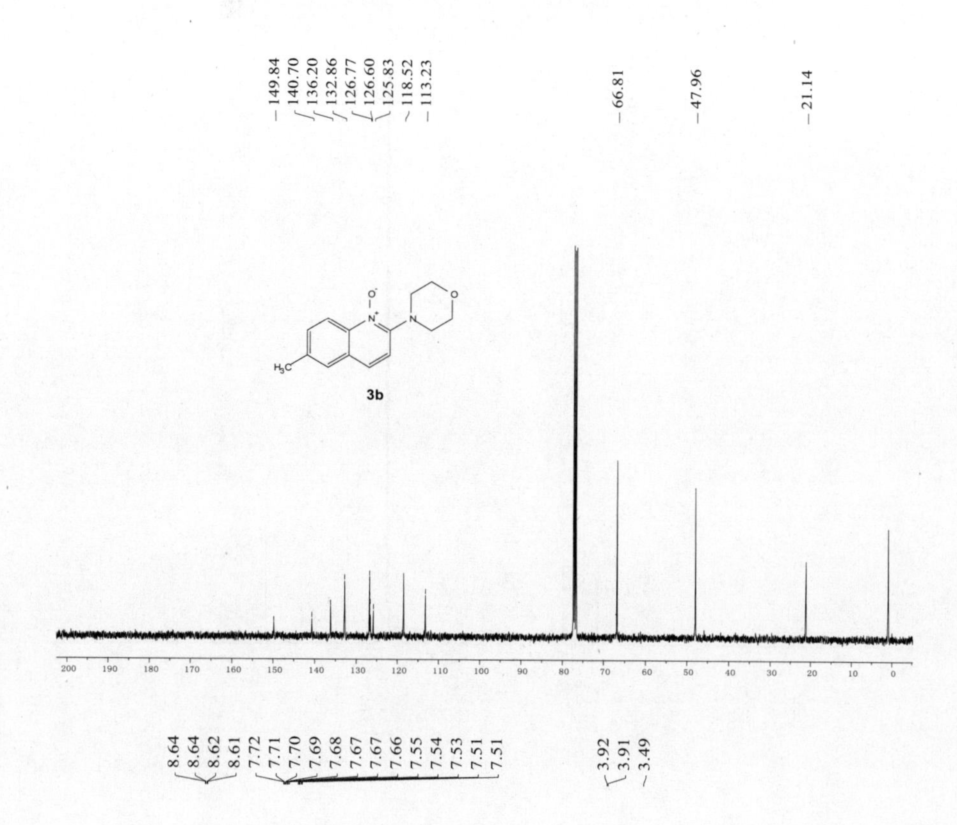
149.84
140.70
136.20
132.86
126.77
126.60
125.83
118.52
113.23
66.81
47.96
21.14
3b
200 190 180 170 160 150 140 130 120 110 100 90 80 70 60 50 40 30 20 10 0

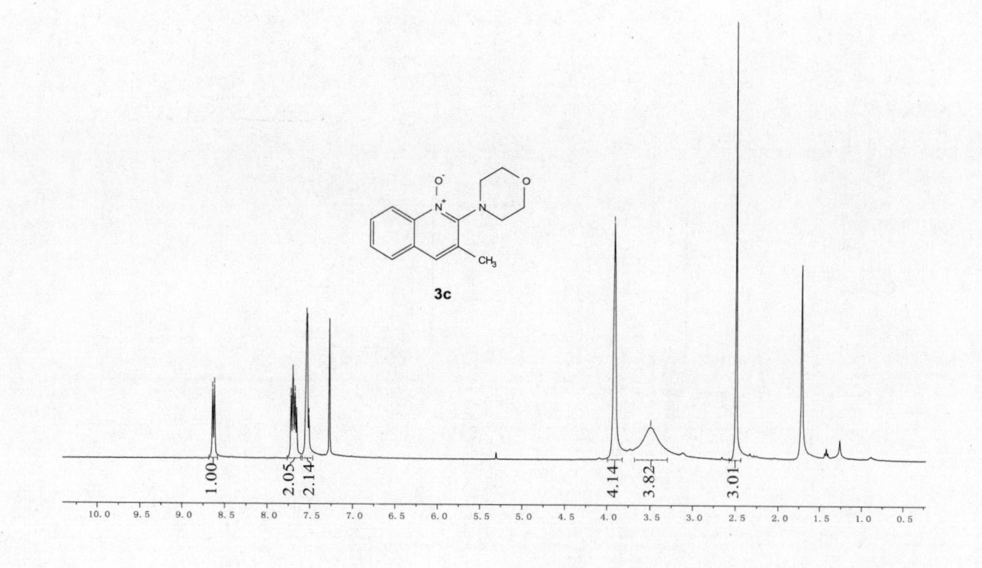
8.64
8.64
8.62
8.61
7.72
7.71
7.70
7.69
7.68
7.67
7.67
7.66
7.55
7.54
7.53
7.51
7.51
3.92
3.91
3.49
3c
1.00
2.05
2.14
4.14
3.82
3.01
10.0 9.5 9.0 8.5 8.0 7.5 7.0 6.5 6.0 5.5 5.0 4.5 4.0 3.5 3.0 2.5 2.0 1.5 1.0 0.5

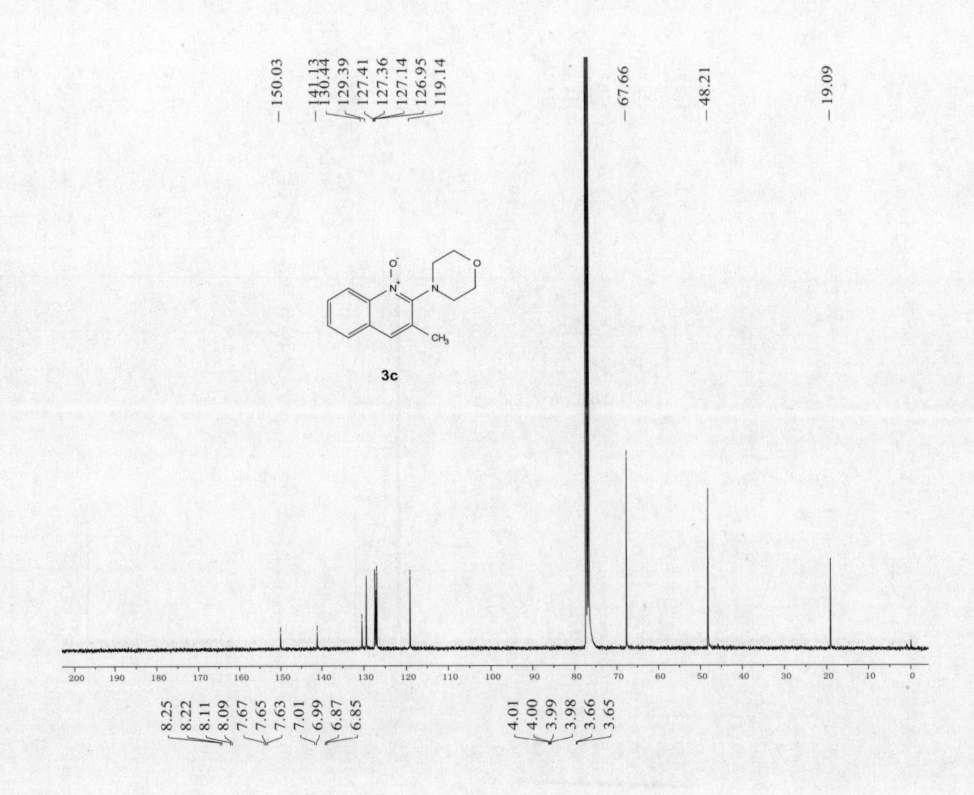
150.03
141.13
130.44
129.39
127.41
127.36
127.14
126.95
119.14
67.66
48.21
19.09
3c
200 190 180 170 160 150 140 130 120 110 100 90 80 70 60 50 40 30 20 10 0

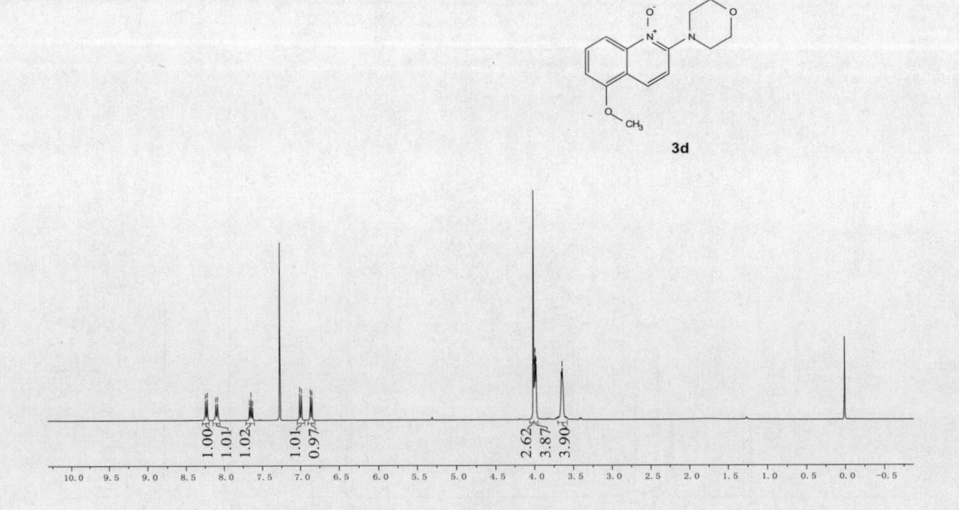
8.25
8.22
8.11
8.09
7.67
7.65
7.63
7.01
6.99
6.87
6.85
4.01
4.00
3.99
3.98
3.66
3.65
3d
1.00
1.01
1.02
1.01
0.97
2.62
3.87
3.90
10.0 9.5 9.0 8.5 8.0 7.5 7.0 6.5 6.0 5.5 5.0 4.5 4.0 3.5 3.0 2.5 2.0 1.5 1.0 0.5 0.0 -0.5

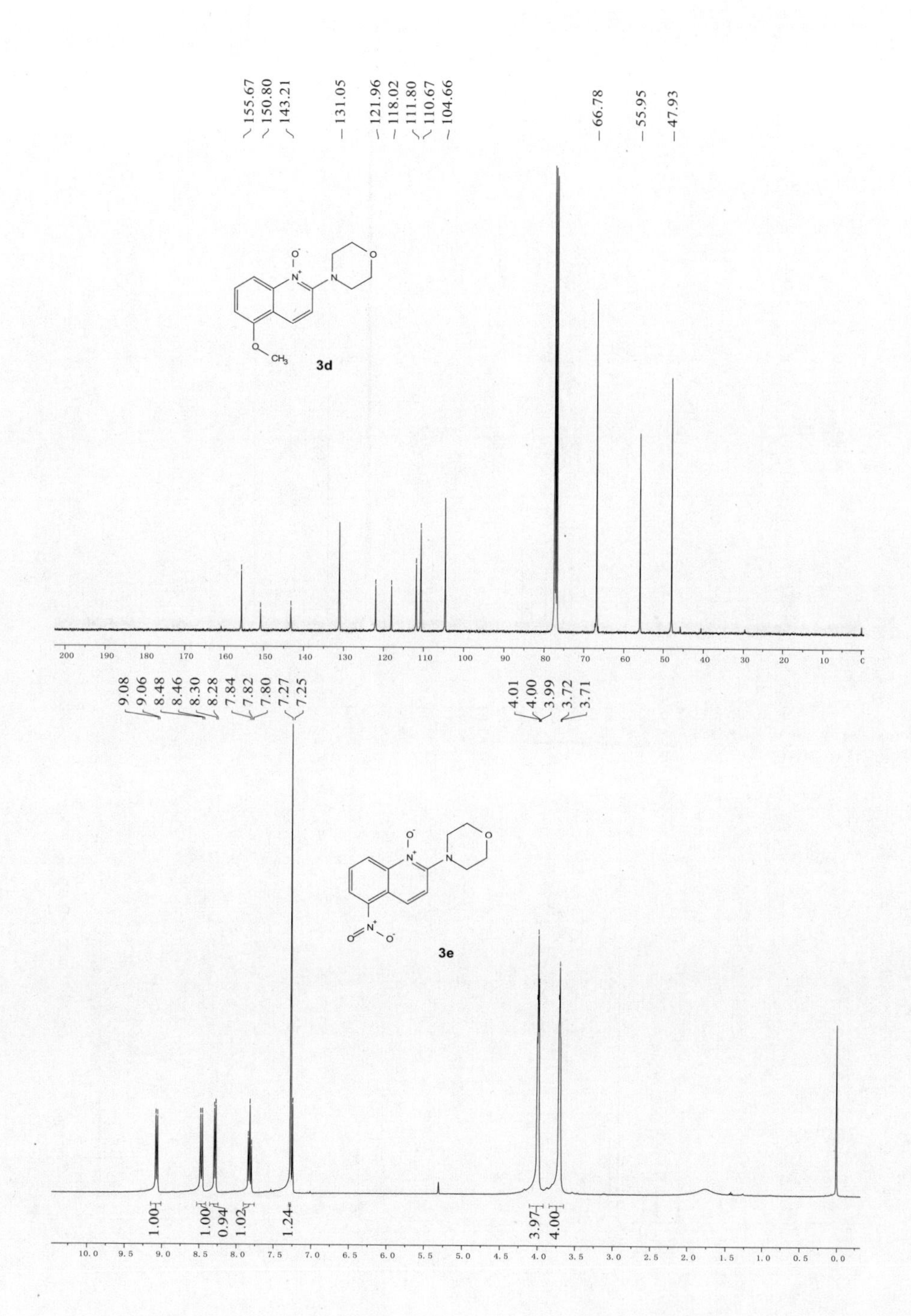
155.67
150.80
143.21
131.05
121.96
118.02
111.80
110.67
104.66
66.78
55.95
47.93
3d
200 190 180 170 160 150 140 130 120 110 100 90 80 70 60 50 40 30 20 10 0
9.08
9.06
8.48
8.46
8.30
8.28
7.84
7.82
7.80
7.27
7.25
4.01
4.00
3.99
3.72
3.71
3e
1.00
1.00
0.94
1.02
1.24
3.97
4.00
10.0 9.5 9.0 8.5 8.0 7.5 7.0 6.5 6.0 5.5 5.0 4.5 4.0 3.5 3.0 2.5 2.0 1.5 1.0 0.5 0.0

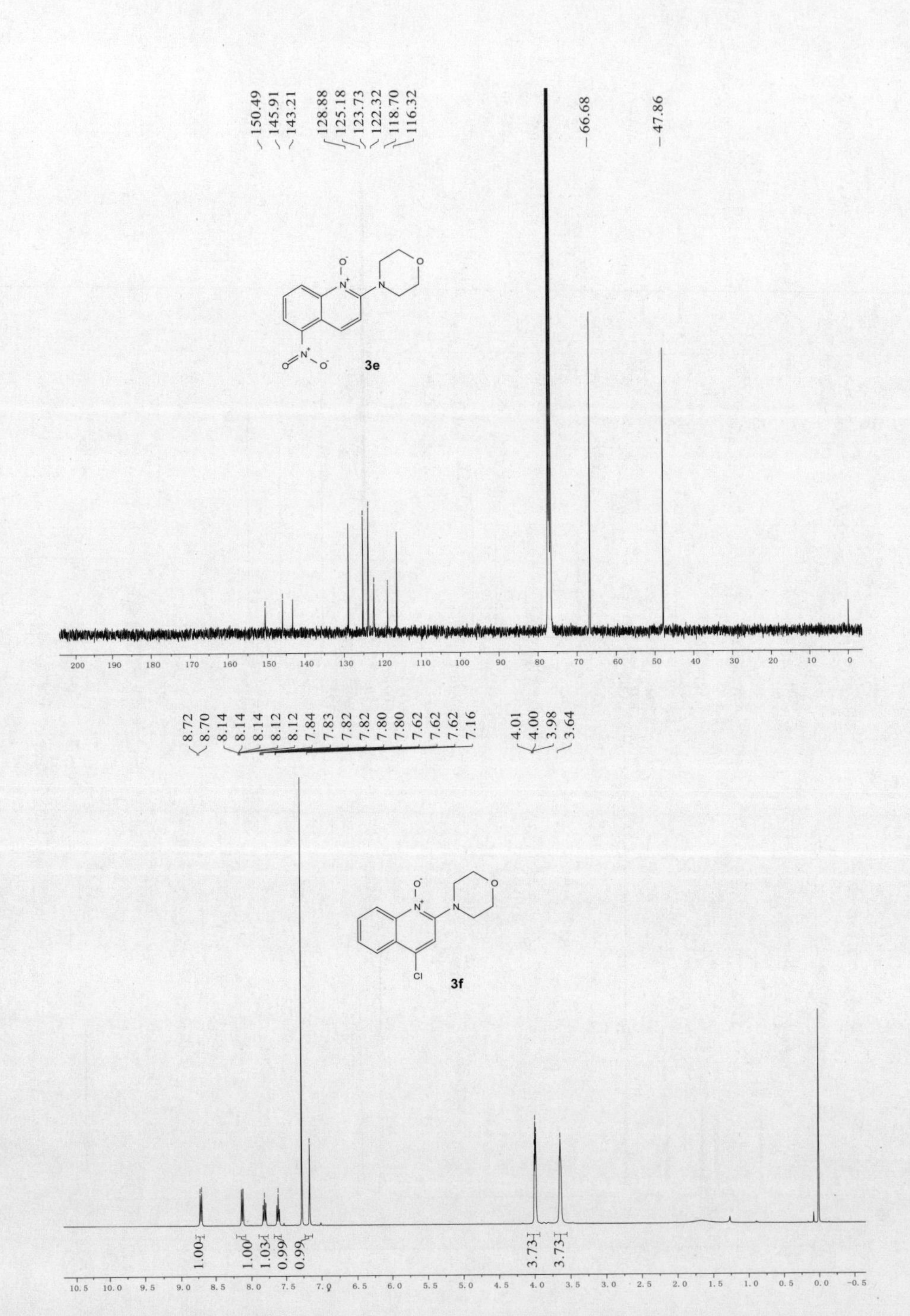
150.49
145.91
143.21
128.88
125.18
123.73
122.32
118.70
116.32
66.68
47.86
3e
200 190 180 170 160 150 140 130 120 110 100 90 80 70 60 50 40 30 20 10 0
8.72
8.70
8.14
8.14
8.12
8.12
7.84
7.83
7.82
7.82
7.80
7.80
7.62
7.62
7.62
7.16
4.01
4.00
3.98
3.64
Cl
3f
1.00
1.00
1.03
0.99
0.99
3.73
3.73
10.5 10.0 9.5 9.0 8.5 8.0 7.5 7.0 6.5 6.0 5.5 5.0 4.5 4.0 3.5 3.0 2.5 2.0 1.5 1.0 0.5 0.0 -0.5

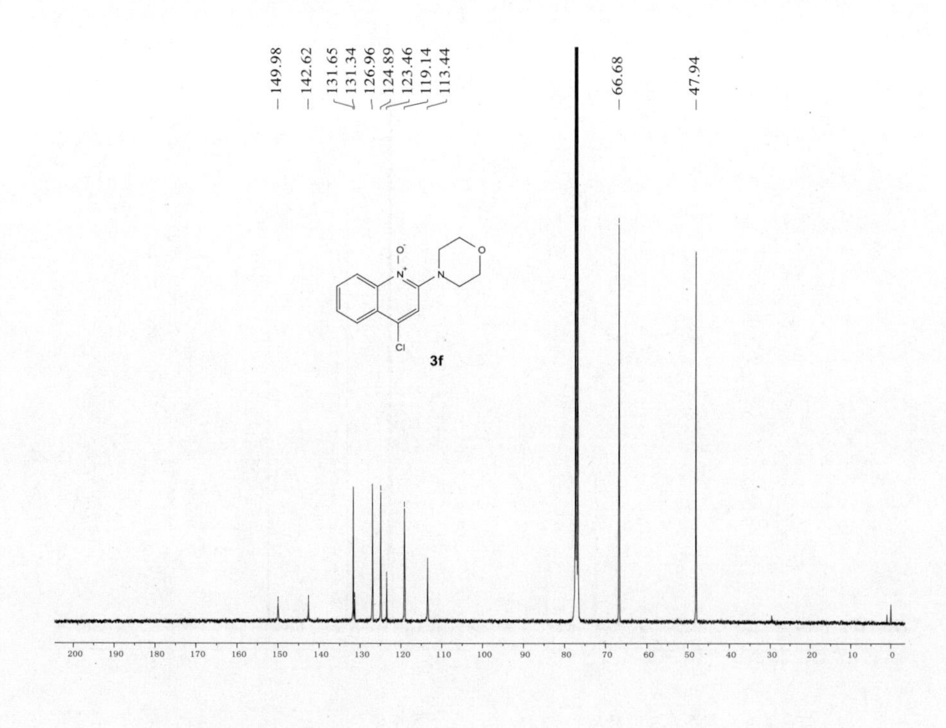
149.98
142.62
131.65
131.34
126.96
124.89
123.46
119.14
113.44
66.68
47.94
Cl
3f
200 190 180 170 160 150 140 130 120 110 100 90 80 70 60 50 40 30 20 10 0

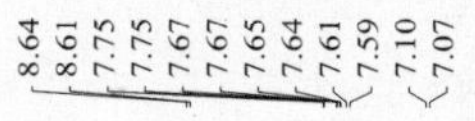
8.64
8.61
7.75
7.75
7.67
7.67
7.65
7.64
7.61
7.59
7.10
7.07

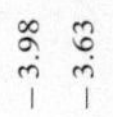
3.98
3.63

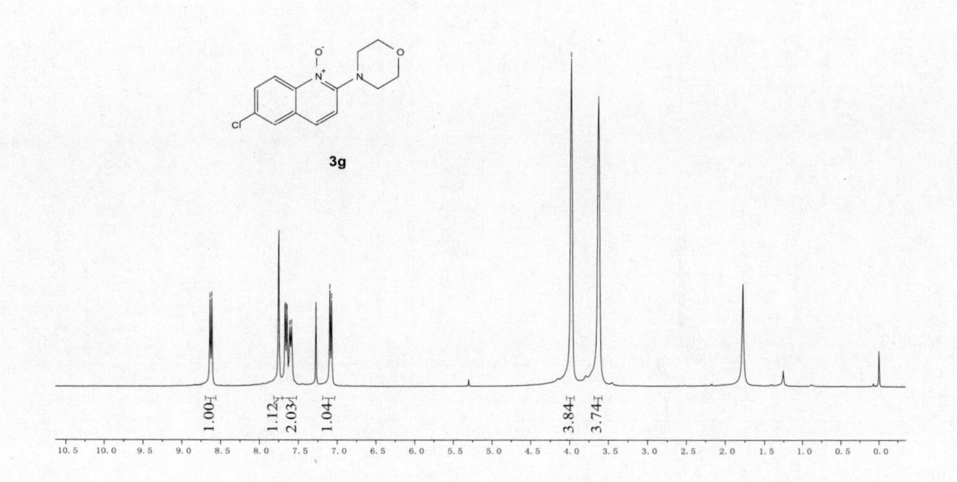
Cl
3g
1.00
1.12
2.03
1.04
3.84
3.74
10.5 10.0 9.5 9.0 8.5 8.0 7.5 7.0 6.5 6.0 5.5 5.0 4.5 4.0 3.5 3.0 2.5 2.0 1.5 1.0 0.5 0.0

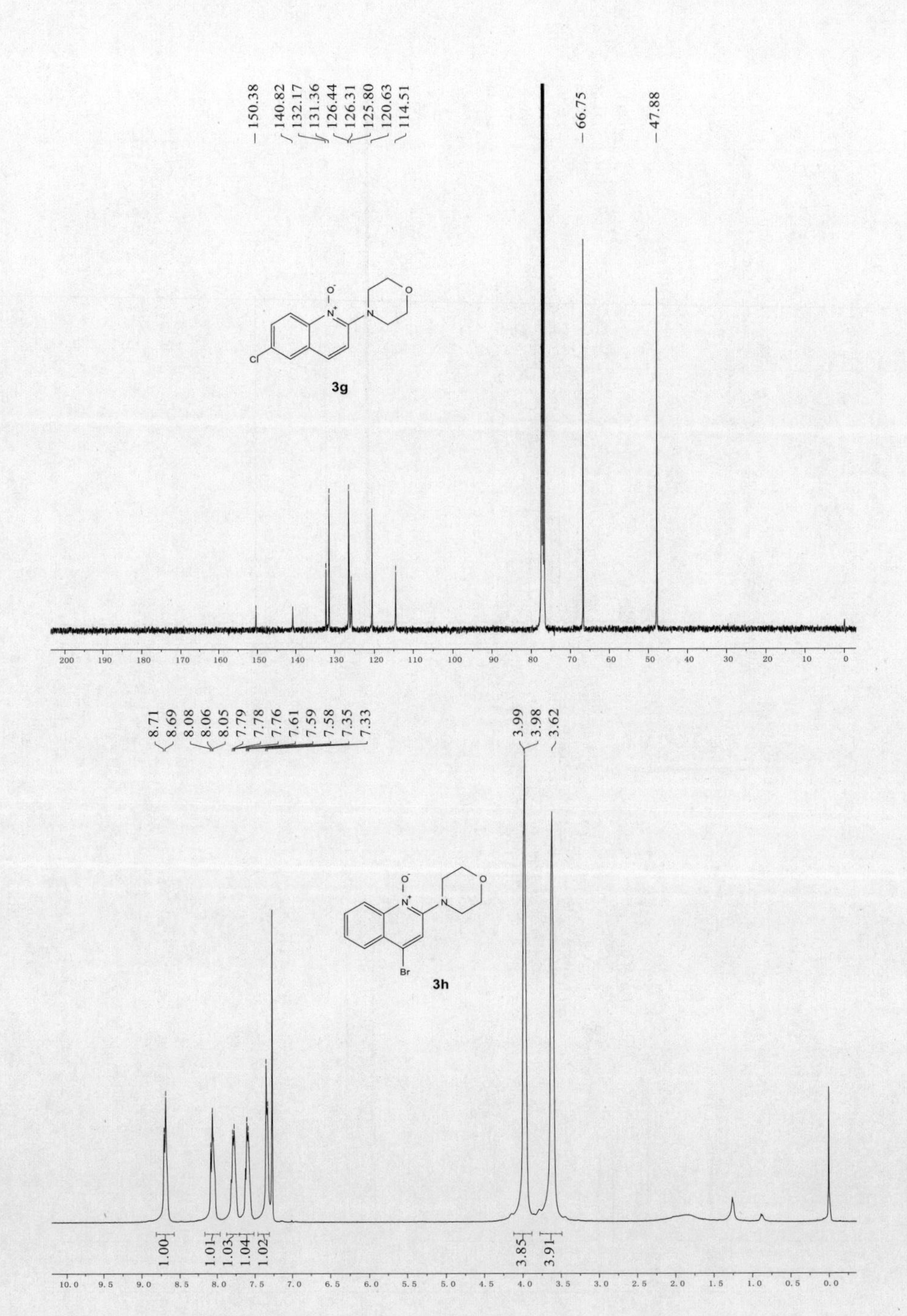
150.38
140.82
132.17
131.36
126.44
126.31
125.80
120.63
114.51
66.75
47.88
Cl
3g
200 190 180 170 160 150 140 130 120 110 100 90 80 70 60 50 40 30 20 10 0
8.71
8.69
8.08
8.06
8.05
7.79
7.78
7.76
7.61
7.59
7.58
7.35
7.33
3.99
3.98
3.62
Br
3h
1.00
1.01
1.03
1.04
1.02
3.85
3.91
10.0 9.5 9.0 8.5 8.0 7.5 7.0 6.5 6.0 5.5 5.0 4.5 4.0 3.5 3.0 2.5 2.0 1.5 1.0 0.5 0.0

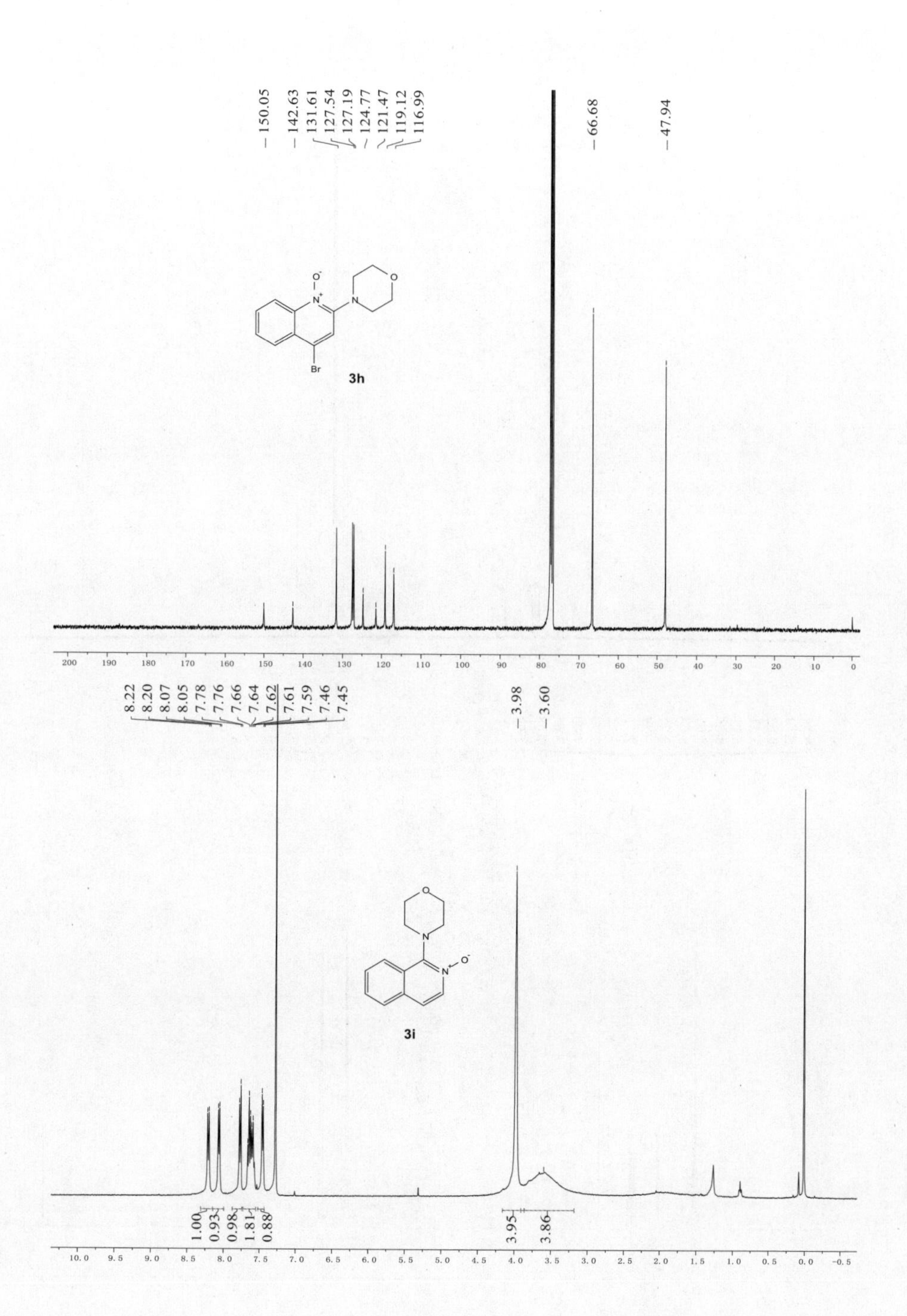

150.05
142.63
131.61
127.54
127.19
124.77
121.47
119.12
116.99
66.68
47.94
3h
200 190 180 170 160 150 140 130 120 110 100 90 80 70 60 50 40 30 20 10 0
8.22
8.20
8.07
8.05
7.78
7.76
7.66
7.64
7.62
7.61
7.59
7.46
7.45
3.98
3.60
3i
1.00
0.93
0.98
1.81
0.88
3.95
3.86
10.0 9.5 9.0 8.5 8.0 7.5 7.0 6.5 6.0 5.5 5.0 4.5 4.0 3.5 3.0 2.5 2.0 1.5 1.0 0.5 0.0 -0.5

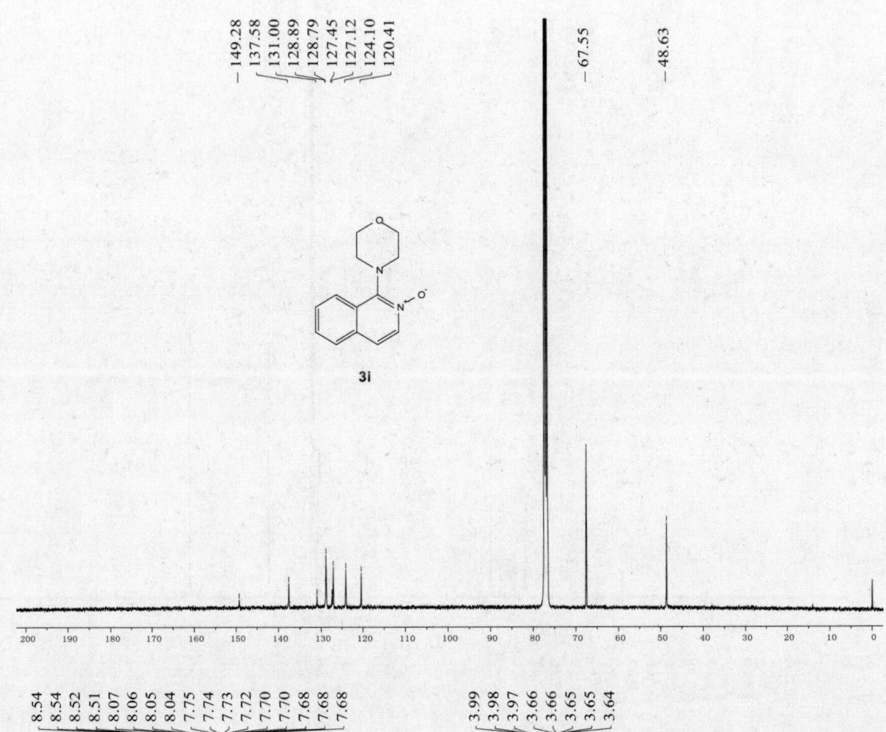
149.28
137.58
131.00
128.89
128.79
127.45
127.12
124.10
120.41
67.55
48.63
3i
200
190
180
170
160
150
140
130
120
110
100
90
80
70
60
50
40
30
20
10
0

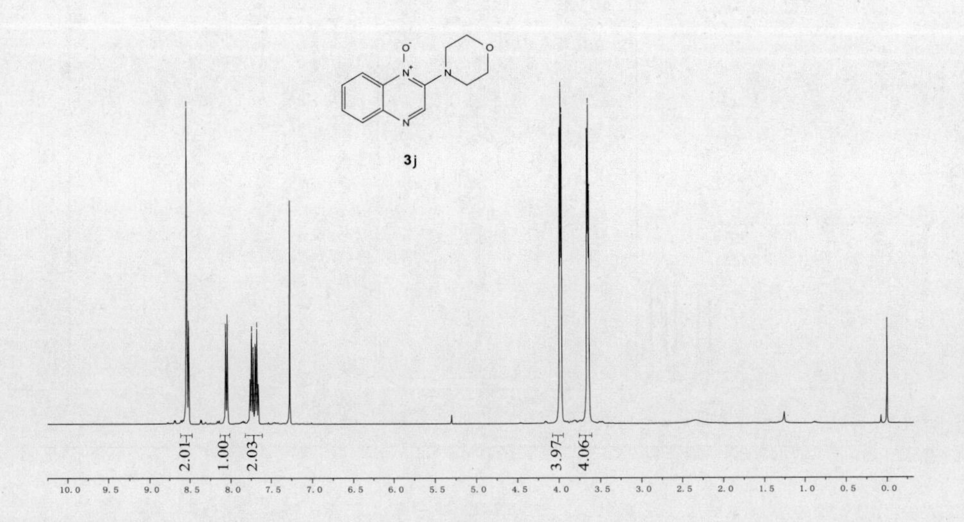
8.54
8.54
8.52
8.51
8.07
8.06
8.05
8.04
7.75
7.74
7.73
7.72
7.70
7.70
7.68
7.68
7.68
3.99
3.98
3.97
3.66
3.66
3.65
3.65
3.64
3j
2.01
1.00
2.03
3.97
4.06
10.0
9.5
9.0
8.5
8.0
7.5
7.0
6.5
6.0
5.5
5.0
4.5
4.0
3.5
3.0
2.5
2.0
1.5
1.0
0.5
0.0

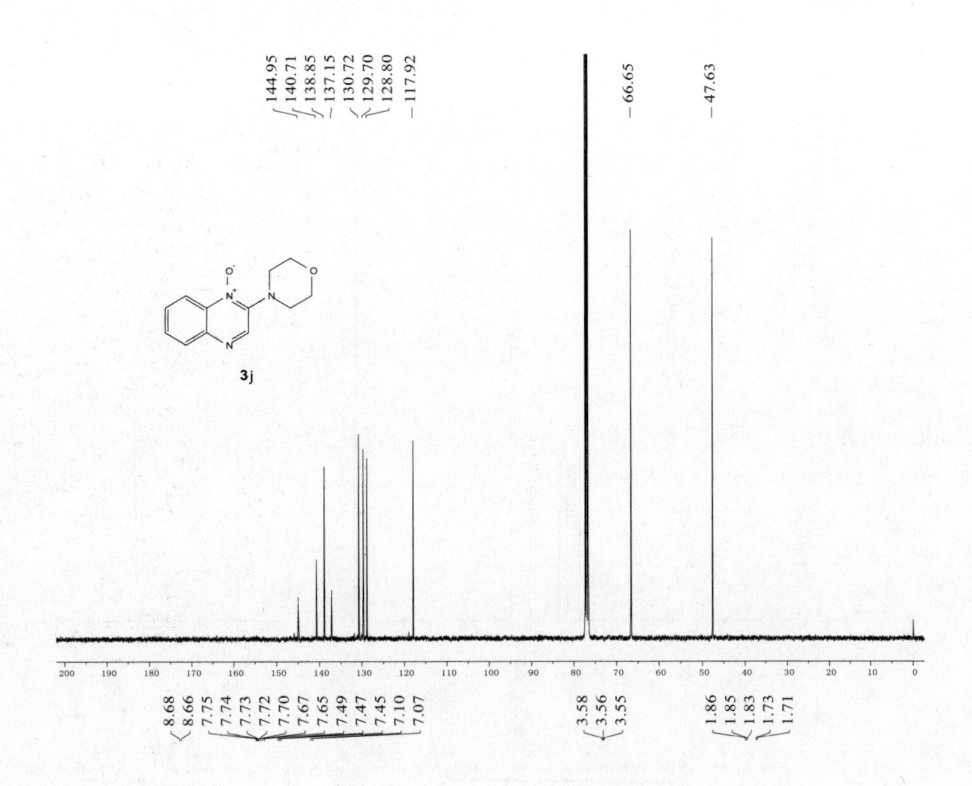
144.95
140.71
138.85
137.15
130.72
129.70
128.80
117.92
66.65
47.63
3j
200 190 180 170 160 150 140 130 120 110 100 90 80 70 60 50 40 30 20 10 0
8.68
8.66
7.75
7.74
7.73
7.72
7.70
7.67
7.65
7.49
7.47
7.45
7.10
7.07
3.58
3.56
3.55
1.86
1.85
1.83
1.73
1.71

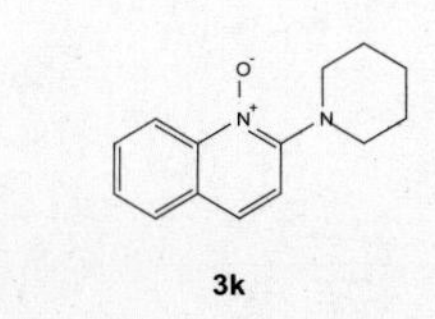
3k

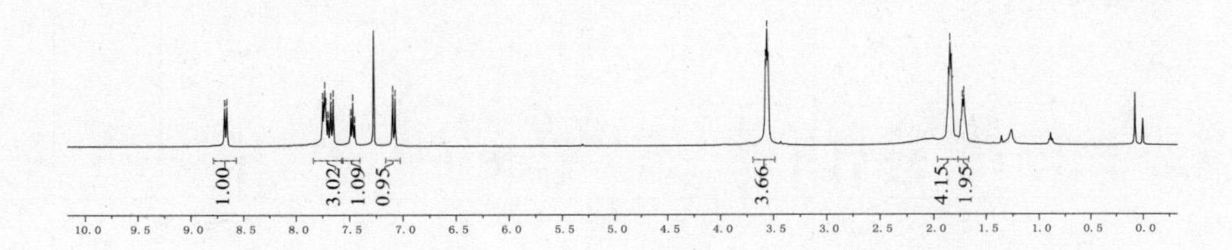
1.00
3.02
1.09
0.95
3.66
4.15
1.95
10.0 9.5 9.0 8.5 8.0 7.5 7.0 6.5 6.0 5.5 5.0 4.5 4.0 3.5 3.0 2.5 2.0 1.5 1.0 0.5 0.0

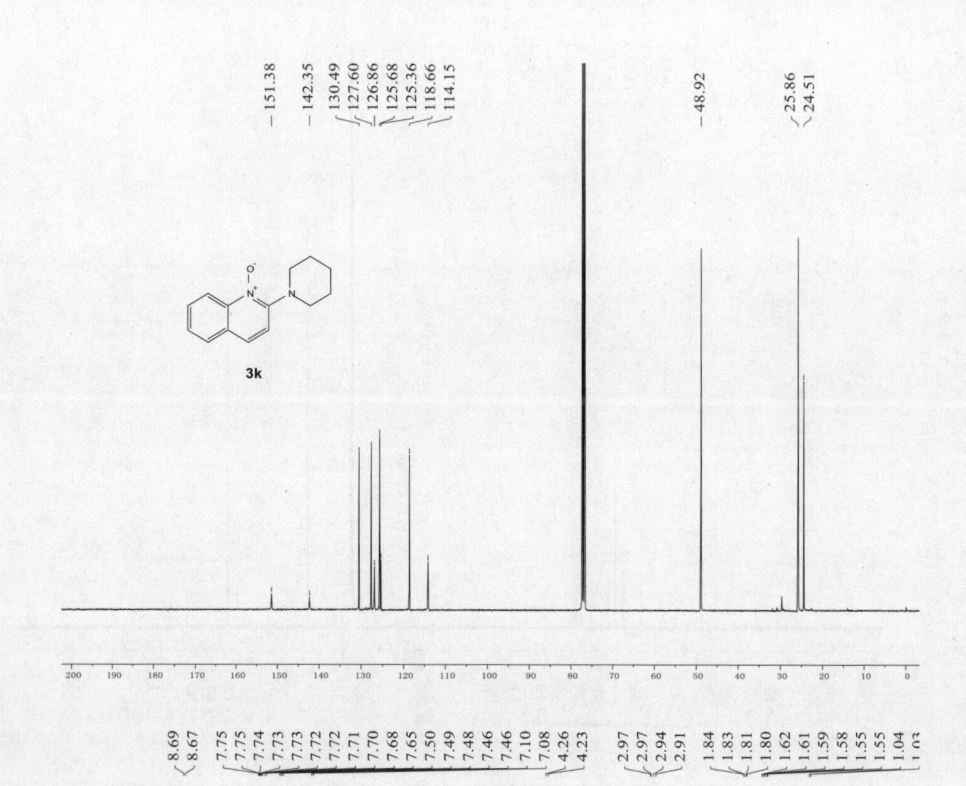
151.38
142.35
130.49
127.60
126.86
125.68
125.36
118.66
114.15
48.92
25.86
24.51
3k

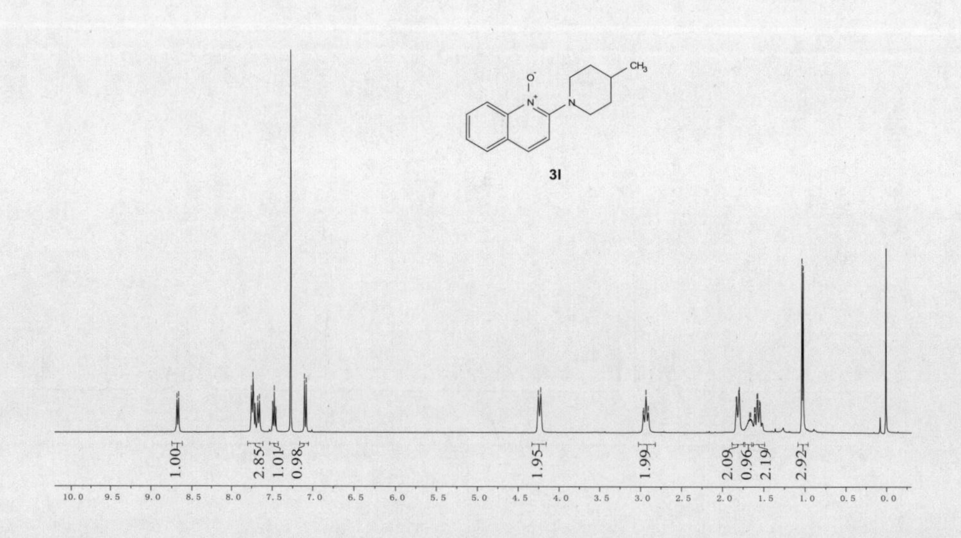
8.69
8.67
7.75
7.75
7.74
7.73
7.73
7.72
7.72
7.71
7.70
7.68
7.65
7.50
7.49
7.48
7.46
7.46
7.10
7.08
4.26
4.23
2.97
2.97
2.94
2.91
1.84
1.83
1.81
1.80
1.62
1.61
1.59
1.58
1.55
1.55
1.04
1.03
3l
1.00
2.85
1.01
0.98
1.95
1.99
2.09
0.96
2.19
2.92

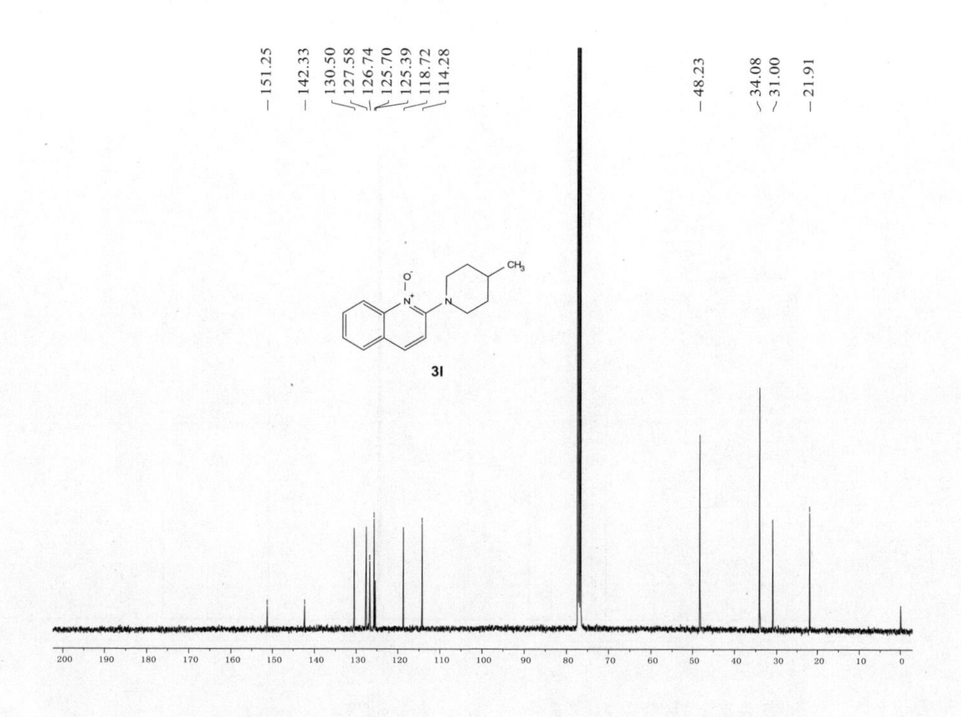
151.25
142.33
130.50
127.58
126.74
125.70
125.39
118.72
114.28
48.23
34.08
31.00
21.91
CH3
3l
200 190 180 170 160 150 140 130 120 110 100 90 80 70 60 50 40 30 20 10 0

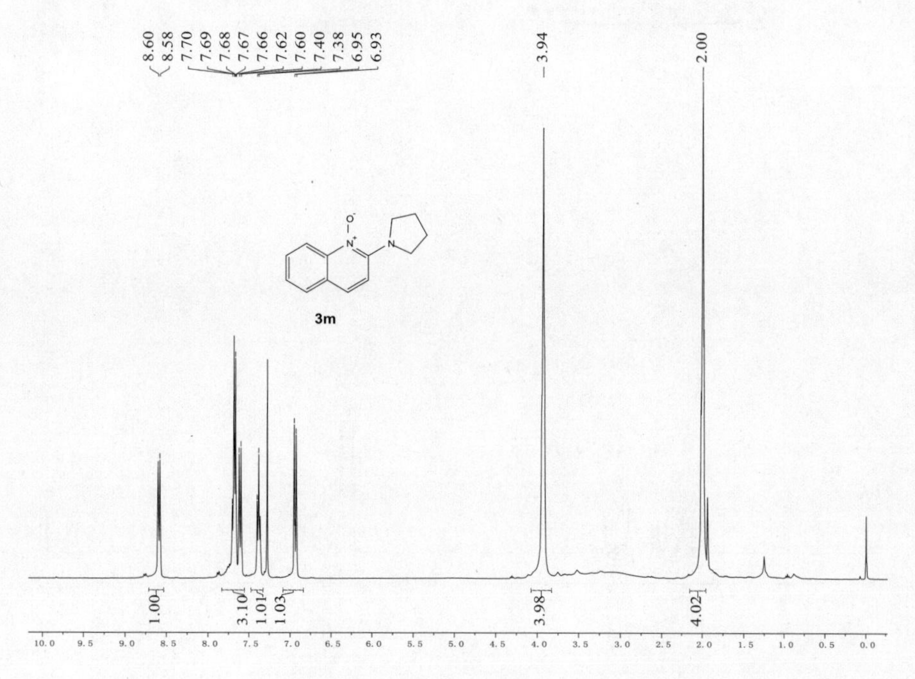
8.60
8.58
7.70
7.69
7.68
7.67
7.66
7.62
7.60
7.40
7.38
6.95
6.93
3.94
2.00
3m
1.00
3.10
1.01
1.03
3.98
4.02
10.0 9.5 9.0 8.5 8.0 7.5 7.0 6.5 6.0 5.5 5.0 4.5 4.0 3.5 3.0 2.5 2.0 1.5 1.0 0.5 0.0

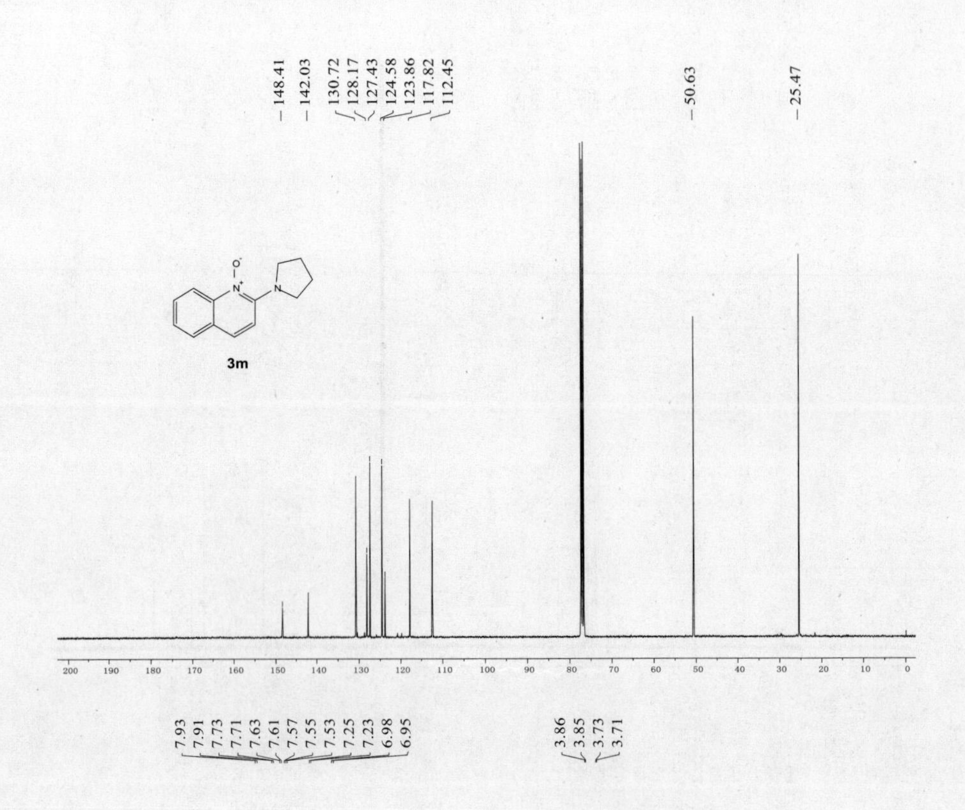
148.41
142.03
130.72
128.17
127.43
124.58
123.86
117.82
112.45
50.63
25.47
3m
7.93
7.91
7.73
7.71
7.63
7.61
7.57
7.55
7.53
7.25
7.23
6.98
6.95
3.86
3.85
3.73
3.71

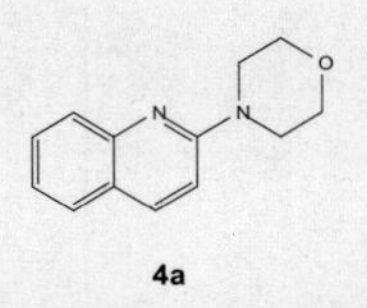
4a

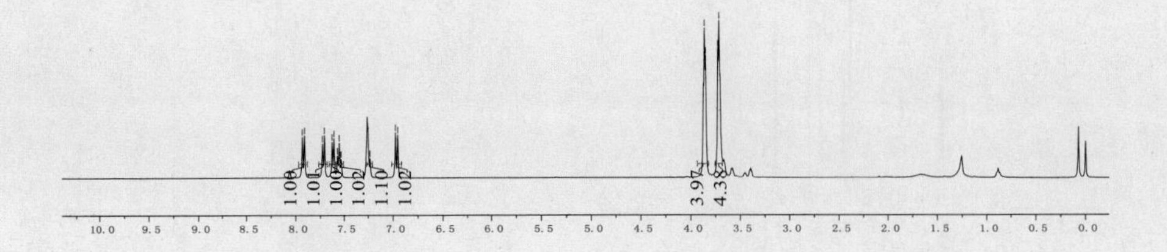

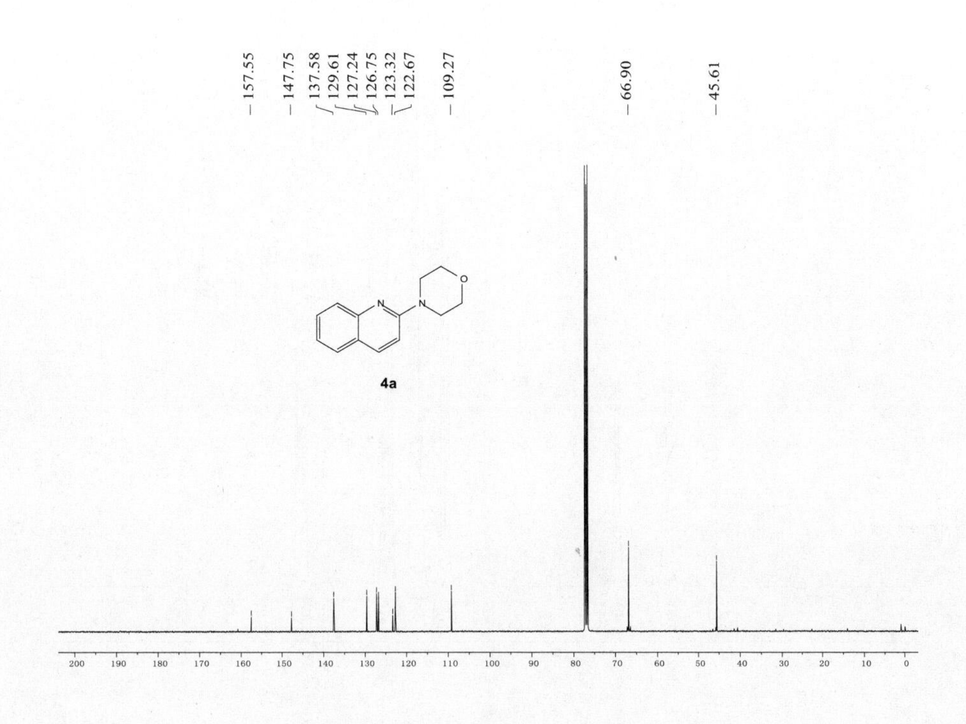
157.55
147.75
137.58
129.61
127.24
126.75
123.32
122.67
109.27
66.90
45.61
4a
200 190 180 170 160 150 140 130 120 110 100 90 80 70 60 50 40 30 20 10 0

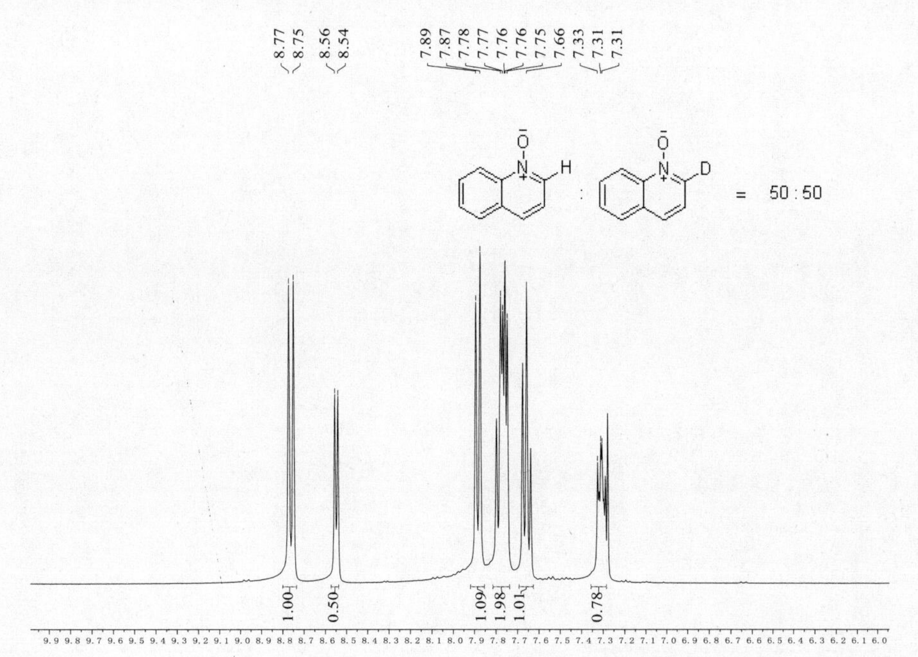
8.77
8.75
8.56
8.54
7.89
7.87
7.78
7.77
7.76
7.76
7.75
7.66
7.33
7.31
7.31
= 50 : 50
1.00
0.50
1.09
1.98
1.01
0.78
9.9 9.8 9.7 9.6 9.5 9.4 9.3 9.2 9.1 9.0 8.9 8.8 8.7 8.6 8.5 8.4 8.3 8.2 8.1 8.0 7.9 7.8 7.7 7.6 7.5 7.4 7.3 7.2 7.1 7.0 6.9 6.8 6.7 6.6 6.5 6.4 6.3 6.2 6.1 6.0

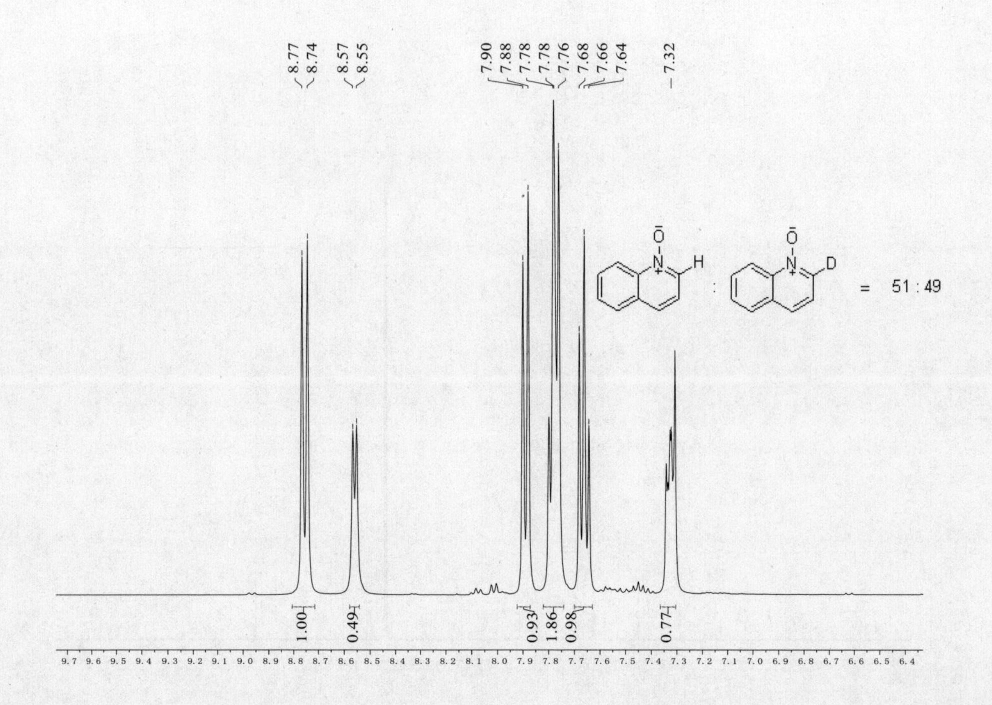

8.77
8.74
8.57
8.55
7.90
7.88
7.78
7.78
7.76
7.68
7.66
7.64
7.32
H
D
:
= 51 : 49
1.00
0.49
0.93
1.86
0.98
0.77
9.7 9.6 9.5 9.4 9.3 9.2 9.1 9.0 8.9 8.8 8.7 8.6 8.5 8.4 8.3 8.2 8.1 8.0 7.9 7.8 7.7 7.6 7.5 7.4 7.3 7.2 7.1 7.0 6.9 6.8 6.7 6.6 6.5 6.4

第3章　无金属催化的喹啉-N-氧化物的甲基化

3.1 引言

与使用有机卤化物和有机金属化合物作为底物的传统交叉偶联反应相比[1]，具有显著原子经济性和步骤经济性的C-H选择性官能团引起了化学领域众多专家和学者的关注。C-H键直接官能化已经用来构建各种类型的化学键，如C-C[2]键、C-N[3]键、C-O[4]键、C-P[5]键和C-S[6]键。甲基是一种在药物及生物活性化合物中常见的取代基，C-H键的直接选择性甲基化反应是在各种化合物中引入甲基的有效途径。甲基通常引入到甲基卤[7]和甲基金属[8]化合物，用作甲基化试剂。

在很多报道中，过氧化物已被用来作为甲基化试剂的使用。李朝军课题组首先使用过氧化二异丙苯（DCP）作为甲基化试剂，实现了Pd催化的芳基C-H键的甲基化反应（Scheme 1，1）[9]。2013年，Chen和Mao报道了过氧化物作为甲基化试剂，铜催化酰胺的N-甲基化，羧酸的O-甲基化及苄醇和芳香族醛的甲酯化（Scheme 1，2和3）[10]。2014年，Yu等人发现了在α-过氧苯甲酸叔丁酯存在下，1,3-二羰基化合物的甲基化的方法（Scheme 1，4）[11]。Cheng，Liu和Li等人使用过氧化物作为甲基化试剂，通过铁催化N-芳基-2-烯酰胺的芳基甲基化反应，分别独立合成3-乙基-3-取代吲哚-2-酮（Scheme 1，5）[12]。Wang等人通过使用DCP作为甲基化试剂，通过铜催化邻氨基苯甲酰胺的自由甲基化/C-H键氨基化/氧化，实现了N-取代的喹唑啉酮的合成（Scheme 1，6）[13]。杂环芳香骨架广泛存在于生物活性化合物中，其甲基化已经被广泛研究，Baran和MacMillan分别使用甲磺酸锌和甲醇作为甲基化试剂实现了杂环的甲基化反应，在这里，我们使用DCP作为甲基化试剂，在无金属条件下实现吡啶-N-氧化物衍生物的甲基化（Scheme 1，7）。

Scheme 1. 已报道的过氧化物作为甲基化试剂的甲基化反应

Ar-H + DCP —Pd(II)→ Ar—CH_3 (1)

Ar(C=O)X + DCP —Cu(I)→ Ar(C=O)X-CH_3 (2)
X = NH_2, OH
Chen' s work

Ar(C=O)OH / Ar(C=O)H / $ArCH_2OH$ + TBHP —Cu(II)→ Ar(C=O)O-CH_3 (3)
Mao' s work

R_1(C=O)CH_2(C=O)R_2 + TBPB —Cu(II)→ R_1(C=O)CH(CH_3)(C=O)R_2 (4)
Yu' s work

N-R_1-N-phenyl acrylamide (R_2, R_3) + DCP / DTBP —Fe(II)→ oxindole (R_1, R_2, R_3, CH_3) (5)
Song and Li' s work
Cheng' s work
Liu' s work

2-amino-N-R-benzamide + DCP —Cu(II)→ 2,3-dihydroquinazolin-4(1H)-one (N-R, CH_2) (6)
Wang' s work

quinoline N-oxide + DCP —Metal-Free→ 2-methylquinoline N-oxide (7)
This Work

3.2 实验部分

通用信息：所有的商业化试剂和溶剂都是直接使用的，没有额外的纯化。用 200 ~ 300 目的硅胶进行柱层析。用 Bruker AscendTM400 超导核磁共振仪（德国）做 1H NMR 和 13 C NMR 光谱。1H NMR 图谱的化学位移用四甲基硅烷作为 0.0 ppm，13 C NMR 图谱化学位移用氘代氯仿作为

77.0 ppm。所有偶合常数以赫兹（Hz）为单位。在 Waters LCT PremierxTM（USA）高效液相色谱 - 高分辨质谱上获得产物分子的高分辨质谱数据。

吡啶 -N- 氧化物衍生物的制备：在剧烈磁力搅拌下，将 3- 氯过苯甲酸（mCPBA）（345 mg，2 mmol）的二氯甲烷（5 mL）中的溶液滴加到冷却至 0℃的吡啶二氯甲烷溶液中。该过程完成后，将反应混合物升至室温并搅拌一夜。向混合物中加入饱和碳酸氢钠水溶液，用以中和残留的 3- 氯过苯甲酸，用二氯甲烷（3 × 10 mL）萃取所得混合物。将有机相合并，并用饱和氯化钠溶液（3 × 5 mL）洗涤。分液，将有机层合并，用无水硫酸钠干燥，过滤并减压蒸发，得到粗产物，将其通过柱色谱法（硅胶 200 ~ 300 目，用乙酸乙酯 / 甲醇以 8:1 混合作洗脱液）。通过 1H NMR 和 MS 谱确定产物，并与以前的文献进行比较。

用过氧化物使吡啶 -N- 氧化物发生甲基化：将吡啶 -N- 氧化物（0.5 mmol）、过氧化二异丙苯 DCP（1 mmol，2eqv）加入到用橡胶塞密封的 30 mL 压力管中。在氮气保护下，将反应混合物在 120℃下搅拌 24 小时。原料完全消耗后 [基于薄层色谱（TLC）监测，用乙酸乙酯 / 甲醇作为洗脱液]，将反应物冷却至室温。混合物经硅胶（200 ~ 300 目）柱层析纯化，得到所需产物。

制备 2-d1- 喹啉 -N- 氧化物：将重水（1.5 mL）、氢氧化钠（200 mg，5 mmol）、喹啉 -N- 氧化物（258 mg，2.0 mmol）加入到用橡胶塞密封的 30 mL 压力管中。将反应混合物在 100℃下搅拌一夜，冷却至室温后，混合物用氯仿（3 × 10 mL）萃取。将合并的有机相用饱和氯化钠溶液（3 × 5 mL）洗涤，经硫酸镁干燥并过滤。减压除去氯仿，得到产物。在氘代氯仿中，用 1H NMR 检测到氘产物为 91 %。比较 8.76 ppm 和 8.53 ppm 的峰的面积以获得氘代比例（参见 1H 谱）。光谱数据与相关报道一致 [1]。

$+\ D_2O$ (1.5 mL), 2 mmol; NaOH (5 mmol), 100 °C, 12h

同位素效应实验：将比例为 1:1 的 2-d1- 喹啉 -N- 氧化物和喹啉 -N- 氧化物（总计 0.5 mmol）、DCP（1 mmol，2 eqv）加入到用橡胶塞密封的压力管中。在氮气保护下，将反应混合物在 120℃下搅拌 3 小时。冷却至室温后，通过硅胶柱色谱（200 ~ 300 目）回收未反应的原料（2-d1- 喹啉 -N- 氧化物和喹啉 -N- 氧化物的混合物），并用 1H NMR 谱表征。将 8.76 ppm 和 8.53 ppm 的峰的面积进行比较，在残留物质中得到，2-d1- 喹啉 -N- 氧化物与喹啉 -N- 氧化物的比率接近 1 ： 1[2]。

$+\ D_2O$ (1.5 mL), 2 mmol; NaOH (5 mmol), 100 °C, 12h

3.3 结果与讨论

首先，为实现含氮杂环化合物的甲基化，我们选择廉价易得的吡啶和叔丁基过氧化物作为反应物，探索各种条件下的甲基化反应，并没有发现吡啶甲基化的产物。如表 1 所示，我们接着选用吡啶氮氧化物作为反应物，在乙腈体系中发现了甲基化产物，其他溶剂如苯、1,4- 二氧杂环己烷、叔丁醇等中没有产物出现（Entry 1，2，3 ）。根据以前的报道，乙腈和过氧化物都可以用作甲基化试剂。为了确认具体的甲基化试剂，反应在无溶剂条件下进行，结果显示即使没有乙腈，也能得到 2- 甲基吡啶 N- 氧化物，表明过氧化物是该方法中的甲基化试剂（Entry 5 ）。进一步实验表明，反应在 N_2 保护下进行比在空气下表现出更高的收率（Entry 6）。吡啶 N- 氧化物的甲基化在无金属催化剂条件下仍可以有效进行（Entry 7）。上述实验表明，催化剂和溶剂都不是必要的试剂。在最佳条件下，各种过氧化物，如叔丁基过氧化氢（2b）、2,5- 二甲基 -2,5- 二（叔丁基过氧基）己烷（2c）、1,1-

二（叔丁基过氧化）环己烷（2d），叔丁基过氧化氢过氧化苯甲酸叔丁酯（2e）、叔丁基苯异丙基过氧化物（2f）和 DCP（2g）作为甲基化试剂也被考查过（Entry 8-13）。在这些过氧化物中，DCP 是最好的甲基化试剂，得到总产率为 73％的所需产物（Entry 13）。相反，当使用叔丁基氢过氧化物（2b）作为甲基化试剂时，仅观察到痕量产物（Entry 8）。其他过氧化物也是有效的甲基化试剂。当将醋酸铜或醋酸钯加入到反应体系中时，收率没有提高（Entry 14,15）。

表1. 甲基化条件的优化[a]

Peroxides (**2**)
N_2, 24 h
0.5 mmol
1a
3a
4a
2a 2b 2c 2d 2e 2f 2g

entry	catalyst	peroxide **2** (2 equiv)	solvent	yield (%)[b] **3 + 4**
1	$Cu(OAc)_2$ (10 mol %)	**2a**	benzene	no
2	$Cu(OAc)_2$ (10 mol %)	**2a**	1,4-dioxane	no
3	$Cu(OAc)_2$ (10 mol %)	**2a**	tert-butanol	no
4[c]	$Cu(OAc)_2$ (10 mol %)	**2a**	acetonitrile (0.2 mL)	20 + trace
5[c]	$Cu(OAc)_2$ (10 mol %)	**2a**	—	28 + trace
6	$Cu(OAc)_2$ (10 mol %)	**2a**	—	36 + 12
7	—	**2a**	—	37 + 12
8	—	**2b**	—	trace
9	—	**2c**	—	37 + 10
10	—	**2d**	—	38 + 13
11	—	**2e**	—	12 + 0
12	—	**2f**	—	43 + 26
13	—	**2g**	—	43 + 34
14	$Cu(OAc)_2$ (10 mol %)	**2g**	—	45 + 33
15	$Pd(OAc)_2$ (10 mol %)	**2g**	—	43 + 32

[a]Conditions: 1a 0.5 mmol pyridine N-oxide; [b]2 peroxides (2 equiv); bIsolated yield; [c] Air. Unless otherwise specified, reactions were performed in a 30 mL Schlenk tube sealed with rubber plugs under a N_2 atmosphere, 120 °C, 24 h.

表2. 使用DCP[a]对吡啶-N-氧化物的甲基化

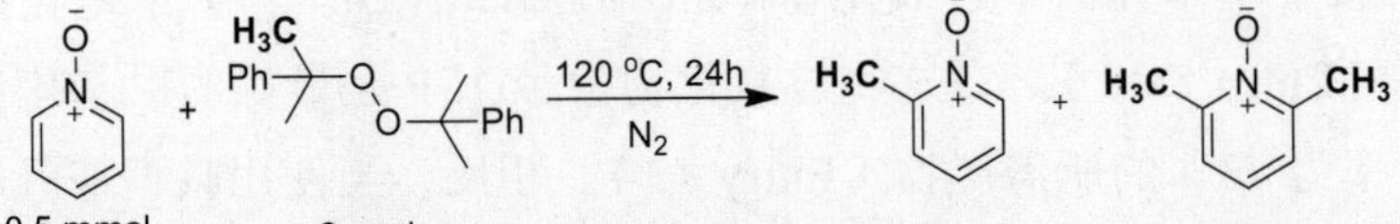

1a (0.5 mmol) + 2g (2 equiv) → (120 °C, 24h, N_2) → 3a + 4a

entry	substrate (1)	product and yield (%)			total yield (%)[b]
1	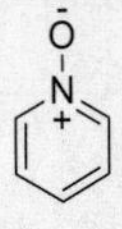 1a	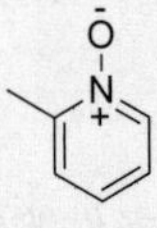 3a 41	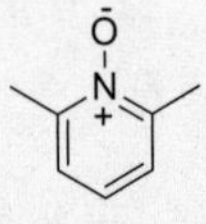 4a 32		73
2[c]		58	12		70
3[d]		5	74		79
4	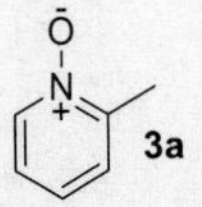 3a	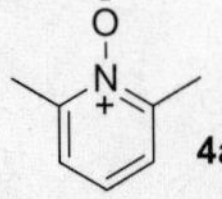 4a			84
5	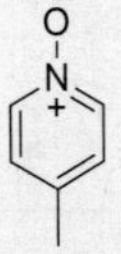 1b	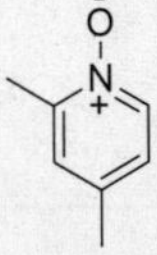 3b 45	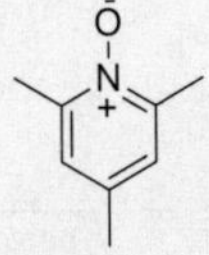 4b 31		76
6	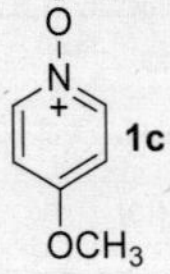 1c	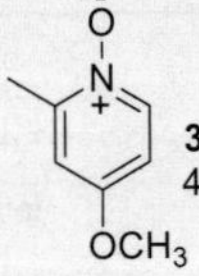 3c 47	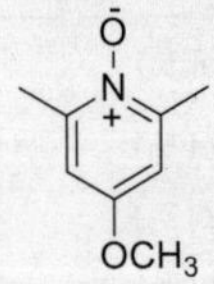 4c 28		75
7	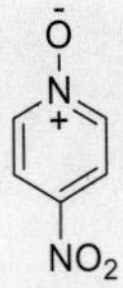 1d	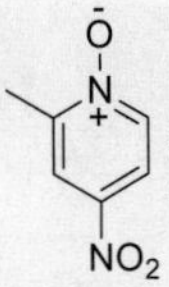 3d 44	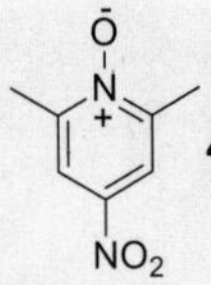 4d 35		79
8[e]	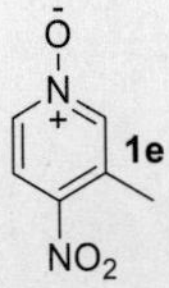 1e	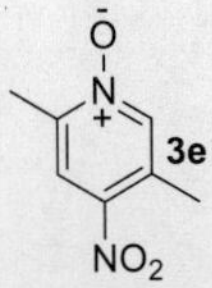 3e trace	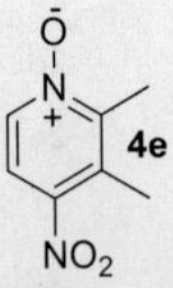 4e trace	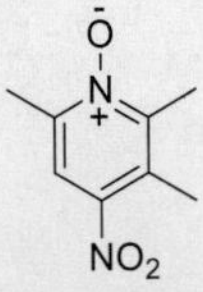 82	>82
9	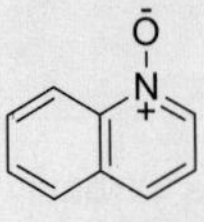 1f	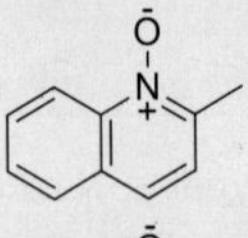 3f			72
10	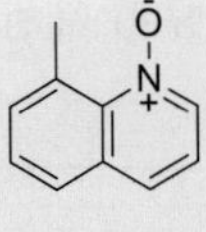 1g	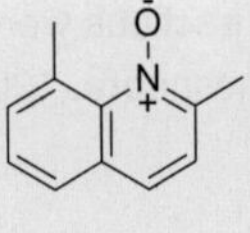 3g			68

Entry	Substrate	Product	Yield (%)
11	1h	3h	67
12	1k	3i	54
13	1l	3j	82

[a]Conditions: **1a** 0.5 mmol, **2g** 1 mmol, 2 equiv. Unless otherwise specified, reactions were performed in a 30 mL Schlenk tube sealed with rubber plugs under a N_2 atmosphere, 120 °C, 24 h; [b]Isolated yield; [c]**1a** (0.5 mmol), **2g** (0.75 mmol, 1.5 equiv); [d]**1a** (0.5 mmol), **2g** (1.5 mmol, 3 equiv); [e]**1e** (0.5 mmol), **DCP** (1.5 mmol, 3 equiv).

在标准条件下，过氧化二异丙苯对吡啶 N- 氧化物衍生物的甲基化反应的通用性和范围进行了考查。如表 2 所示，通过在体系中控制 DCP 的用量，可以分别得到吡啶 N- 氧化物的单甲基化和双甲基化产物。当使用 1.5 当量的 DCP 作为甲基化试剂（Entry 2）时，反应主要产生单甲基化产物；当使用 3 当量的 DCP 时，主要产生双甲基化产物（Entry 3）。值得注意的是，无论吡啶 N- 氧化物具有给电子基团（如 $-OCH_3$）（Entry 6）还是强吸电子基团（如 $-NO_2$）（Entry 7,8），在最佳条件下，都能以良好的产率获得目标产物。仅具有一个反应位点的喹啉 N- 氧化物衍生物也是该转化的合适底物（Entry 9），可以产生中等到良好收率的单甲基化产物。在不同位置上带有烷基的喹啉 N- 氧化物表现出良好的反应性（Entry 10,11）。喹啉环中的卤素基团可以被兼容，为进一步官能化产物提供了潜在的活性位点（Entry 12）。对于具有两个反应位点的异喹啉 -N- 氧化物，以 82％的分离产率选择性地得到目标产物 1- 甲基异喹啉 2- 氧化物（Entry 13）。

Scheme 2. 克级甲基化和 N- 氧化物的还原

在最佳条件下，克级实验中，喹啉 -N- 氧化物与 DCP 发生甲基化，有效地得到分离产率为 68％的目标产物（Scheme 2）。2- 甲基喹啉 -N- 氧化

物很容易被 PCl_3 还原，得到收率极好的 2- 甲基喹啉。这些结果表明，该反应是将甲基引入吡啶环中实用且有效的方法。

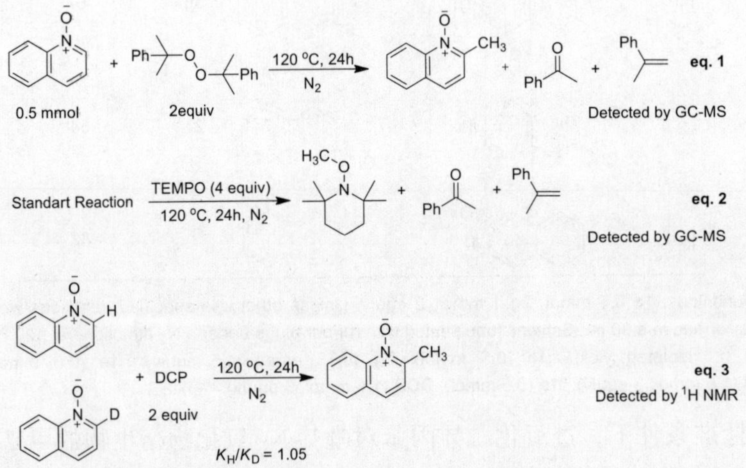

Scheme 3. 初步甲基化机理研究

为了研究吡啶 N- 氧化物甲基化的机理，通过 G-MS 检测反应体系，除了目标甲基化产物之外，在反应体系中还观察到来自 DCP 分解的大量苯乙酮和2-苯基-1-丙烯分子。当4当量的2,2,6,6-四甲基-1-哌啶氧基（TEMPO）加入到体系中时，反应得到 1- 甲氧基 -2,2,6,6- 四甲基哌啶，也就是甲基化的 TEMPO。但是，完全没有得到 2- 甲基吡啶 -N- 氧化物。该甲基化反应分子间氘代动力学同位素效应（KIE）是通过喹啉 -N- 氧化物和 2-d_1- 喹啉 -N- 氧化物的等摩尔混合物与 DCP 的竞争反应来确定（Scheme 3）。通过反应体系混合物的质子核磁共振分析发现，KIE 约为 1.0。这一结果表明，杂芳基 C-H 键的裂解不是决速步骤。

基于发现和研究 [9] ~ [13]，我们提出了一种可能的反应机理（Scheme 4）。最初，DCP 的热分解产生 2 当量的 2- 苯基丙氧基（Scheme 4，A），其通过失去 2- 苯丙基 -2- 醇分子进一步得到甲基自由基（Scheme 4，B）。甲基自由基进攻 N- 氧化物形成活性自由基物质（Scheme 4，C）。在 DCP 的帮助下，自由基物质 C 通过单电子转移产生所需的甲基化产物 2- 苯基丙 -2- 醇和自由基物种 A. 2- 苯基丙 -2- 醇失去 H_2O 分子以产生 2- 苯基 -1- 丙烯。而且，自由基物种 A 开始了一个新的反应循环。

Scheme 4. 甲基化反应机理

3.4 结论

总之，我们已经开发了一种在无金属条件下，使用过氧化物作为甲基化试剂来合成 2- 甲基吡啶 -N- 氧化物的方法。 该方法是将甲基引入吡啶环中的既实用又方便的方法。用过氧化物作为甲基化试剂，底物范围的扩展及在合成化学中的应用正在进一步研究中。

3.5 参考文献

[1] For recent selected reviews on C–H bond functionalization, see: (a) J. Q. Yu and Z. J. Shi, C–H Activation; Springer–Verlag: Berlin Heidelberg, 2010. (b) T. Bruckl, R. D. Baxter, Y. Ishihara and P. S. Baran, *Acc. Chem. Res.*, 2012, 45, 826. (c) P. B. Arockiam, C. Bruneau and P. H. Dixneuf, *Chem. Rev.*, 2012, 112, 5879. (d) C. L. Sun, B. J. Li and Z. J. Shi, *Chem. Rev.*, 2011, 111, 1293. (e) T. W. Lyons and M. S. Sanford, *Chem. Rev.*, 2010, 110, 1147.

[2] (a) G. Rouquet and N. Chatani, *Chem. Sci.*, 2013, 4, 2201. (b) G. Rouquet and N.

Chatani, *Chem. Sci.*, 2013, 4, 2201. (c) B. Xiao, Z. J. Liu, L. Liu and Y. Fu, *J. Am. Chem. Soc.,* 2013, 135, 616. (d) T. J. Gong, B. Xiao, W. M. Cheng, W. Su, J. Xu, Z. J. Liu, L. Liu and Y. Fu, *J. Am. Chem. Soc.*, 2013, 135, 10630. (e) Z. Wang, Y. Kuninobu and M. Kanai, *J. Am. Chem. Soc.*, 2015, 137, 6140. (f) J. R. Hummel and J. A. Ellman, *J. Am. Chem. Soc.,* 2015, 137, 490. (g) W. J. Han, G. Y. Zhang, G. X. Li and H. M. Huang, *Org. Lett.*, 2014, 16, 3532. (h) A. Wangweerawong, R. G. Bergman and J. A. Ellman, *J. Am. Chem. Soc.*, 2014, 136, 8520. (i) B. Du, B. Jin and P. P. Sun, *Org. Lett.*, 2014, 16, 3032. (j) Z. Z. Yu, B. Ma, M. J. Chen, H. H. Wu, L. Liu and J. L. Zhang, *J. Am. Chem. Soc.*, 2014, 136, 6904. (k) D. W. Gao, Q. Yin, Q. Gu and S. L. You, *J. Am. Chem. Soc.,* 2014, 136 , 4841. (l) J. X. Yan, H. Li, X. W. Liu, J. L. Shi, X. Wang and Z. J. Shi, *Angew. Chem. Int. Ed.,* 2014, 53, 4945.

[3] (a) Q. Shuai, G. J. Deng, Z. J. Chua, D. S. Bohle and C. J. Li, *Adv. Synth. Catal.*, 2010, 352, 632. (b) C. H. Bai, X. F. Yao and Y. W. Li, *ACS Catal.*, 2015, 5, 884. (c) V. Bagchi, P. Paraskevopoulou, P. Das, L. Y. Chi, Q. W. Wang, A. Choudhury, J. S. Mathieson, L. Cronin, D. B. Pardue, T. R. Cundari, G. Mitrikas, Y. Sanakis and P. Stavropoulos, *J. Am. Chem. Soc.,* 2014, 136, 11362. (d) C. W. Zhu, M. L. Yi, D. H. Wei, X. Chen, Y. J. Wu and X. L. Cui, *Org. Lett.*, 2014, 16, 1840. (e) D. G. Yu, M. Suri and F. Glorius, *J. Am. Chem. Soc.,* 2013, 135, 8802. (f) L. S. Wang and Z. J. Shi, *Nat. Commun.,* 2014, 5, 4707. (g) B. Xiao, T. J. Gong, J. Xu, Z. J. Liu and L. Liu, *J. Am. Chem. Soc.,* 2011, 133, 1466. (h) H. Q. Zhao, M. Wang, W. P. Su and M. C. Hong, *Adv. Synth. Catal.,* 2010, 352, 1301.

[4] (a) L. Ju, J. Z. Yao, Z. H. Wu, Z. X. Liu and Y. H. Zhang, *J. Org. Chem.,* 2013, 78, 10821. (b) S. Luo, F. X. Luo, X. S. Zhang and Z. J. Shi, *Angew. Chem. Int. Ed.,* 2013, 58, 10598.

[5] (a) D. Das and D. Seidel, *Org. Lett.,* 2013, 15, 4358. (b) B. Xiao, T. J. Gong, Z. J. Liu, J. H. Liu, D. F. Luo, J. Xu and L. Liu, *J. Am. Chem. Soc.,* 2011, 133, 9250. (c) S. Wang, R. Guo, G. Wang, S. Y. Chen, X. Q. Yu, *Chem. Commun.,* 2014, 50, 12718.

[6] (a) D. Zhang, X. L. Cui, Q. Q. Zhang and Y. J. Wu, *J. Org. Chem.,* 2015, 80, 1517. (b) F. J. Chen, G. Liao, X. Li, J. Wu, and B. F. Shi, *Org. Lett.,* 2014, 16, 5644. (c) V. P. Reddy, R. H. Qiu, T. Iwasaki and N. Kambe, *Org. Biomol. Chem.,* 2015, 13, 6803.

[7] (a) S. Y. Zhang, G. He, W. A. Nack, Y. S. Zhao, Q. Li and G. Chen, *J. Am. Chem.*

Soc., 2013, 135, 2124. (b) S. Y. Zhang, Q. Li, G. He, W. A. Nack and G. Chen, *J. Am. Chem. Soc.*, 2013, 135, 12135. (c) B. F. Shi, N. Maugel, Y. H. Zhang and Q. J. Yu, *Angew. Chem., Int. Ed.*, 2008, 47, 4882. (d) Y. H. Zhang, B. F. Shi and J. Q. Yu, *Angew. Chem., Int. Ed.*, 2009, 48, 6097. (e) R. Y. Zhu, J. He, X. C. Wang and J. Q. Yu, *J. Am. Chem. Soc.*, 2014, 136, 13194. (f) X. C. Wang, W. Gong, L. Z. Fang, R. Y. Zhu, S. Li, K. M. Engle and J. Q. Yu, *Nature.*, 2015, 519, 334.

[8] (a) H. Wang, S. J. Yu, Z. S. Qi and X. W. Li, *Org. Lett.*, 2015, 17, 2812. (b) T. Kobayakawa, T. Narumi and H. Tamamura, *Org. Lett.*, 2015, 17, 2302. (c) S. Darses and J. P. Genet, *Chem. Rev.*, 2008, 108, 288. (d) S. R. Neufeldt, C. K. Seigerman and M. S. Sanford, *Org. Lett.*, 2013, 15, 2302. (e) J. C. Tellis, D. N. Primer and G. A. Molander, *Science.*, 2014, 345, 433. (f) D. N. Primer, I. Karakaya, J. C. Tellis and G. A. Molander, *J. Am. Chem. Soc.*, 2015, 137, 2195. (g) J. Wippich, I. Schnapperelle and T. Bach, *Chem. Commun.*, 2015, 51, 3166.

[9] Y. H. Zhang, J. Q. Feng and C. J. Li, *J. Am. Chem. Soc.*, 2008, 130, 2900.

[10] (a) Q. Q. Xia, X. L. Liu, Y. J. Zhang, C. Chen and W. Z. Chen, *Org. Lett.*, 2013, 15, 3326. (b)Y. Zhu, H. Yan, L. H. Lu, D. F. Liu, G. W. Rong and J. C. Mao, *J. Org. Chem.*, 2013, 78, 9898.

[11] S. J. Guo, Q. Wang, Y. Jiang and J. T. Yu, *J. Org. Chem.*, 2014, 79, 11285.

[12] (a) Z. B. Xu, C. X. Yan and Z. Q. Liu *Org. Lett.*, 2014, 16, 5670. (b) J. H. Fan, M. B. Zhou, Y. Liu, W. T. Wei, X. H. Ouyang, R. J. Song and J. H. Li, *Synlett.*, 2014, 25, 0657. (c) Q. Dai, J. T. Yu, Y. Jiang, S. J. Guo, H. T. Yang and J. Cheng, *Chem. Commun.*, 2014, 50, 3865.

[13] Y. J. Bao, Y. Z. Yan, K. Xu, J. H. Su, Z. G. Zha and Z. Y. Wang, *J. Org. Chem.*, 2015, 80, 4736.

3.6 化合物结构数据与图谱

2-methylpyridine 1-oxide (3a)

3a was obtained as yellow oil. 1H NMR (400 MHz, CDCl3) δ 8.25 (d, *J* = 6.0 Hz, 1H), 7.31–7.23 (m, 1H), 7.17 (2H), 2.51 (s, 3H). 13C NMR (101

MHz, CDCl3) δ 149.15, 139.42, 126.55, 125.67, 123.57, 17.81. HRMS (ESI) Calcd. For C6H8NO: [M+H]+, 110.0 606, Found: *m/z* 110.0 598.

2,6-dimethylpyridine 1-oxide (4a)

4a was obtained as yellow oil.1H NMR (400 MHz, CDCl3) δ 7.14 (d, *J* = 7.3 Hz, 2H), 7.09 (d, *J* = 7.5 Hz, 1H), 2.53 (s, 6H).13C NMR (101 MHz, CDCl3) δ 149.07, 124.74, 123.96, 18.27. HRMS (ESI) Calcd. For C7H10NO: [M+H]+, 124.0 762, Found: *m/z* 124.0 758.

2,4-dimethylpyridine 1-oxide (3b)

3b was obtained as yellow oil (27 mg, 45%).1H NMR (400 MHz, CDCl3) δ 8.16 (d, *J* = 6.5 Hz, 1H), 7.08 (s, 1H), 6.96 (d, *J* = 5.9 Hz, 1H), 2.50 (s, 3H), 2.32 (s, 3H). 13C NMR (101 MHz, CDCl3) δ 148.24, 138.69, 137.31, 127.17, 124.33, 77.40, 77.08, 76.76, 20.20, 17.71. HRMS (ESI) Calcd. For C7H10NO: [M+H]+, 124.0 762, Found: *m/z* 124.0 760.

2,4,6-trimethylpyridine 1-oxide (4b)

4b was obtained as yellow oil (21 mg, 31%).1H NMR (400 MHz, CDCl3) δ 6.96 (s, 2H), 2.50 (s, 6H), 2.28 (s,3H).13C NMR (101 MHz, CDCl3) δ 148.20, 124.75, 77.34, 77.03, 76.71, 20.19, 18.18.HRMS (ESI) Calcd. For C8H12NO: [M+H]+, 138.0 919, Found: *m/z* 138.0 909.

4-methoxy-2-methylpyridine 1-oxide (3c)

3c was obtained as yellow oil (32 mg, 47%).1H NMR (400 MHz, CDCl3) δ 8.18 (d, *J* = 7.2 Hz, 1H), 6.80 (s, 1H), 6.73 (m, 1H), 3.86 (s, 3H), 2.53 (s, 3H). 13C NMR (101 MHz, CDCl3) δ 157.96, 150.02, 140.16, 111.63, 109.90, 55.97, 18.33.HRMS (ESI) Calcd. For C7H10NO2: [M+H]+, 140.0 712, Found: *m/z* 140.0 704.

4-methoxy-2,6-dimethylpyridine 1-oxide (4c)

4c was obtained as yellow oil (21 mg, 28%).1H NMR (400 MHz, CDCl3) δ 6.70 (s, 2H), 3.82 (s, 3H), 2.53 (s, 6H). 13C NMR (101 MHz, CDCl3) δ 156.72, 149.91, 109.73, 55.71, 18.77. HRMS (ESI) Calcd. For C8H12NO2: [M+H]+, 154.0 868, Found: *m/z* 154.0 864.

2-methyl-4-nitropyridine 1-oxide (3d)

3d was obtained as pale yellow solid (34 mg, 44%).1H NMR (400 MHz,

CDCl3) δ 8.30 (d, *J* = 7.1 Hz, 1H), 8.12 (d, *J* = 3.0 Hz, 1H), 7.97 (dd, *J* = 7.1, 3.1 Hz, 1H), 2.53 (s, 3H).13C NMR (101 MHz, CDCl3) δ 150.59, 141.68, 140.05, 120.66, 118.10, 18.01. HRMS (ESI) Calcd. For C6H7N2O3: [M+H]+, 155.0 457, Found: *m/z* 155.0 461.

2,6-dimethyl-4-nitropyridine 1-oxide (4d)

4d was obtained as pale yellow solid (29 mg, 35%).1H NMR (400 MHz, CDCl3) δ 7.97 (s, 2H), 2.52 (s, 6H). 13C NMR (101 MHz, CDCl3) δ 150.33, 140.73, 117.92, 18.52. HRMS (ESI) Calcd. For C7H9N2O3: [M+H]+, 169.0 613, Found: *m/z* 169.09 610.

2,3,6-trimethyl-4-nitropyridine 1-oxide (4e)

4e was obtained as pale yellow solid (75 mg, 82%).1H NMR (400 MHz, CDCl3) δ 7.72 (s, 1H), 2.59 (s, 3H), 2.52 (d, *J* = 4.1 Hz, 6H). 13C NMR (101 MHz, CDCl3) δ 150.69, 147.33, 143.80, 126.61, 118.05, 18.21, 15.81, 14.95, HRMS (ESI) Calcd. For C8H11N2O3: [M+H]+, 183.0 770, Found: *m/z* 183.0 765.

2-methylquinoline 1-oxide (3f)

3f was obtained as yellow oil (57 mg, 72%).1H NMR (400 MHz, CDCl3) δ 8.77 (d, *J* = 8.8 Hz, 1H), 7.79 (d, *J* = 8.1 Hz, 1H), 7.72 (t, *J* = 7.8 Hz, 1H), 7.61 (d, *J* = 8.5 Hz, 1H), 7.55 (t, *J* = 7.5 Hz, 1H), 7.28 (d, *J* = 8.5 Hz, 1H), 2.70 (s, 3H). 13C NMR (101 MHz, CDCl3) δ 145.71, 141.42, 130.21, 129.10, 127.96, 127.63, 125.16, 122.91, 119.36, 18.72. HRMS (ESI) Calcd. For C10H10NO: [M+H]+, 160.0 762, Found: *m/z* 160.0 751.

2,8-dimethylquinoline 1-oxide (3g)

3g was obtained as yellow oil (59 mg, 68%).1H NMR (400 MHz, CDCl3) δ 7.66 – 7.61 (m, 1H), 7.56 (d, *J* = 8.5 Hz, 1H), 7.44 – 7.37 (m, 2H), 7.27 (d, *J* = 4.8 Hz, 1H), 3.23 (s, 3H), 2.64 (s, 3H). 13C NMR (101 MHz, CDCl3) δ 146.88, 141.54, 133.50, 133.19, 131.23, 127.15, 126.81, 125.57, 122.69, 25.20, 19.14. HRMS (ESI) Calcd. For C11H12NO: [M+H]+, 174.0 919, Found: *m/z* 174.0 911.

2,6-dimethylquinoline 1-oxide (3h)

3h was obtained as yellow oil (58 mg, 67%).1H NMR (400 MHz, CDCl3) δ 8.67 (d, J = 8.6 Hz, 1H), 7.58 (d, J = 8.8 Hz, 3H), 7.27 (s, 1H), 2.72 (s, 3H), 2.54 (s, 3H). 13C NMR (101 MHz, CDCl3) δ 145.04, 137.79, 132.46, 126.90, 124.80, 122.94, 119.38, 21.29, 18.63.HRMS (ESI) Calcd. For C11H12NO: [M+H]+, 174.0 919, Found: *m/z* 174.0 708.

6-chloro-2-methylquinoline 1-oxide (3i)

3i was obtained as yellow oil (52 mg, 54%).1H NMR (400 MHz, CDCl3) δ 8.73 (d, J = 9.3 Hz, 1H), 7.82 (s, 1H), 7.70 – 7.64 (m, 1H), 7.55 (d, J = 8.6 Hz, 1H), 7.35 (d, J = 8.6 Hz, 1H), 2.71 (s, 3H). 13C NMR (101 MHz, CDCl3) δ 145.97, 140.16, 133.94, 130.92, 129.96, 126.65, 124.22, 123.72, 121.57, 18.67. HRMS (ESI) Calcd. For C10H9ClNO: [M+H]+, 194.0 373, Found: *m/z* 194.0 372.

1-methylisoquinoline 2-oxide (3j)

3j was obtained as yellow oil (65 mg, 82%).1H NMR (400 MHz, CDCl3) δ 8.29 – 8.18 (m, 1H), 7.96 (d, J = 8.3 Hz, 1H), 7.78 (d, J = 7.6 Hz, 1H), 7.71 – 7.63 (m, 1H), 7.63 – 7.52 (m, 2H), 2.90 (s, 3H). 13C NMR (101 MHz, CDCl3) δ 145.58, 136.51 , 129.08, 128.91, 128.84, 128.37, 127.38, 124.02, 121.84, 12.91.HRMS (ESI) Calcd. For C10H10NO: [M+H]+,160.0 762 , Found: *m/z* 160.0 765.

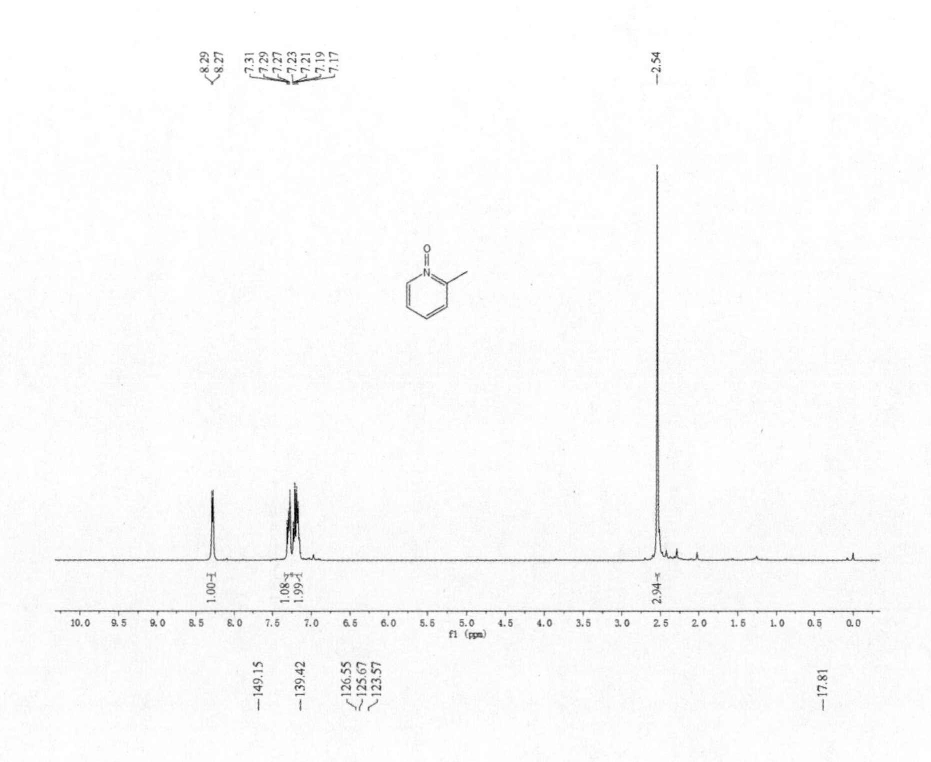
8.29
8.27
7.31
7.29
7.27
7.23
7.21
7.19
7.17
2.54
1.00
1.08
1.99
2.94
10.0 9.5 9.0 8.5 8.0 7.5 7.0 6.5 6.0 5.5 5.0 4.5 4.0 3.5 3.0 2.5 2.0 1.5 1.0 0.5 0.0
f1 (ppm)

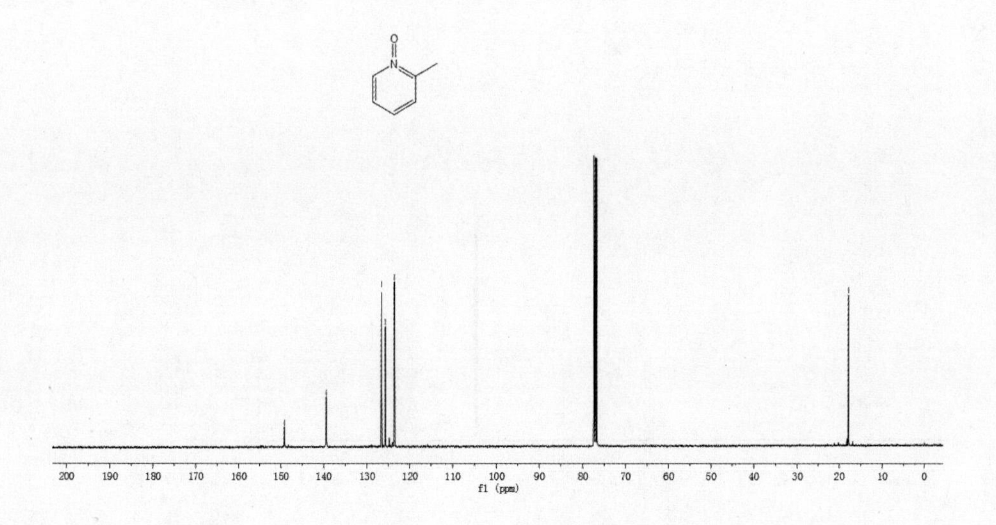
149.15
139.42
126.55
125.67
123.57
17.81
200 190 180 170 160 150 140 130 120 110 100 90 80 70 60 50 40 30 20 10 0
f1 (ppm)

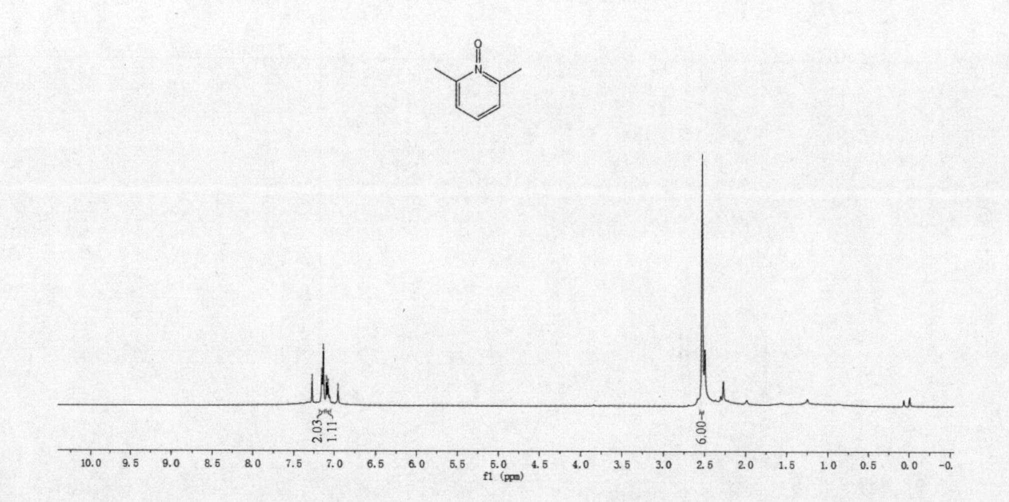
7.27
7.15
7.14
7.10
7.08
6.95
2.53
2.03
1.11
6.00
10.0 9.5 9.0 8.5 8.0 7.5 7.0 6.5 6.0 5.5 5.0 4.5 4.0 3.5 3.0 2.5 2.0 1.5 1.0 0.5 0.0 -0.
f1 (ppm)

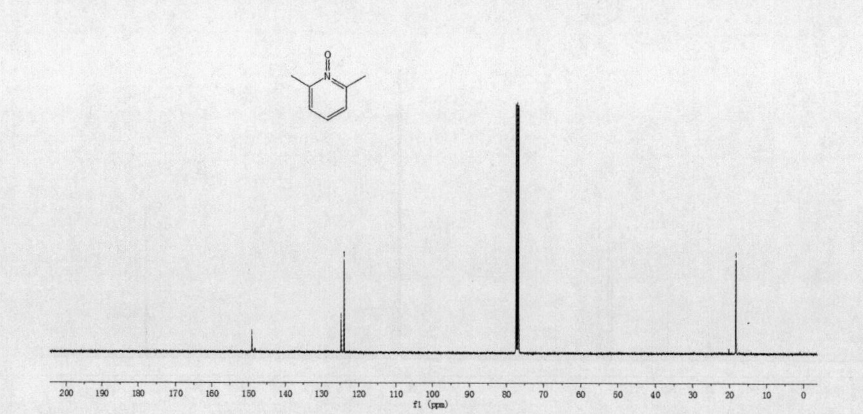
149.07
124.74
123.96
18.27
200 190 180 170 160 150 140 130 120 110 100 90 80 70 60 50 40 30 20 10 0
f1 (ppm)

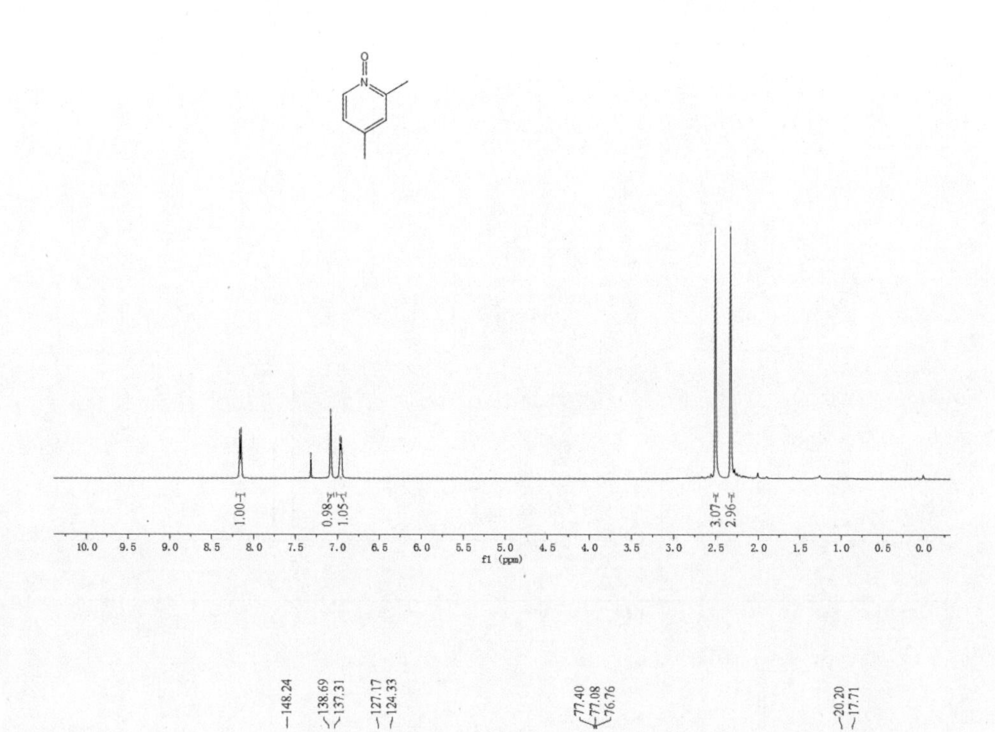
1.00
0.98
1.05
3.07
2.96
10.0 9.5 9.0 8.5 8.0 7.5 7.0 6.5 6.0 5.5 5.0 4.5 4.0 3.5 3.0 2.5 2.0 1.5 1.0 0.5 0.0
f1 (ppm)

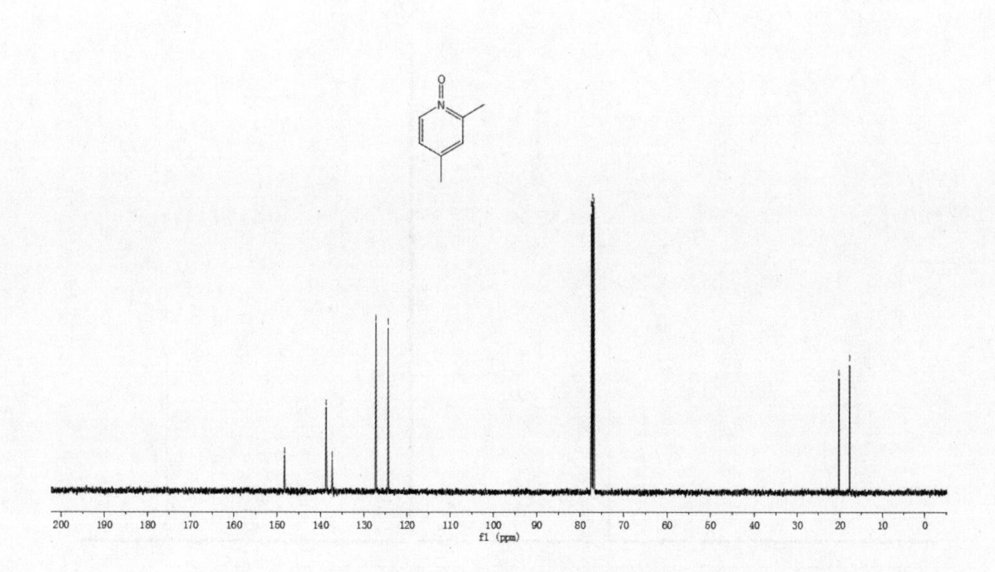
148.24
138.69
137.31
127.17
124.33
77.40
77.08
76.76
20.20
17.71
200 190 180 170 160 150 140 130 120 110 100 90 80 70 60 50 40 30 20 10 0
f1 (ppm)

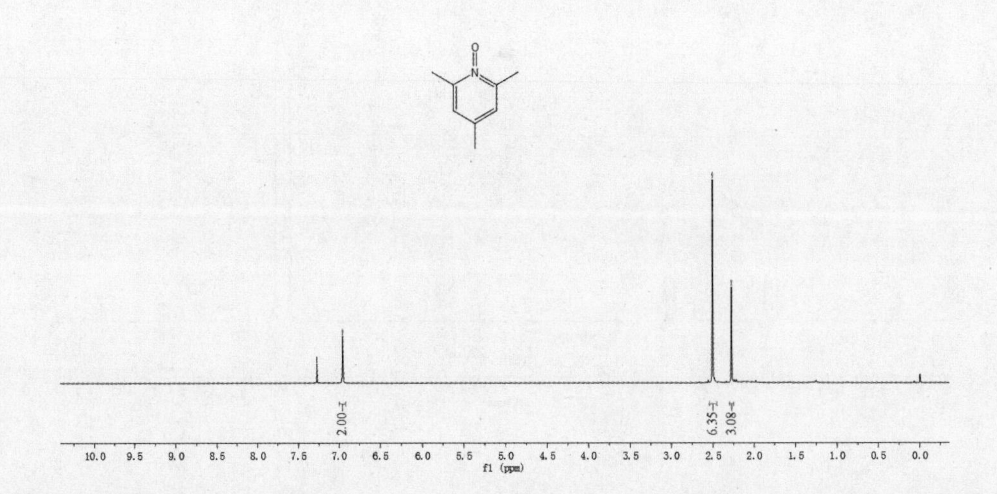

7.27
6.96
2.50
2.28
2.00
6.35
3.08
10.0
9.5
9.0
8.5
8.0
7.5
7.0
6.5
6.0
5.5
5.0
4.5
4.0
3.5
3.0
2.5
2.0
1.5
1.0
0.5
0.0
f1 (ppm)

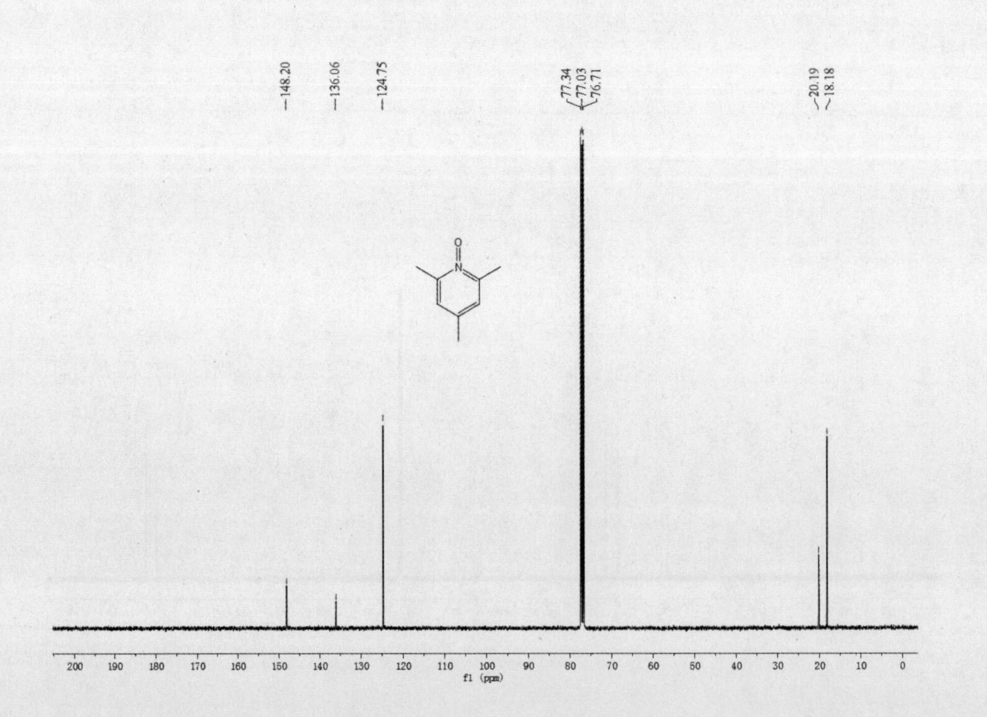

148.20
136.06
124.75
77.34
77.03
76.71
20.19
18.18
200
190
180
170
160
150
140
130
120
110
100
90
80
70
60
50
40
30
20
10
0
f1 (ppm)

8.19
8.17
7.30
6.80
6.74
6.73
6.72
6.71
3.86
2.53

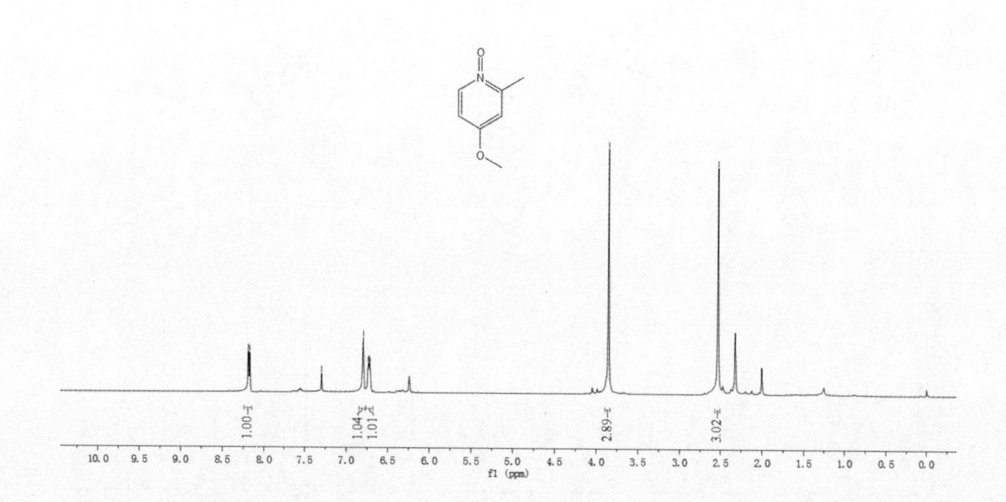

157.96
150.02
140.16
111.63
109.90
55.97
18.33

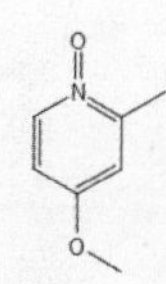

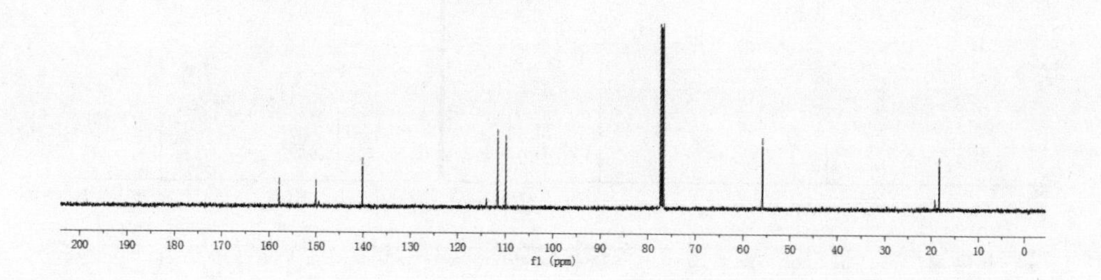

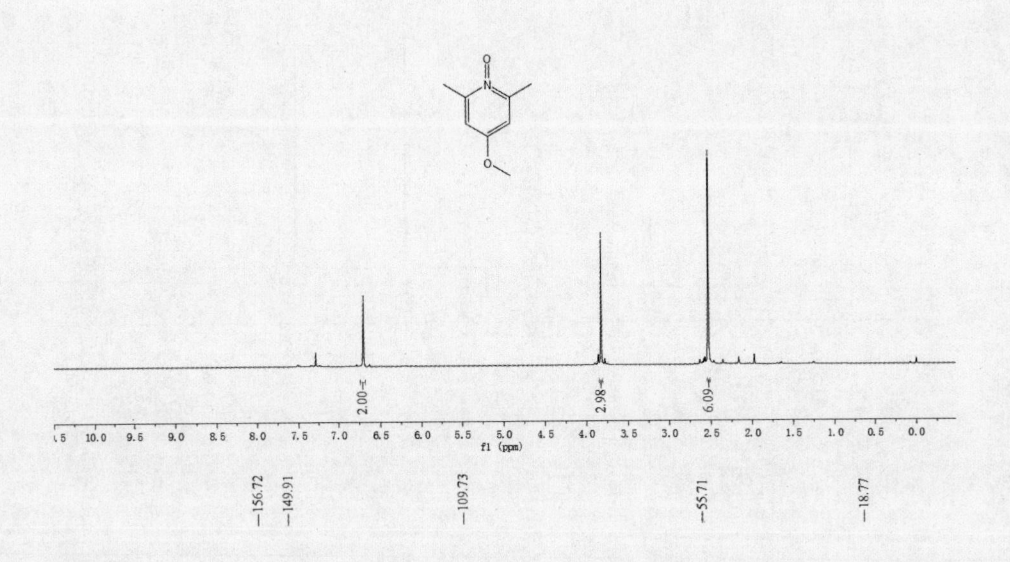
6.70
3.82
2.53
2.00
2.98
6.09
f1 (ppm)

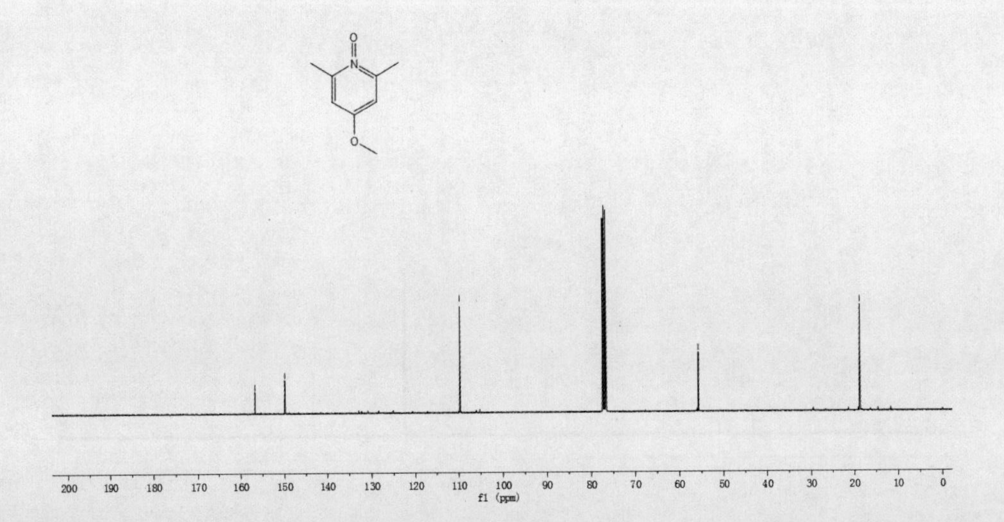
156.72
149.91
109.73
55.71
18.77
f1 (ppm)

8.31
8.29
8.12
8.11
7.99
7.98
7.97
7.96
7.27
2.53

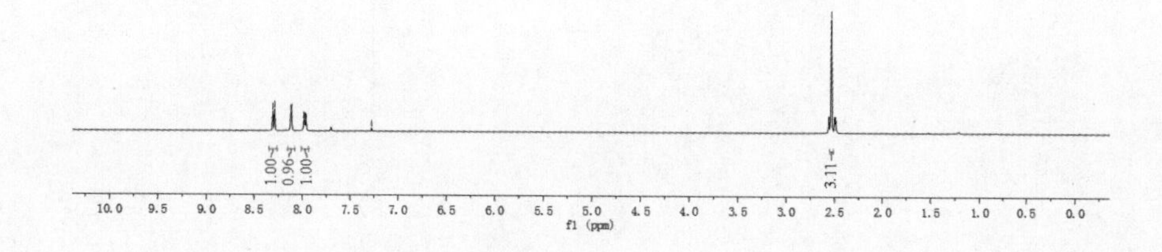
1.00
0.96
1.00
3.11
10.0 9.5 9.0 8.5 8.0 7.5 7.0 6.5 6.0 5.5 5.0 4.5 4.0 3.5 3.0 2.5 2.0 1.5 1.0 0.5 0.0
f1 (ppm)

150.59
141.68
140.05
120.66
118.10
18.01

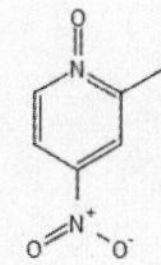

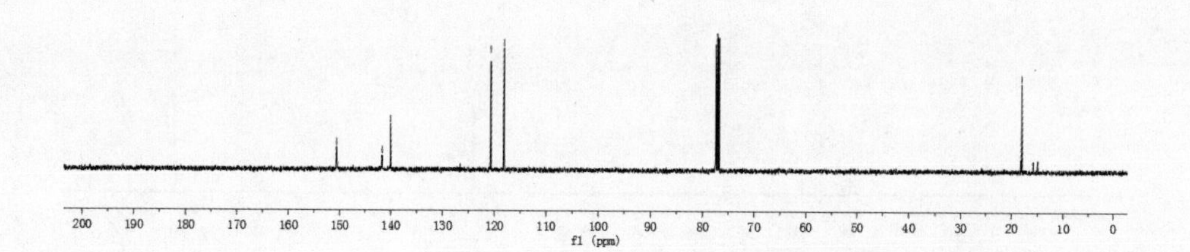
200 190 180 170 160 150 140 130 120 110 100 90 80 70 60 50 40 30 20 10 0
f1 (ppm)

—7.97

—2.52

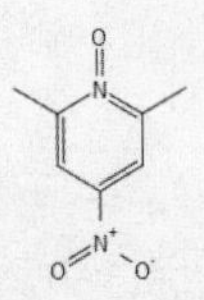

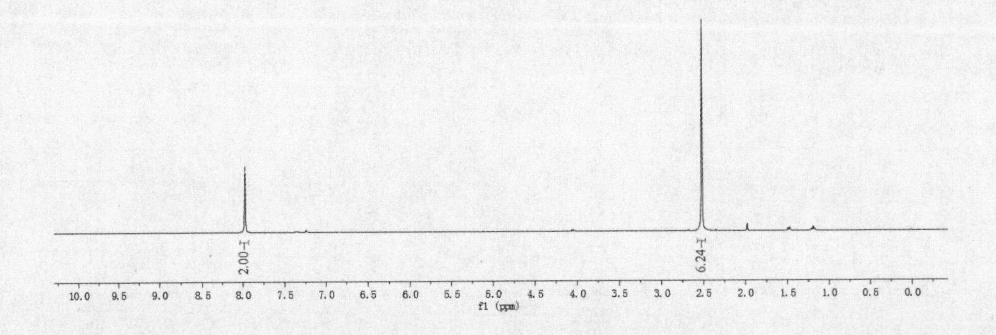

—150.33 —140.73 —117.92 —18.52

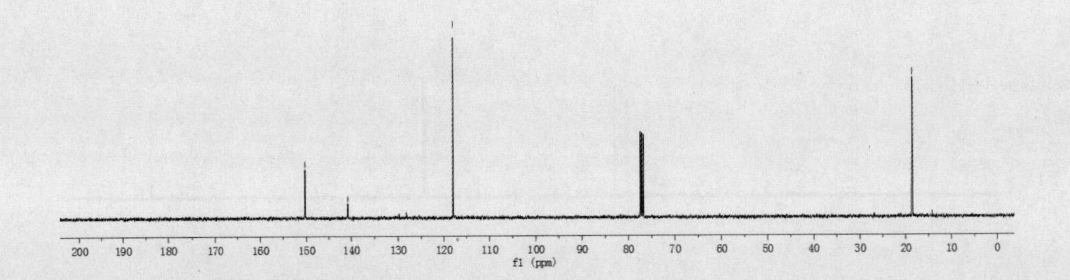

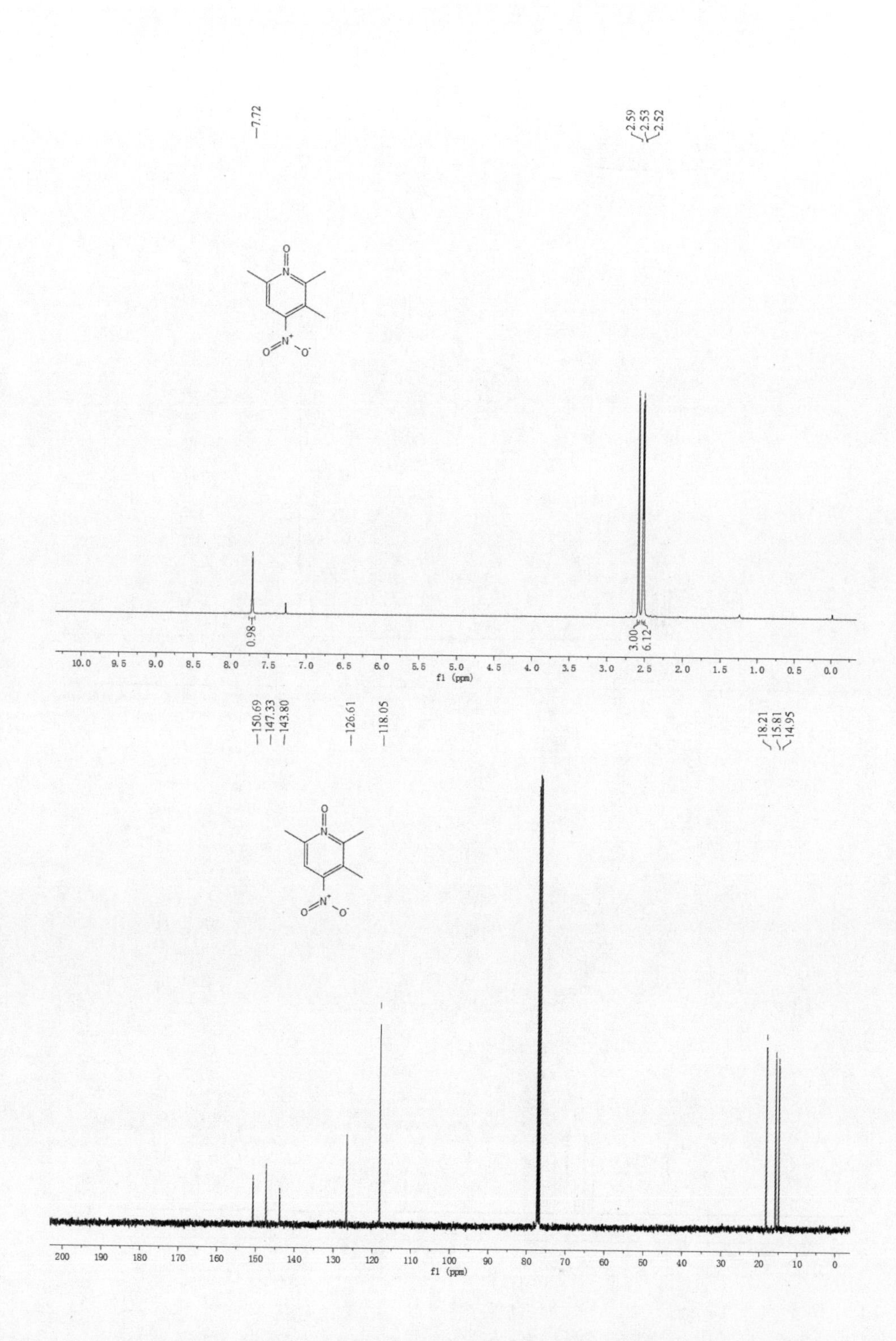

7.72
2.59
2.53
2.52
0.98
3.00
6.12
f1 (ppm)
150.69
147.33
143.80
126.61
118.05
18.21
15.81
14.95
f1 (ppm)

8.78
8.76
7.80
7.78
7.74
7.72
7.70
7.62
7.60
7.57
7.55
7.54
7.29
7.27

2.70

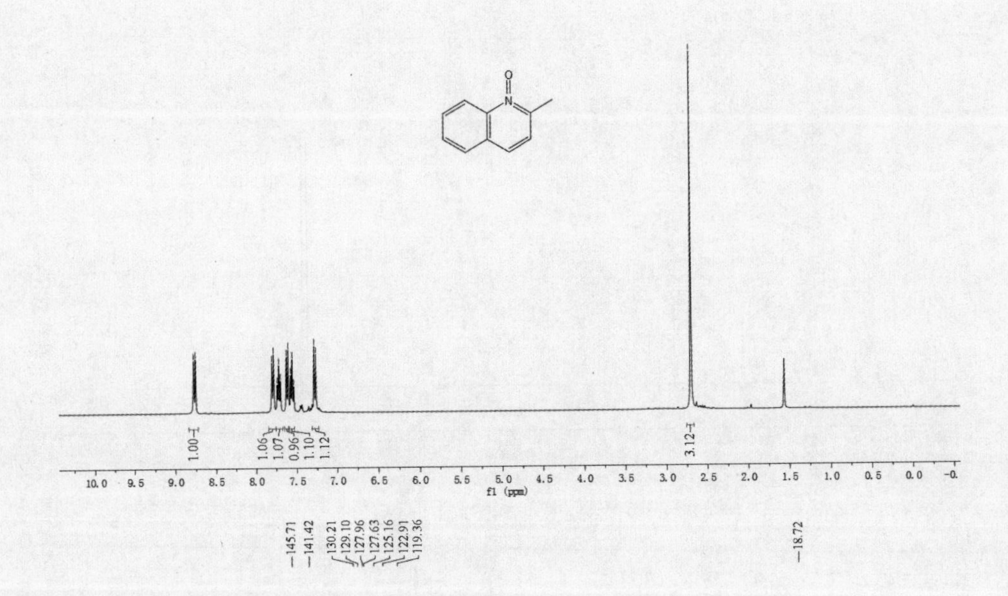
1.00
1.06
1.07
0.96
1.10
1.12
3.12
10.0 9.5 9.0 8.5 8.0 7.5 7.0 6.5 6.0 5.5 5.0 4.5 4.0 3.5 3.0 2.5 2.0 1.5 1.0 0.5 0.0
f1 (ppm)
145.71
141.42
130.21
129.10
127.96
127.63
125.16
122.91
119.36
18.72

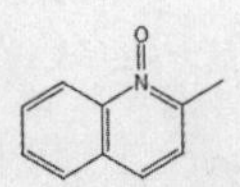

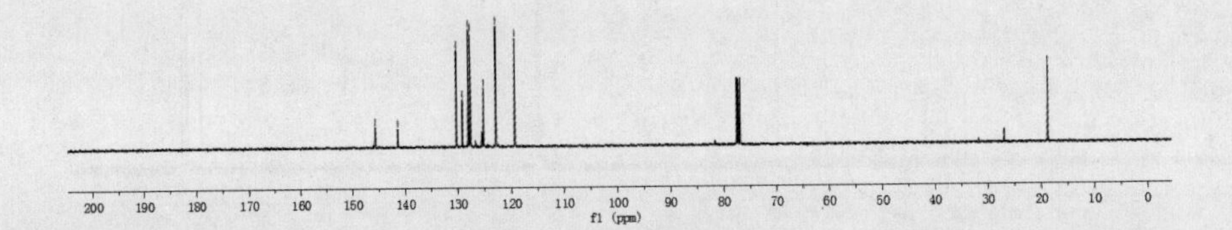
200 190 180 170 160 150 140 130 120 110 100 90 80 70 60 50 40 30 20 10 0
f1 (ppm)

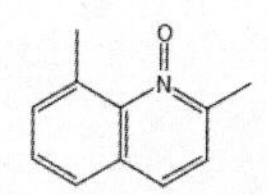
O
N

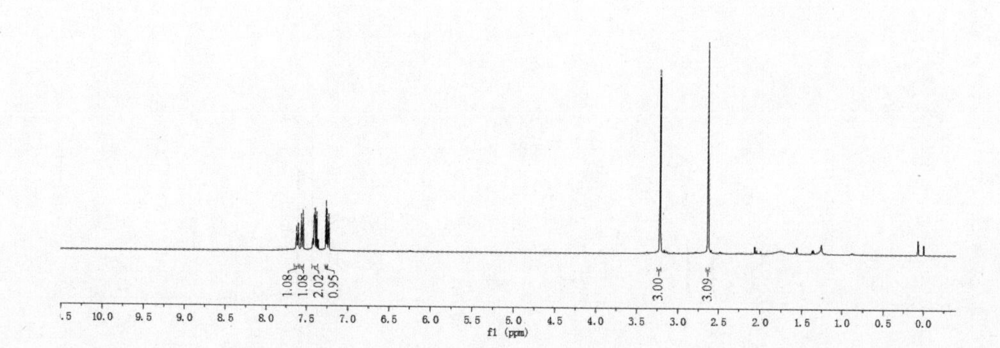
7.62
7.61
7.60
7.57
7.54
7.41
7.40
7.38
7.27
7.25
7.23
3.22
2.63
1.08
1.08
2.02
0.95
3.00
3.09
.5 10.0 9.5 9.0 8.5 8.0 7.5 7.0 6.5 6.0 5.5 5.0 4.5 4.0 3.5 3.0 2.5 2.0 1.5 1.0 0.5 0.0
f1 (ppm)

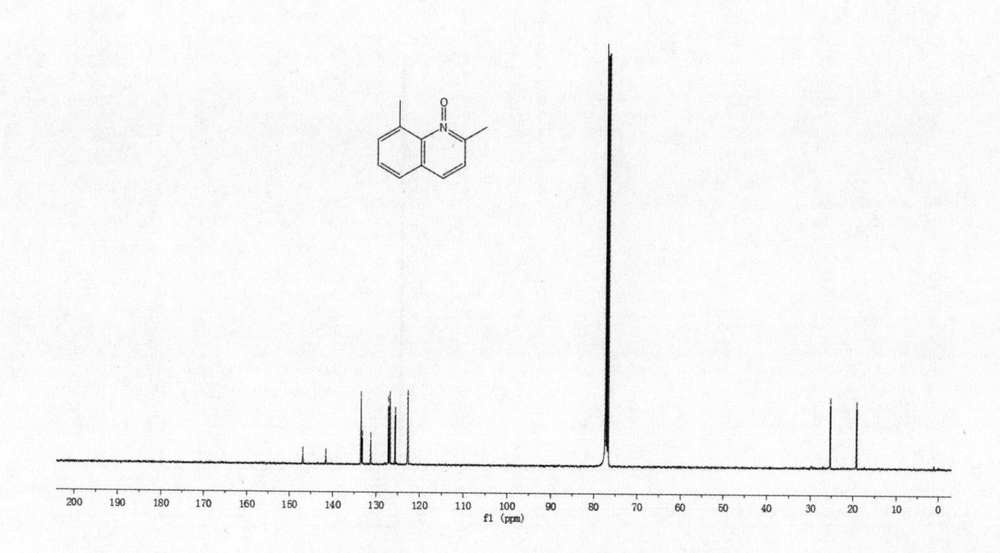
146.88
141.54
133.50
133.19
131.23
127.15
126.81
125.57
122.69
25.20
19.14
O
N
200 190 180 170 160 150 140 130 120 110 100 90 80 70 60 50 40 30 20 10 0
f1 (ppm)

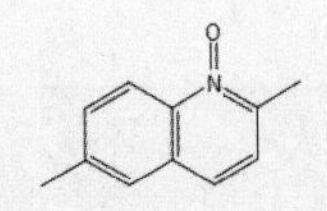

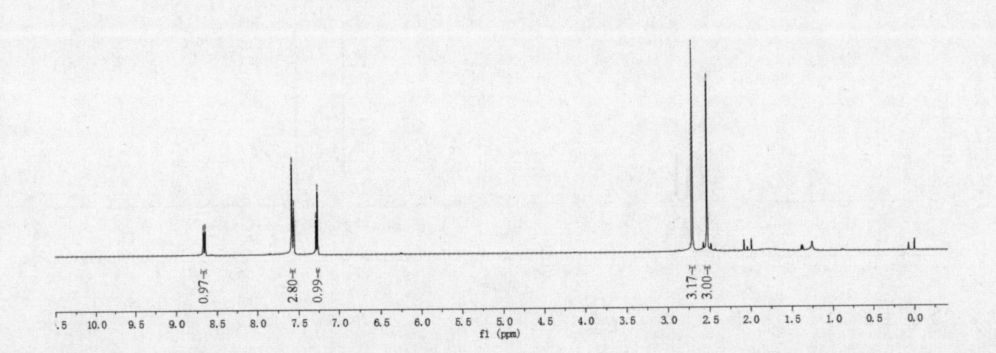
8.67
8.65
7.58
7.56
7.28
7.27
2.71
2.53
0.97
2.80
0.99
3.17
3.00
f1 (ppm)

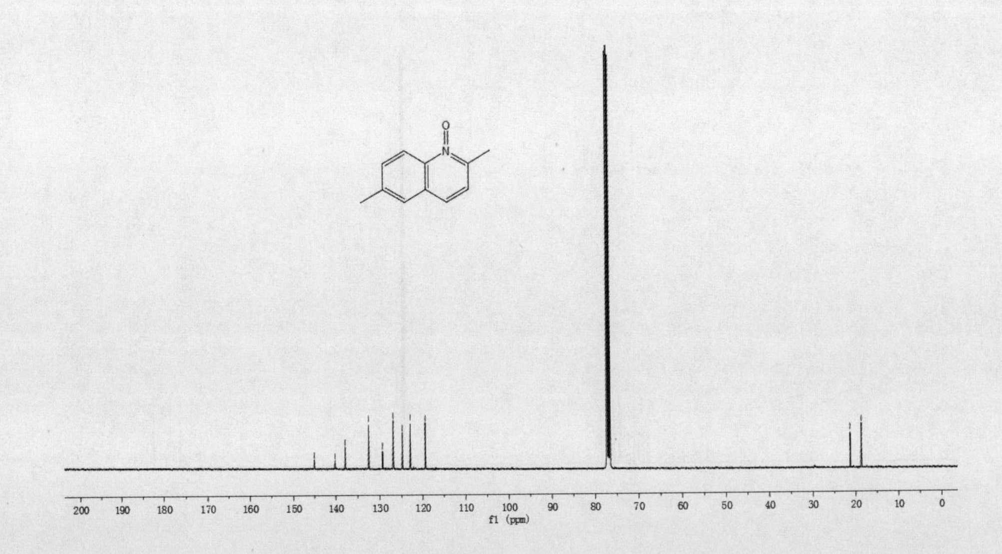
145.04
140.14
137.79
132.46
129.34
126.90
124.80
122.94
119.38
21.29
18.63
f1 (ppm)

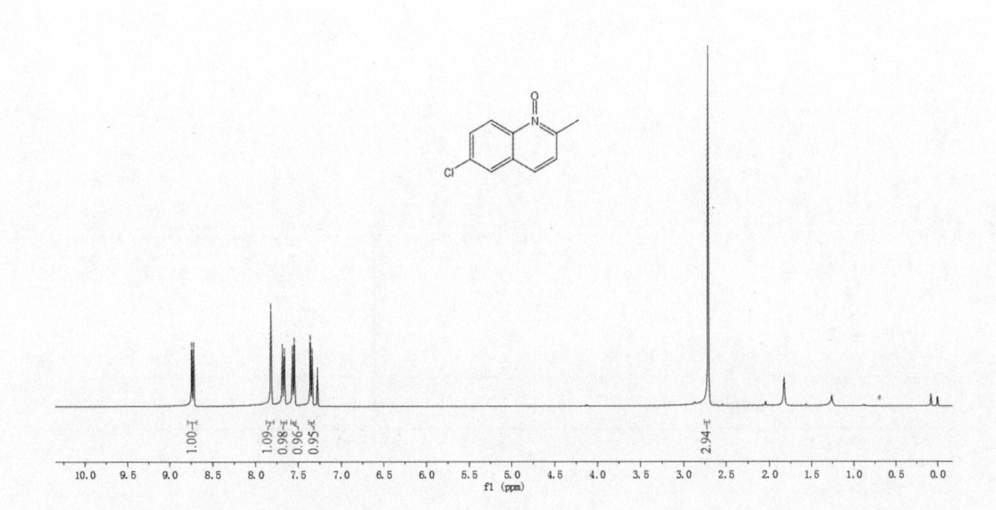
8.74
8.72
7.82
7.68
7.66
7.66
7.56
7.54
7.36
7.34
7.28
2.71
Cl
N
O
1.00
1.09
0.98
0.96
0.95
2.94
10.0 9.5 9.0 8.5 8.0 7.5 7.0 6.5 6.0 5.5 5.0 4.5 4.0 3.5 3.0 2.5 2.0 1.5 1.0 0.5 0.0
f1 (ppm)

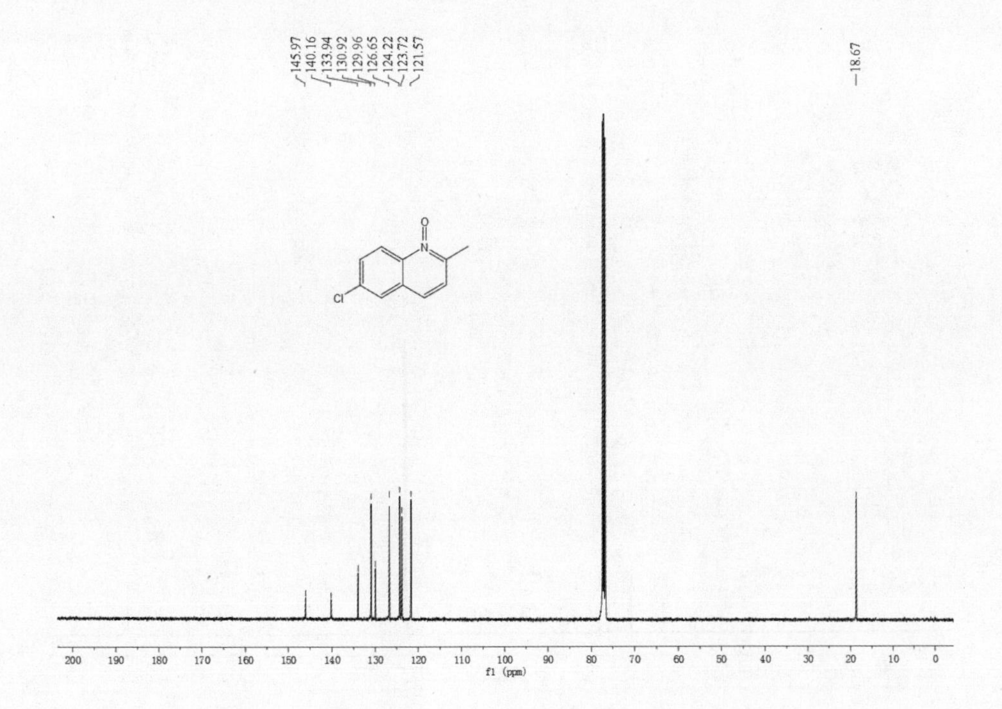
145.97
140.16
133.94
130.92
129.96
126.65
124.22
123.72
121.57
18.67
Cl
N
O
200 190 180 170 160 150 140 130 120 110 100 90 80 70 60 50 40 30 20 10 0
f1 (ppm)

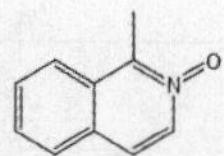
N
O

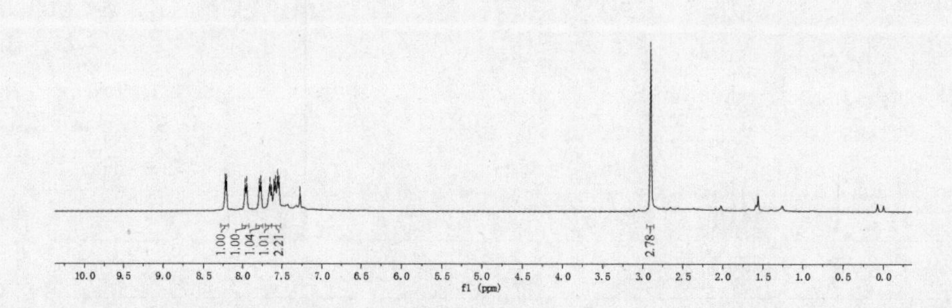
8.23
8.22
8.21
7.97
7.95
7.79
7.77
7.66
7.65
7.63
7.60
7.58
7.56
7.54
7.28
2.90
1.00
1.00
1.04
1.01
2.21
2.78
10.0 9.5 9.0 8.5 8.0 7.5 7.0 6.5 6.0 5.5 5.0 4.5 4.0 3.5 3.0 2.5 2.0 1.5 1.0 0.5 0.0
f1 (ppm)

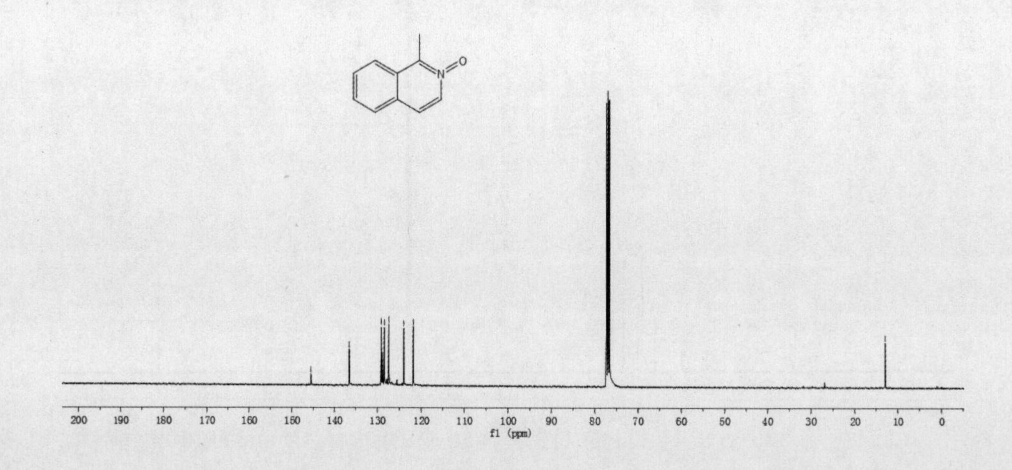
145.58
136.51
129.08
128.91
128.84
128.37
127.38
124.02
121.84
12.91
N
O
200 190 180 170 160 150 140 130 120 110 100 90 80 70 60 50 40 30 20 10 0
f1 (ppm)

第4章　铜催化空气氧化2-苯基吡啶的脱氢胺化

4.1 引言

芳香 C-N 结构单元广泛存在于各种材料中，包括有机染料、药物和具有不同生物活性的天然化合物。由于其重要性，芳基 C-N 结构单元的合成已经引起了有机化学家的极大兴趣。传统的芳基 C-N 键主要通过芳烃的硝化和随后的还原来构建，并广泛应用于工业过程中，然而该方法的一般反应条件苛刻且通用性较差 [1]。Buchwald-Hartwig 胺化 [2]、Ullman 偶联 [3] 和 Chan-Lam[4] 氧化偶联也已经被用来构建芳基 C-N 结构单元，并且应用于工业生产和实验室合成中 [5]，然而该方法使用芳基卤化物 / 芳基磺酸酯或有机金属试剂作为反应物，导致反应过程中原子经济性和步骤经济性较低。毫无疑问，芳基的 C-H 和胺 / 酰胺的 N-H 的脱氢偶联是制备芳基酰胺的理想方法。通过 C-H 和 N-H 的脱氢偶联来构建芳基 C-N 键，已取得了重大进展。氧化剂在脱氢偶联的催化循环中起着重要的作用，尽管氧化剂如二价铜盐 [6]、银盐 [7]、醋酸碘苯 [8] 和过氧化物 [9] 已被证明是有效实用的氧化剂，可是这些氧化剂在使用中会生成大量的氧化剂残体，不但污染环境，而且原子经济性也低。因此，氧气，尤其是环境友好且价格低廉的空气，都是一种理想的氧化剂 [10]。在这里，我们实现了溴化亚铜催化空气氧化芳烃与酰胺的脱氢酰胺反应，并提供了一种便捷构建芳基 CN 键的方法。

4.2 实验部分

基本信息：所有的商业化试剂和溶剂都是直接使用的，没有额外的纯化。用 200 ~ 300 目的硅胶进行柱层析。用 Bruker AscendTM400 超导核磁共振仪（德国）做 1H NMR 和 13 C NMR 光谱。1H NMR 图谱的化学位移用四甲基硅烷作为 0.0 ppm，13 C NMR 图谱的化学位移用氘代氯仿作为 77.0 ppm。所有偶合常数以赫兹（Hz）为单位。在 Waters LCT PremierxTM（USA）高效液相色谱 - 高分辨质谱上获得产物分子的高分辨质谱数据。在 Bruker Smart Apex II 衍射仪系统上进行单晶 X- 射线晶体解析。

芳烃底物的制备：通过相应的芳基硼酸和 2- 溴吡啶的 Suzuki 偶联制备。

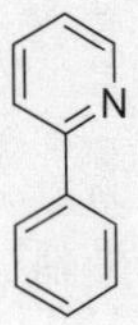

1a 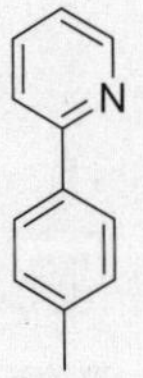　1b 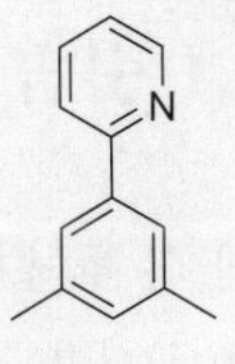　1c 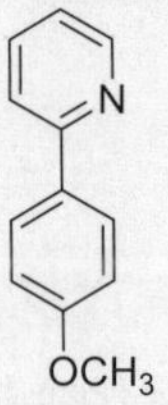　2d 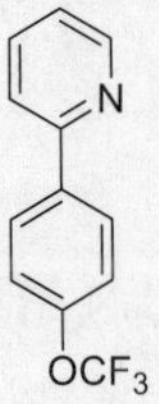　1e

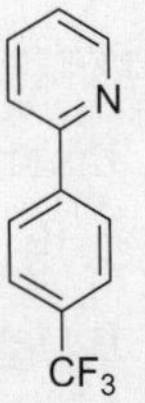

1f 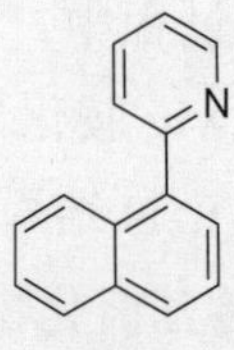　1g 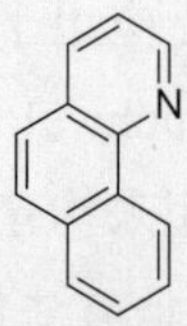　1h 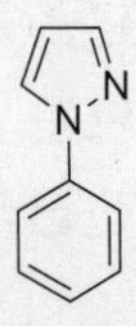　1i 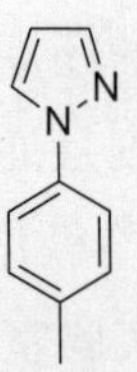　1j

铜（I）催化空气氧化的芳烃脱氢胺化的典型实验步骤：在空气下，将酰胺（0.2 mmol，1.0 eqv）、芳烃（0.4 mmol，2.0 eqv）、溴化亚铜（0.02 mmol，10 mol%）、苯（0.1 mL）和二甲苯（0.1 mL）加入到由橡胶塞密封的 30 mL 压力管中，然后在大气压力下将未净化的空气从气球引入管中。反应混合物在 140℃下搅拌 16 ~ 24 小时，原料完全消耗后（基于使用乙酸乙酯 / 石油醚作为洗脱剂的薄层色谱监测），将反应物冷却至室温。使混合物通过硅藻土短柱并用乙酸乙酯反复洗涤。将有机层减压浓缩，得到粗产物，通过硅胶（200 ~ 300 目）柱层析纯化，得到所需产物。

2-（2,6- 二溴苯基）吡啶的合成：在密封的 Schlenk 管中，将 2- 苯基吡啶（0.5 mmol）、N- 溴代丁二酰亚胺（1.5 mol, 3.0 当量）、溴化亚铜（0.5 mmol，1.0 当量）和苯甲酸（0.25 mmol，0.5 当量）加入到 1,2- 二氯乙烷（3.0 mL）中。在 N_2（1atm）下，反应混合物在 100℃下搅拌 24 小时。冷却至室温后，加入硫化钠（5 mL，10%）和乙酸乙酯（30 mL），将混合物搅拌 10 分钟并通过硅藻土柱过滤。有机相用盐水洗涤，用无水硫酸镁干燥，减压浓缩，得到粗产物。将粗产物通过硅胶柱色谱纯化，得到产物。

CuBr (1 equiv)
NBS (3 equiv)
benzoic acid (0.5 equiv)
100 °C, 24 h

2-（2,6- 二氘 -2- 苯基）吡啶的合成：在 -78℃的丙酮 - 干冰浴中，向 2-（2, 6- 二溴苯基）吡啶（156 mg，0.5 mmol）的乙醚（10 mL）溶液中滴加丁基锂（2.5 M 己烷，1 mL，2.5 mmol）。将该体系搅拌 1 小时。然后，滴加重水（0.6 mL，33 mmol）并继续搅拌 30 分钟。冷却至室温后，加入乙酸乙酯（10 mL）和饱和盐水（10 mL）。用乙酸乙酯（3 × 10 mL）萃取水相，用无水硫酸镁干燥，真空除去挥发物。残余物通过快速色谱法（石油醚 / 乙酸乙酯 = 2 ： 1）纯化，得到产物。无色油状物 62 mg，收率 80％。

n-BuLi
ether, -78 °C

动力学同位素效应实验：在标准条件下，2-（2,6-d2- 苯基）吡啶和 2- 苯基吡啶分别与乙酰苯胺发生两个平行反应。反应混合物在 140℃下搅拌 4 小时，冷却至室温后，将混合物通过硅藻土短柱，用乙酸乙酯（30 mL）的混合物洗涤。将有机层减压浓缩，得到粗混合物，将其通过硅胶（200 ~ 300 目）上的柱层析纯化，得到 26％分离收率（3aa，15.0 mg）和 13％分离收率（3aa，7.4 mg）的相应产物。所以，K_H/K_D 是 2.0。

CuBr (10 mol%)
benzene (0.1 mL)
xylene (0.1 mL)
air balloon
140 °C, 4 h

k_H/k_D = 2.0

CuBr (10 mol%)
benzene (0.1 mL)
xylene (0.1 mL)
air balloon
140 °C,4 h

3aa'

由于 N 原子与羰基的共轭作用，酰胺呈现出两个立体异构体，因而单峰有时在 NMR 中分为双峰。

4.3 结果与讨论

为了探索芳烃与酰胺的空气氧化脱氢偶联反应的可能性，我们选择了廉价易得的 2- 苯基吡啶和乙酰苯胺作为典型底物，来筛选溴化亚铜催化的脱氢偶联反应条件。该反应在 140℃的空气下进行 24 小时。如表 1 所示，溶剂在反应中起关键作用。目标产物在无溶剂条件下（Entry 1）以 22％收率获得，并同时产生许多副产物。当在溴化亚铜存在下，使用芳族溶剂如二甲苯、甲苯和苯时，以中等收率获得目标产物，同时有原料残留或副产物的出现（Entry 2，3，4），而其他溶剂如四氢呋喃、二甲亚砜、乙腈和 1,4- 二氧杂环己烷不利于转化（Entry 5，6，7，8）。进一步研究表明，0.1 mL 苯和 0.1 mL 二甲苯的混合物更好，以 77％的分离产率获得了目标产物（Entry 9）。溶剂的量在这个反应中也是关键的，增加和减少溶剂的量显然都降低了产物的收率（Entry 10，11）。醋酸铜、溴化铜和氯化亚铜等其他铜盐也是脱氢酰胺化反应的有效催化剂（Entry 12，13，14），但收率低于溴化亚铜。使用醋酸钯作为催化剂是无效的（Entry 15）。纯氧和空气是转化过程中的有效氧化剂（Entry 16）。当使用氧气（8％）和氮气（92％）的混合物作为氧化剂时，反应收率很低（Entry 17）。在氮气下没有获得产品（Entry 18）。

表 1. 反应条件的优化

0.4 mmol + 0.2 mmol → catalyst (10 mol%), solvent, air balloon, 140 °C, 24 h

Entry	Catalyst (10 mol %)	Solvent	Yield (%)[a]
1	CuBr	none	22
2	CuBr	xylene (0.2 mL)	66
3	CuBr	toluene (0.2 mL)	52
4	CuBr	benzene (0.2 mL)	45
5	CuBr	1,4-dioxane(0.2 mL)	18
6	CuBr	THF (0.2 mL)	16
7	CuBr	DMF (0.2 mL)	trace
8	CuBr	acetonitrile (0.2 mL)	32
9	**CuBr**	**xylene (0.1 mL) benzene (0.1 mL)**	**77**
10	CuBr	xylene (0.2 mL) benzene (0.2 mL)	41
11	CuBr	xylene (0.05 mL) benzene (0.05 mL)	42
12	$Cu(OAc)_2$	xylene (0.1 mL) benzene (0.1 mL)	35
13	$CuBr_2$	xylene (0.1 mL) benzene (0.1 mL)	39
14	CuCl	xylene (0.1 mL) benzene (0.1 mL)	36
15	$Pd(OAc)_2$	xylene (0.1 mL) benzene (0.1 mL)	0
16	CuBr	xylene (0.1 mL) benzene (0.1 mL)	78[b]
17	CuBr	xylene (0.1 mL) benzene (0.1 mL)	36[c]
18	CuBr	xylene (0.1 mL) benzene (0.1 mL)	0[d]

[a] isolated yield; [b] pure O_2; [c] mixture of O_2 (8%) and N_2 (92%); [d] pure N_2.

在优化的条件下，我们研究了铜催化空气氧化的酰胺与芳烃的脱氢酰胺化的范围和通用性。表 2 所示为不同的芳烃衍生物被用作反应底物。2-苯基吡啶衍生物在该胺化反应中是良好的底物。不同位置上带有甲基（3aa，3ba 和 3ca）的 2- 苯基吡啶均可以顺利反应，高收率得到目标产物。2- 苯基吡啶中的苯环上的 3,5- 甲基在该反应（3ca）中没有表现出明显的空间位阻效应。2- 苯基吡啶的苯环上的给电子取代基（$-OCH_3$，$-OCF_3$，3da，3ea）和强吸电子取代基（$-CF_3$，3fa）都可以被兼容。使用 2-（萘 -1- 基）吡啶作为反应物（3ga）也可以获得优异的收率。苯并 [h] 喹啉显示出优异的反应性，以 91％的分离产率生成目标产物（3ha）。吡唑在偶联反应中也是一个很好的导向基（3ia 和 3ja）。

表 2. 溴化亚铜催化空气氧化的各种芳烃和酰胺的反应 [a]

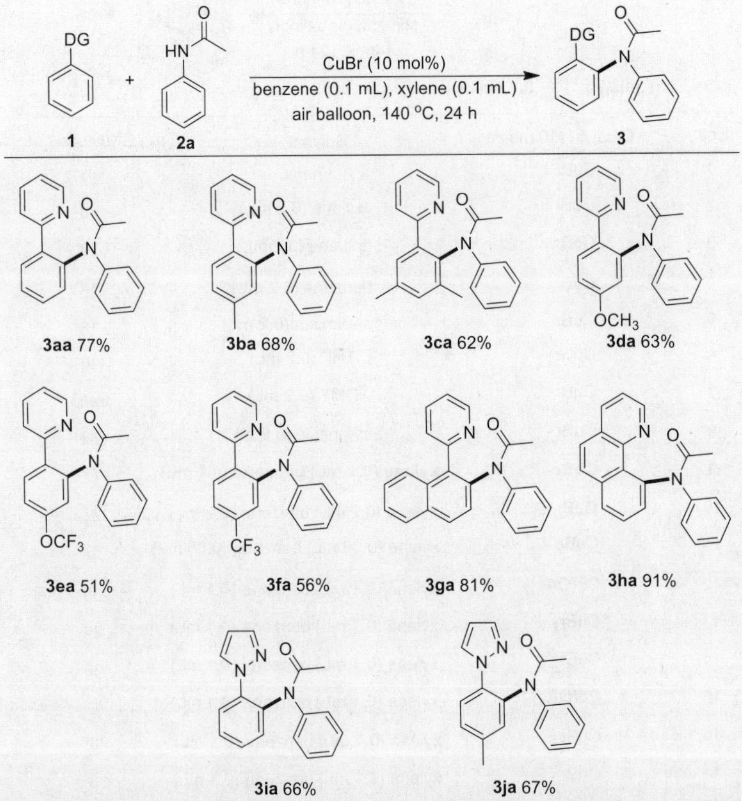

1 + 2a → 3

CuBr (10 mol%)
benzene (0.1 mL), xylene (0.1 mL)
air balloon, 140 °C, 24 h

3aa 77% **3ba** 68% **3ca** 62% **3da** 63%

3ea 51% **3fa** 56% **3ga** 81% **3ha** 91%

3ia 66% **3ja** 67%

[a] Reaction conditions: Acetanilide (0.2 mmol), arenes (0.4 mmol, 2 equiv), CuBr (10 mol %), benzene (0.1 mL), xylene (0.1 mL), air balloon, 140 °C, 16~24 h, isolated yield.

此外，在相同的条件下，考查了各种酰胺的反应活性，如表 3 所示。最初，在最佳条件下使用不同的乙酰苯胺衍生物作为胺化试剂。所获得的结果表明在苯环的 2 或 3 位带有单个甲基的乙酰苯胺显示出很好的反应性，以良好的产率（Entry 3ab 和 3ac）生产目标产物。然而，苯环的 2 位和 5 位的双甲基表现出明显的空间位阻效应，目标产物的收率较低（3ad）。苯环在不同位置的电子效应不太明显。无论底物是富电子还是缺电子的，所有底物都表现出良好的反应性（Entry 3ae, 3af 和 3ag）。含卤素的底物（Entry 3ah）也可以获得良好的收率。进一步研究表明，酰胺类如烷基酰胺（entry

3ak）、苯甲酰胺衍生物（entry 3aj）、酰亚胺（entry 3al 和 3am）和内酰胺（entry 3an）也是良好的胺化试剂，均以优良产率获得目标产物。值得注意的是，两分子 2- 苯基吡啶与伯酰胺的双 N-H 键的双胺化，在一锅反应中也可以顺利进行，并在相同条件（Entry 3ao）下提供良好的收率。同时，我们可以通过控制反应物的化学计量（Entry 3ap）来获得单分子 2- 苯基吡啶与伯酰胺的胺化产物。

表 3. 溴化亚铜催化空气氧化的 2- 苄基吡啶与各种酰胺的反应 [a]

1a + 2 (HN(R²)C(O)R¹) → 3; CuBr (10 mol%), benzene (0.1 mL), xylene (0.1 mL), air balloon, 140 °C, 24 h

3ab 72%　3ac 86%　3ad 58%　3ae 69% (OCH₃)

3af 80% (CF₃)　3ag 86% (NO₂)　3ah 76% (Cl)　3ai 69%

3aj 79% (Ph)　3ak 61%　3al 62%　3am 75%

3an 77%　3ao 81% [b]　3ap 61% [c]

[a] Reaction conditions: Amide (0.2 mmol), 2-phenylpyridine (0.4 mmol, 2 equiv), CuBr (10 mol %), benzene (0.1mL), xylene (0.1 mL), air balloon, 140 °C, 24 h, isolated yield.

[b] Amide (0.2 mmol),2-phenylpyridine (0.6 mmol, 3 equiv).

[c] 2-Phenylpyridine (0.2mmol), amide (0.6 mmol, 3 equiv).

在克级实验（Scheme 1）中，通过延长标准反应的反应时间，可以以令人满意产率获得目标产物。本发明为芳基酰胺化合物的合成提供了一种有效且实用的方法。

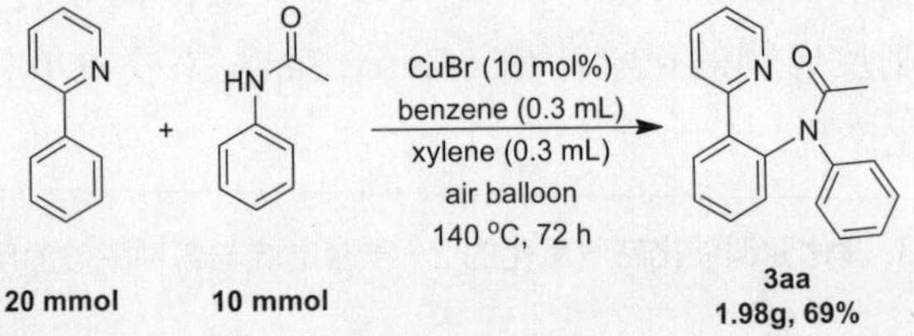

CuBr (10 mol%)
benzene (0.3 mL)
xylene (0.3 mL)
air balloon
140 °C, 72 h
20 mmol 10 mmol
3aa
1.98g, 69%

Scheme 1. 克级合成

接下来，在标准条件下，通过 2- 苯基吡啶和 2-（2,6-d2- 苯基）吡啶与乙酰苯胺的平行反应，考查了空气氧化脱氢酰胺化的氘动力学同位素效应（KIE）（Scheme2）[11]。通过计算 3aa 和 3aa' 的产率比，可以确定 KIE 为 2.0。结果表明，2- 苯基吡啶中的 C-H 键裂解是反应的决速步骤。

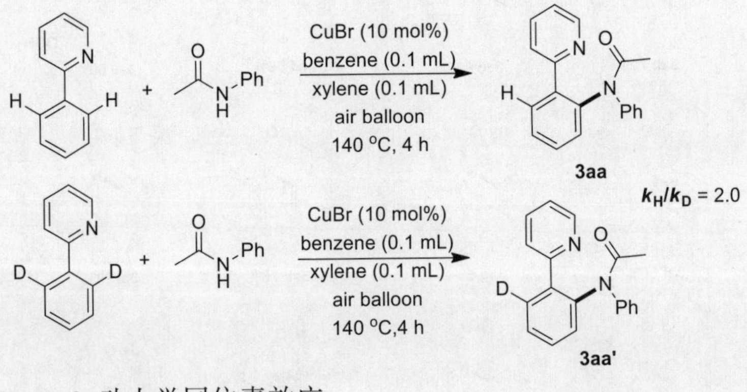

CuBr (10 mol%)
benzene (0.1 mL)
xylene (0.1 mL)
air balloon
140 °C, 4 h
3aa
k_H/k_D = 2.0
CuBr (10 mol%)
benzene (0.1 mL)
xylene (0.1 mL)
air balloon
140 °C,4 h
3aa'

Scheme 2. 动力学同位素效应

基于相关文献中过渡金属催化的脱氢酰胺化的机理研究和实验观察[9](6)和[10](b)，我们提出了溴化亚铜催化空气氧化的脱氢酰胺化机理过程。如 Scheme3 所示，在引导基团的络合作用下，芳烃邻 C-H 键与溴化亚铜金属化提供亚铜物种 A，进一步被空气氧化形成 Cu（III）的中间物 B，酰胺与中间体 B 的氮金属化产生络合物 C，其通过还原消除给出最终的芳基胺产物和催化剂再生，重新开始催化循环。

Scheme 3. 溴化亚铜催化的脱氢酰胺化反应机理

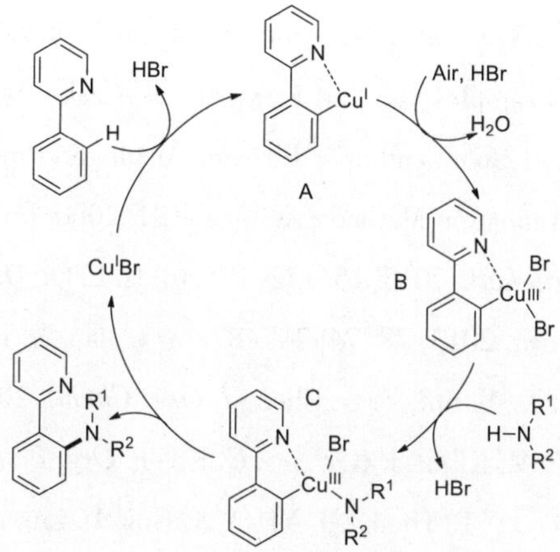

4.4 结论

综上所述，我们利用空气作为末端氧化剂，实现了溴化亚铜催化芳烃与各种酰胺的脱氢酰胺化反应，并且克级实验可以获得满意的结果。同时，该反应为制备芳基酰胺提供了一种高效便捷的方法。

4.5 参考文献

[1] (a) A. Ricci, Amino Group Chemistry: From Synthesis to the Life Sciences, Wiley–VCH: Weinheim, 2010. (b) R. T. Gephart, D. L. Huang, M. J. B. Aguila, G. Schmidt, A. Shahu, T. H. Warren. *Angew. Chem. Int. Ed.*, 2012, 51: 6488–6492. (c) S. Paul, K. Pradhan, S. Ghosh, S. K. De, A. R. Das. *Adv. Synth. Catal.*, 2014, 356: 1301–1316.

[2] M. B. Smith, J. March, March's Advanced Organic Chemistry: Reactions, Mechanisms, and Structure, 5th. ed., Wiley, New York, 2001: 1552–1554.

[3] For representative examples, see: (a) J. F. Hartwig. *Acc. Chem. Res.*, 2008, 41: 1534–1544. (b) E. M. Beccalli, G. Broggini, M. Martinelli, S. Sottocornola. *Chem. Rev.* , 2007, 107: 5318–5365. (c) E. Negishi, Handbook of Organopalladium Chemistry for

Organic Synthesis, Wiley-Interscience: New York. 2002. (d) L. Jiang, S. L. Buchwald. Metal-Catalyzed Cross-Coupling Reactions, 2nd ed. Wiley-VCH, 2004. (e) A. S. Guram, S. L. Buchwald. *J. Am. Chem. Soc.*, 1994, 116: 7901-7902.

[4] For representative examples, see: (a) L. Kurti, B. Czako. Strategic applications of named reactions in organic synthesis. Elsevier Academic Press, 2005: 464-465. (b) A. Ricci. Modern Amination Methods, Wiley-VCH, 2000. (c) Y. Miki, K. Hirano, T. Satoh, M. Miura. *Org. Lett.*, 2013, 15: 172-175. (d) H. L. Qi, D. S. Chen, J. S. Ye, J. M. Huang. *J. Org. Chem.*, 2013, 78: 7482-7487. (e) J. Jiao, X. R. Zhang, N. H. Chang, J. Wang, J. F. Wei, X. Y. Shi, Z. G. Chen. *J. Org. Chem.*, 2011, 76: 1180-1183. (f) T. Jerphagnon, G. P. M. Klink, J. G. Vries, G. Koten. *Org. Lett.*, 2005, 7: 5241-5244. (g) C. T. Yang, Y. Fu, Y. B. Huang, J. Yi, Q. X. Guo, L. Liu. *Angew. Chem. Int. Ed.*, 2009, 48: 7398-7401.

[5] For representative examples, see: (a) S. Y. Moon, J. Nam, K. Rathwell, W. S. Kim. *Org. Lett.*, 2014, 16: 338-341. (b) J. H. Li, S. Benard, L. Neuville, J. P. Zhu. *Org. Lett.*, 2012, 14: 5980-5983. (c) J. J. Li. Name Reactions, 2006: 116-117. (d) Q. Xiao, L. M. Tian, R. C. Tan, Y. Xia, D. Qiu, Y. Zhang, J. B. Wang. *Org. Lett.*, 2012, 14: 4230-4233. (e) D. S. Raghuvanshi, A. K. Gupta, K. N. Singh. *Org. Lett.*, 2012, 14: 4326-4329. (f) P. Y. S. Lam, S. Deudon, K. M. Averill, R. H. Li, M. Y. He, P. DeShong, C. G. Clark. *J. Am. Chem. Soc.*, 2000, 122: 7600-7601. (g) P. Y. S. Lam, G. Vincent, D. Bonne, C. G. Clark. *Tetrahedron Lett.*, 2002, 43: 3091-3094. (h) F. Y. Kwong, A. Klapars, S. L. Buchwald. *Org. Lett.*, 2002, 4: 581-584. (i) J. P. Collman, M. Zhong. *Org. Lett.*, 2000, 2: 1233-1236. (j) X. Q. Yu, Y. Yamamoto, N. Miyaura. *Chem. Asian J.*, 2008, 3: 1517-1522.

[6] (a) K. Inamoto, T. Saito, M. Katsuno, T. Sakamoto, K. Hiroya. *Org. Lett.*, 2007, 9: 2931-2934. (b) H. Kim, K. Shin, S. Chang. *J. Am. Chem. Soc.*, 2014, 136: 5904-5907. (c) T. Uemura, S. Imoto, N. Chatani. *Chem. Lett.*, 2006, 35: 842-843.

[7] (a) G. Li, C. Q. Jia, K. Sun. *Org. Lett.*, 2013, 15: 5198-5201. (b) S. H. Cho, J. Y. Kim, S. Y. Lee, S. Chang. *Angew. Chem. Int. Ed.*, 2009, 48: 9127-9130. (c) M. Wasa, J. Q. Yu. *J. Am. Chem. Soc.*, 2008, 130: 14058-14059.

[8] (a) H. Q. Zhao, Y. P. Shang, W. P. Su. *Org. Lett.*, 2013, 15: 5106-5109. (b) Q. Li, S. Y. Zhang, G. He, Z. Y. Ai, W. A. Nack, G. Chen. *Org. Lett.*, 2014, 16: 1764-1767. (c) T.

S. Mei, D. Leow, H. Xiao, B. N. Laforteza, J. Q. Yu. *Org. Lett.*, 2013, 15: 3058–3061. (d) R. Shrestha, P. Mukherjee, Y. C. Tan, Z. C. Litman, J. F. Hartwig. *J. Am. Chem. Soc.*, 2013, 135: 8480–8483. (e) J. J. Li, T. S. Mei, J. Q. Yu. *Angew. Chem. Int. Ed.*, 2008, 47: 6452–6455. (f) J. A. Jordan–Hore, C. C. C. Johansson, M. Gulias, E. M. Beck, M. J. Gaunt. *J. Am. Chem. Soc.*, 2008, 130: 16184–16186.

[9] (a) S. Santoro, R. Z. Liao, F. Himo. *J. Org. Chem.*, 2011, 76: 9246–9252. (b) Q. Shuai, G. J. Deng, Z. J. Chua, D. S. Bohle, C. J. Li. *Adv. Synth. Catal.*, 2010, 352: 632-636. (c) H. Y. Thu, W. Y. Yu, C. M. Che. *J. Am. Chem. Soc.*, 2006, 128: 9048-9049. (d) J. Y. Kim, S. H. Cho, J. Joseph, S. Chang. *Angew. Chem. Int. Ed.*, 2010, 49: 9899-9903. (e) N. L. D. Tran, J. Roane, O. Daugulis. *Angew. Chem. Int. Ed.*, 2013, 52: 6043-6046.

[10] (a) Z. Z. Shi, C. Zhang, C. H. Tang, N. Jiao. *Chem. Soc. Rev.*, 2012, 41: 3381–3430. (b) C. W. Zhu, M. L. Yi, D. H. Wei, X. Chen, Y. J. Wu, X. L. Cui. *Org. Lett.*, 2014, 16: 1840–1843. (c) H. Xu, X. X. Qiao, S. P. Yang, Z. M. Shen. *J. Org. Chem.*, 2014, 79: 4414–4422. (d) A. John, K. M. Nicholas. *J. Org. Chem.*, 2011, 76: 4158–4162. (e) H. Q. Zhao, M. Wang, W. P. Su, M. C. Hong. *Adv. Synth. Catal.*, 2010, 352: 1301–1306; (f) D. Monguchi, T. Fujiwara, H. Furukawa, A. Mori. *Org. Lett.*, 2009, 11: 1607–1610. (g) Q. Wang, S. L. Schreiber. *Org. Lett.*, 2009, 11: 5178–5180. (h) G. Brasche, S. L. Buchwald. *Angew. Chem. Int. Ed.*, 2008, 47: 1932–1934. (i) Y. Oda, K. Hirano, T. Satoh, M. Miura. *Org. Lett.*, 2012, 14: 664–667. (j) M. Miyasaka, K. Hirano, T. Satoh, R. Kowalczyk, C. Bolm, M. Miura. *Org. Lett.*, 2011, 13: 359–361. (k) X. Chen , X.–S. Hao, C. E. Goodhue, J.–Q. Yu. *J. Am. Chem. Soc.*, 2006, 128: 6790–6791.

[11] E. M. Simmons, J. F. Hartwig. *Angew. Chem. Int. Ed.*, 2012, 51: 3066–3072.

4.6 化合物结构数据与图谱

N-phenyl-N-(2-(pyridin-2-yl)phenyl)acetamide (3aa). 3aa was obtained as pale yellow solid (mixture of two rotamers, 44 mg, 77%). ^1H NMR (400 MHz, $CDCl_3$) δ 8.61 (s, 1H), 7.79-7.29 (m, 6H), 7.22-6.94 (m, 6H), 2.00 (m,

3H). ^{13}C NMR (101 MHz, $CDCl_3$) δ 171.05, 149.56, 149.21, 141.05, 139.15, 136.39, 131.39, 130.91, 129.74, 129.15, 128.64, 128.27, 127.69, 127.20, 125.29, 123.96, 122.32, 24.49, 22.88. HRMS (ESI) Calcd. For $C_{19}H_{17}N_2O$: $[M+H]^+$, 289.1 341, Found: *m/z* 289.1 347.

N-(5-methyl-2-(pyridin-2-yl)phenyl)-N-phenylacetamide (3ba). 3ba was obtained as pale yellow solid (mixture of two rotamers, 41mg, 68%). ^1H NMR (400 MHz, $CDCl_3$) δ 8.66 (1H), 7.91-7.40 (m, 3H), 7.23 (br, 5H), 7.12-6.96 (m, 3H), 2.46 (br, 3H), 2.12-1.94 (m, 3H). ^{13}C NMR (101 MHz, $CDCl_3$) δ 171.48, 140.67, 139.50, 136.98, 135.73, 130.91, 130.12, 129.44, 128.64, 127.65, 127.03, 125.42, 22.68, 21.02. HRMS (ESI) Calcd. For $C_{20}H_{19}N_2O$: $[M+H]^+$, 303.1 497, Found: *m/z* 303.1 485.

N-(2,4-dimethyl-6-(pyridin-2-yl)phenyl)-N-phenylacetamide (3ca). 3ca was obtained as pale yellow solid (mixture of two rotamers, 40 mg, 62%). ^1H NMR (400 MHz, $CDCl_3$) δ 8.72-8.48 (m, 1H), 7.55 (s, 1H), 7.32 (s, 1H), 7.26-6.92 (m, 7H), 6.88-6.56 (br, 1H), 2.48-2.24 (m, 6H), 2.06 (m, 3H). ^{13}C NMR (101 MHz, $CDCl_3$) δ 171.32, 157.07, 149.42, 139.55, 138.61, 137.10, 136.80, 136.20, 132.53, 129.83, 128.21, 125.99, 124.36, 123.49, 123.18, 122.15. HRMS (ESI) Calcd. For $C_{21}H_{21}N_2O$: $[M+H]^+$, 317.1 654, Found: *m/z* 317.1 649.

N-(5-methoxy-2-(pyridin-2-yl)phenyl)-N-phenylacetamide (3da). 3da was obtained as pale yellow solid (mixture of two rotamers, 40mg, 63%). ^1H NMR (400 MHz, $CDCl_3$) δ 8.63 (d, J=4.8, 1H), 7.72-7.49 (m, 3H), 7.19-6.91 (m, 8H), 3.86 (s, 3H), 2.08-1.95 (br, 3H). ^{13}C NMR (101 MHz, $CDCl_3$) δ 170.98, 160.52, 149.56, 141.94, 136.33, 132.36, 132.10, 131.78, 129.14, 128.35, 127.57, 125.15, 123.82, 123.12, 121.91, 115.78, 114.04, 113.41, 55.57, 24.42. HRMS (ESI) Calcd. For $C_{20}H_{19}N_2O_2$: $[M+H]^+$, 319.1 447, Found: *m/z* 319.1 445.

N-phenyl-N-(2-(pyridin-2-yl)-5-(trifluoromethoxy)phenyl)acetamide (3ea). 3ea was obtained as pale yellow solid (mixture of two rotamers, 38 mg, 51%). ^1H NMR (400 MHz, $CDCl_3$) δ 8.64 (s, 1H), 7.95-7.44 (m, 3H), 7.29-6.90 (m, 8H), 2.10-1.91 (br, 3H). ^{13}C NMR (101 MHz, $CDCl_3$) δ 170.75, 156.93, 149.48, 142.14, 137.75, 136.57, 132.62, 132.02, 129.37, 128.49,

127.68, 125.42, 123.79, 123.34, 122.58, 120.74, 119.66, 24.29, 22.78. HRMS (ESI) Calcd. For $C_{20}H_{15}F_3N_2O_2$: $[M+H]^+$, 373.1 164, Found: *m/z* 373.1 164.

N-phenyl-N-(2-(pyridin-2-yl)-5-(trifluoromethyl)phenyl)acetamide (3fa). 3fa was obtained as pale yellow solid (mixture of two rotamers, 40 mg, 56%). ^{1}H NMR (400 MHz, $CDCl_3$) δ 8.66 (s, 1H), 7.94-7.44 (m, 5H), 7.30-6.92 (m, 6H), 1.91-2.09 (br, 3H). ^{13}C NMR (101 MHz, $CDCl_3$) δ 170.97, 156.85, 149.78, 149.31, 142.81, 142.43, 141.70, 141.31, 136.65, 131.50, 129.43, 128.53, 127.73, 126.23, 125.40, 124.35, 123.86, 122.84, 22.72. HRMS (ESI) Calcd. For $C_{20}H_{15}F_3N_2O$: $[M+H]^+$, 357.1 215, Found: *m/z* 357.1 208.

N-phenyl-N-(1-(pyridin-2-yl)naphthalen-2-yl)acetamide (3ga). 3ga was obtained as pale yellow solid (mixture of two rotamers, 55mg, 81%). ^{1}H NMR (400 MHz, $CDCl_3$) δ 8.37-8.00 (m, 2H), 7.97-7.31 (m, 8H), 7.26-6.79 (m, 5H), 2.20-1.85 (br, 3H). ^{13}C NMR (101 MHz, $CDCl_3$) δ 171.12, 147.93, 139.25, 136.46, 131.54, 130.97, 130.62, 129.77, 129.16, 128.70, 128.26, 127.88, 127.49, 126.92, 125.41, 122.06, 121.05, 24.61, 22.87. HRMS (ESI) Calcd. For $C_{23}H_{19}N_2O$: $[M+H]^+$, 339.1 497, Found: *m/z* 339.1 498.

N-(benzo[h]quinolin-10-yl)-N-phenylacetamide (3ha). 3ha was obtained as white solid (mixture of two rotamers, 57 mg, 91%). ^{1}H NMR (400 MHz, $CDCl_3$) δ 9.06-8.85 (m, 1H), 8.13 (d, J=4, 1H), 7.95-7.80 (2H), 7.73-7.48 (d, J = 83.4 Hz, 4H), 7.39 (m, 2H), 7.28-7.01 (m, 3H), 2.31-1.87 (3H). ^{13}C NMR (101 MHz, $CDCl_3$) δ 171.17, 149.05, 148.16, 144.93, 143.07, 141.09, 136.18, 135.71, 135.62, 131.20, 130.00, 129.29, 129.12, 128.51, 128.16, 128.08, 127.41, 127.37, 126.82, 126.68, 126.37, 125.81, 124.95, 122.12, 121.75, 24.15, 23.51. HRMS (ESI) Calcd. For $C_{21}H_{17}N_2O$: $[M+H]^+$, 313.1 341, Found: *m/z* 313.1 340.

N-(2-(1H-pyrazol-1-yl)phenyl)-N-phenylacetamide (3ia). 3ia was obtained as yellow oil (37mg, 66%), ^{1}H NMR (400 MHz, $CDCl_3$) δ 7.72 (d, J = 1.8 Hz, 2H), 7.65-7.34 (m, 5H), 7.25 (s, 2H), 7.02 (2H), 6.46 (br, 1H), 1.97 (s, 3H). ^{13}C NMR (101 MHz, $CDCl_3$) δ 171.33, 140.88, 138.14, 137.28, 130.79, 129.91, 129.44, 129.12, 128.61, 127.67, 127.18, 125.48, 106.99, 23.73, 22.70. HRMS (ESI) Calcd. For $C_{17}H_{16}N_3O$: $[M+H]^+$, 278.1 293, Found: *m/z* 278.1 291.

N-(5-methyl-2-(1H-pyrazol-1-yl)phenyl)-N-phenylacetamide (3ja). 3ja was obtained as yellow oil (40 mg, 67%), ^{1}H NMR (400 MHz, $CDCl_3$) δ 7.69 (br, 2H), 7.38 (br, 2H), 7.22 (br, 4H), 6.99 (d, J=4, 2H), 6.42 (br, 1H), 2.38 (s, 3H), 1.95 (s, 3H). ^{13}C NMR (101 MHz, $CDCl_3$) δ 171.48, 140.67, 139.50, 136.98, 135.73, 130.91, 130.12, 129.44, 128.64, 127.65, 127.03, 125.42, 106.75, 22.68, 21.02. HRMS (ESI) Calcd. For $C_{18}H_{18}N_3O_2$: $[M+H]^+$, 292.1 450, Found: *m/z* 292.1 447.

N-(2-(pyridin-2-yl)phenyl)-N-(p-tolyl)acetamide (3ab). 3ab was obtained as pale yellow solid, (mixture of two rotamers, 43 mg, 72%). ^{1}H NMR (400 MHz, $CDCl_3$) δ 8.65 (s, 1H), 7.81-7.33 (m, 6H), 7.27-7.17 (m, 1H), 7.09-6.81 (m, 4H), 2.25 (br, 3H), 2.07-1.92 (3H). ^{13}C NMR (101 MHz, $CDCl_3$) δ 171.28, 170.99, 149.58, 149.06, 141.20, 140.88, 139.11, 136.41, 131.39, 130.86, 130.25, 129.77, 129.52 , 128.95, 128.52, 127.62, 127.40, 125.23, 124.06, 123.37, 122.32 , 24.31, 22.77, 20.87. HRMS (ESI) Calcd. For $C_{20}H_{19}N_2O$: $[M+H]^+$, 303.1 497, Found: *m/z* 303.1 495.

N-(2-(pyridin-2-yl)phenyl)-N-(o-tolyl)acetamide (3ac). 3ac was obtained as pale yellow solid (mixture of two rotamers, 52 mg, 86%). ^{1}H NMR (400 MHz, $CDCl_3$) δ 8.67-8.61 (d 1H), 7.79-7.65 (m, 1H), 7.59-7.57 (d, 1H), 7.49-7.43 (m, 1H), 7.41 (s, 1H), 7.33-7.30 (s, 2H), 7.24-7.14 (m, 2H), 7.14-6.86 (m, 3H), 2.36 (s, 2H), 2.02 (s, 3H), 1.70 (d, 2H). ^{13}C NMR (101 MHz, $CDCl_3$) δ 170.82, 149.64, 148.60, 142.87, 140.45, 138.05, 136.80, 136.60, 135.59, 131.51, 131.31, 130.87, 129.73, 129.57, 129.31, 129.15, 127.91, 127.83, 127.72, 127.30, 126.86, 126.58, 126.36, 124.03, 123.49, 122.46, 122.05, 23.52, 22.51, 18.96, 18.26. HRMS (ESI) Calcd. For $C_{20}H_{19}N_2O$: $[M+H]^+$, 303.1 497, Found: *m/z* 303.1 492.

N-(2,6-dimethylphenyl)-N-(2-(pyridin-2-yl)phenyl)acetamide (3ad). 3ad was obtained as pale yellow solid (37 ssmg, 58%). ^{1}H NMR (400 MHz, $CDCl_3$) δ 8.56-8.55 (d, J=4, 1H), 7.84-7.79 (m, 1H), 7.59-7.57 (d, J=8, 1H), 7.51-7.46 (m, 1H), 7.26-7.20 (m, 3H), 7.20-7.16 (m, 3H), 6.75-6.63 (m, 1H), 2.41 (s, 6H), 1.67 (s, 3H). ^{13}C NMR (101 MHz, $CDCl_3$) δ 170.92, 160.80, 147.87, 140.93, 138.44, 137.81, 136.95, 135.40, 131.50, 129.27, 128.78, 128.17,

125.30, 123.48, 121.44, 23.31, 18.75. HRMS (ESI) Calcd. For $C_{21}H_{21}N_2O$: $[M+H]^+$, 317.1 654, Found: *m/z* 317.1 645.

N-(4-methoxyphenyl)-N-(2-(pyridin-2-yl)phenyl)acetamide (3ae). 3ae was obtained as pale yellow solid, (mixture of two rotamers, 44 mg, 69%). ^1H NMR (400 MHz, $CDCl_3$) δ 8.73-8.60 (1H), 7.70 (s, 2H), 7.57-7.29 (m, 4H), 7.24 (d, J=8, 1H), 6.95 (d, J=8, 1H), 6.85 (d, J=8, 1H), 6.73 (d, j=8, 1H), 6.65 (d, J=8, 1H), 3.74-3.70 (d, J=16, 3H), 2.10-1.90 (3H). ^{13}C NMR (101 MHz, $CDCl_3$) δ 171.60, 171.21, 158.69, 157.10, 149.74, 149.28, 141.55, 141.14, 139.20, 139.00, 136.57, 136.54, 135.45, 131.53, 130.98, 130.34, 129.89, 129.62, 129.01, 128.96, 128.64, 127.71, 126.90, 124.20, 123.57, 122.54, 122.36, 114.57, 113.74, 55.53, 55.48, 29.84, 24.34, 22.90. HRMS (ESI) Calcd. For $C_{20}H_{19}N_2O_2$: $[M+H]^+$, 319.1 447, Found: *m/z* 319.1 454.

N-(2-(pyridin-2-yl)phenyl)-N-(4-(trifluoromethyl)phenyl)acetamide (3af). 3af was obtained as yellow oil (57 mg, 80%). ^1H NMR (400 MHz, $CDCl_3$) δ 8.62 (d, J=4, 1H), 7.70-7.58 (m, 2H), 7.56-7.48 (m, 2H), 7.38 (d, J=12, 3H), 7.26-7.05 (m, 4H), 2.10 (s, 3H). ^{13}C NMR (101 MHz, $CDCl_3$) δ 171.13, 156.58, 149.50, 145.46, 140.36, 139.22, 136.52, 131.42, 130.33, 129.94, 128.99, 125.43, 123.34, 122.46, 24.39. HRMS (ESI) Calcd. For $C_{20}H_{16}F_3N_2O$: $[M+H]^+$, 357.1 215, Found: *m/z* 357.1 209.

N-(3-nitrophenyl)-N-(2-(pyridin-2-yl)phenyl)acetamide (3ag). 3ag was obtained as pale yellow solid (57 mg, 86%). ^1H NMR (400 MHz, $CDCl_3$) δ 8.64 (d, J=4, 1H), 7.85 (s, 2H), 7.69-7.44 (m, 5H), 7.38-7.13 (m, 4H), 2.15 (br, 3H). ^{13}C NMR (101 MHz, $CDCl_3$) δ 171.34, 156.47, 149.51, 147.97, 143.28, 136.65, 131.46, 130.48, 130.14, 129.35, 128.85, 123.35, 122.61, 120.45, 119.77, 24.37. HRMS (ESI) Calcd. For $C_{19}H_{16}N_3O_3$: $[M+H]^+$, 334.1 192, Found: *m/z* 334.1 186.

N-(4-chlorophenyl)-N-(2-(pyridin-2-yl)phenyl)acetamide (3ah). 3ah was obtained as pale yellow solid (mixture of two rotamers, 49 mg, 76%). ^1H NMR (400 MHz, $CDCl_3$) δ 8.61 (1H), 7.77-7.37 (m, 5H), 7.25-6.77 (m, 6H), 2.01 (3H). ^{13}C NMR (101 MHz, $CDCl_3$) δ 170.99, 156.53, 149.50, 140.66, 139.05, 136.53, 131.42, 130.37, 129.85, 128.90, 128.26, 126.54, 123.34, 122.42,

24.41. HRMS (ESI) Calcd. For $C_{19}H_{16}ClN_2O$: $[M+H]^+$, 323.0 951, Found: *m/z* 323.0 956.

N-phenyl-N-(2-(pyridin-2-yl)phenyl)propionamide (3ai).3ai was obtained as white solid (41.5 mg, 69%). ^{1}H NMR (400 MHz, $CDCl_3$) δ 8.64 (1H), 7.89-7.29 (m, 6H), 7.24-6.81 (m, 6H), 2.28 (s, 2H), 1.04 (s, 3H). ^{13}C NMR (101 MHz, $CDCl_3$) δ 174.40, 149.28, 142.73, 140.80, 139.13, 136.39, 131.15, 130.42, 129.62, 128.37, 125.27, 123.62, 122.26, 9.55. HRMS (ESI) Calcd. For $C_{20}H_{19}N_2O$: $[M+H]^+$, 303.1 497, Found: *m/z* 303.1 500.

N-phenyl-N-(2-(pyridin-2-yl)phenyl)benzamide (3aj). 3aj was obtained as white solid (55 mg, 79%). ^{1}H NMR (400 MHz, $CDCl_3$) δ 8.56 (d, J=4, 1H), 7.55-7.47 (m, 2H), 7.33-7.28 (m, 5H), 7.22-7.16 (m, 2H), 7.16-7.06 (m, 7H), 7.03-6.98 (m, 1H). ^{13}C NMR (101 MHz, $CDCl_3$) δ 149.21, 144.14, 141.75, 138.76, 136.45, 135.90, 130.89, 130.06, 129.49, 129.43, 129.06, 128.60, 127.59, 127.53, 126.98, 125.63, 123.71, 122.12. HRMS (ESI) Calcd. For $C_{24}H_{19}N_2O$: $[M+H]^+$, 351.1 497, Found: *m/z* 351.1 505.

N-methyl-N-(2-(pyridin-2-yl)phenyl)acetamide (3ak). 3ak was obtained as yellow oil (27.5 mg, 61%). ^{1}H NMR (400 MHz, $CDCl_3$) δ 8.71-8.69(d, J=8, 1H), 7.75-7.69 (m, 2H), 7.48 (d, J=4, 2H), 7.37 (d, J=8, 1H), 7.27 (m, 2H), 3.07 (s, 3H), 1.80 (s, 3H). ^{13}C NMR (101 MHz, $CDCl_3$) δ 170.88, 149.93, 142.15, 138.45, 136.59, 131.21, 129.95, 128.60, 128.49, 123.03, 122.40, 37.01, 22.41. HRMS (ESI) Calcd. For $C_{14}H_{15}N_2O$: $[M+H]^+$, 227.1 184, Found: *m/z* 227.1 190.

1-(2-(pyridin-2-yl)phenyl)pyrrolidine-2,5-dione (3al).3al was obtained as pale yellow solid (31 mg, 62%). ^{1}H NMR (400 MHz, $CDCl_3$) δ 8.55 (d, J=4, 1H), 7.80-7.66 (m, 2H), 7.62-7.48 (m, 3H), 7.34-7.27 (m, 1H), 7.25-7.17 (m, 1H), 2.84-2.66 (m, 4H). ^{13}C NMR (101 MHz, $CDCl_3$) δ 176.66, 156.91, 148.96, 137.47, 136.93, 130.39, 130.21, 129.67, 129.56, 129.48, 123.15, 122.37, 28.47. HRMS (ESI) Calcd. For $C_{15}H_{13}N_2O_2$: $[M+H]^+$, 253.0 977, Found: *m/z* 253.0 967.

2-(2-(pyridin-2-yl)phenyl)isoindoline-1,3-dione (3am). 3am was obtained as pale yellow solid (45 mg, 75%). ^{1}H NMR (400 MHz, $CDCl_3$) δ 8.29 (d, J=4, 1H), 7.83-7.85 (m, 2H), 7.73-7.71 (m, 3H), 7.66-7.62 (m, 1H), 7.59-7.54

(m, 2H), 7.48 (d, J=8, 1H), 7.45-7.38 (m, 1H), 7.13-7.02 (m, 1H). ^{13}C NMR (101 MHz, $CDCl_3$) δ 167.68, 149.24, 138.54, 136.69, 134.03, 132.10, 130.48, 130.11, 129.69, 129.53, 129.45, 123.57, 122.79, 122.10. HRMS (ESI) Calcd. For $C_{19}H_{13}N_2O_2$: $[M+H]^+$, 301.0 977, Found: *m/z* 301.0 970.

1-(2-(pyridin-2-yl)phenyl)azepan-2-one (3an). 3an was obtained as yellow oil (41 mg, 77%). ^{1}H NMR (400 MHz, $CDCl_3$) δ 8.69 (s, 1H), 7.72 (1H), 7.74-7.70 (m, 1H), 7.61-7.59 (d, J=8, 1H), 7.54-7.52 (2H),7.45-7.39 (p, J = 7.4 Hz, 2H), 7.39-7.21 (m, 2H), 3.33 (m, 2H), 2.57 (m, 2H), 1.83-1.64 (m, 3H), 1.54-1.26 (m, 3H). ^{13}C NMR (101 MHz, $CDCl_3$) δ 176.54, 149.35, 142.62, 138.16, 136.28, 130.83, 129.61, 128.39, 127.73, 124.06, 122.27, 53.31, 37.53, 29.93, 27.84, 23.19. HRMS (ESI) Calcd. For $C_{17}H_{19}N_2O$: $[M+H]^+$, 267.1 497, Found: *m/z* 267.1 500.

N, N-bis(2-(pyridin-2-yl)phenyl)benzamide (3ao). 3ao was obtained as white solid (69 mg, 81%). ^{1}H NMR (400 MHz, $CDCl_3$) δ 8.55 (d, J=4, 2H), 7.77 (s, 1H), 7.53 (t, 3H), 7.36 (m, 4H), 7.22 (m, 1H), 7.16 (t, 1H), 7.08 (m, 3H), 6.88 (t, J = 7.7 Hz, 2H), 6.78 (d, J = 7.7 Hz, 2H). ^{13}C NMR (101 MHz, $CDCl_3$) δ 158.76, 149.42, 148.69, 142.72, 142.43, 138.71, 137.60, 136.77, 136.45, 135.19, 130.77, 130.36, 129.79, 129.72, 129.45, 128.86, 128.76, 126.89, 123.96, 123.21, 121.98, 121.88. HRMS (ESI) Calcd. For $C_{29}H_{21}N_3O$: $[M+H]^+$, 428.1 763, Found: m/z 428.1 768.

N-(2-(pyridin-2-yl)phenyl)benzamide (3ap). 3ap was obtained as white solid (33.5mg, 61%). ^{1}H NMR (400 MHz, $CDCl_3$) δ 13.31 (s, 1H), 8.82-8.80 (dd, 1H), 8.75-8.66 (m, 1H), 8.06 (dd, 2H), 7.93-7.80 (m, 2H), 7.76-7.74 (dd, 1H), 7.61-7.45 (m, 4H), 7.33-7.30 (m, 1H), 7.24-7.21 (m, 1H). ^{13}C NMR (101 MHz, $CDCl_3$) δ 165.54, 158.38, 147.31, 138.14, 137.85, 135.79, 131.48, 130.26, 128.75, 128.59, 127.38, 125.58, 123.54, 123.00, 121.95. HRMS (ESI) Calcd. For $C_{18}H_{15}N_2O$: $[M+H]^+$, 275.1184, Found: *m/z* 275.1 175.

^{1}H NMR and ^{13}C NMR spectra

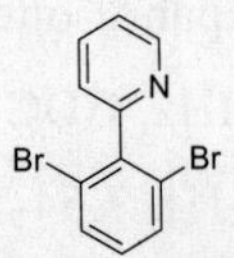
Br
Br
N

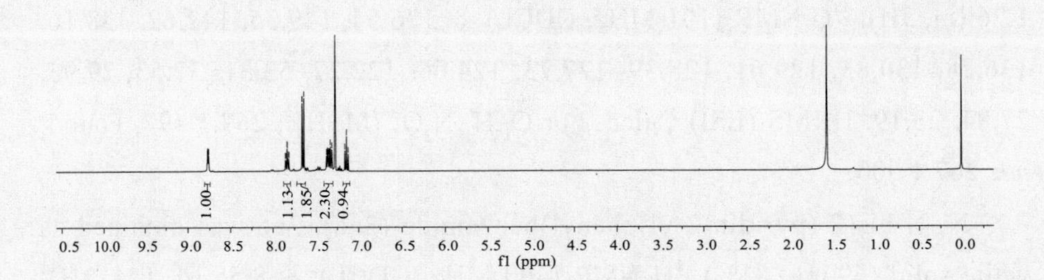
8.77
8.77
8.77
8.76
8.76
7.85
7.85
7.83
7.83
7.81
7.81
7.66
7.64
7.38
7.37
7.36
7.36
7.35
7.34
7.33
7.33
7.33
7.32
7.31
7.27
7.16
7.14
7.12
1.00
1.13
1.85
2.30
0.94
0.5
10.0
9.5
9.0
8.5
8.0
7.5
7.0
6.5
6.0
5.5
5.0
4.5
4.0
3.5
3.0
2.5
2.0
1.5
1.0
0.5
0.0
f1 (ppm)

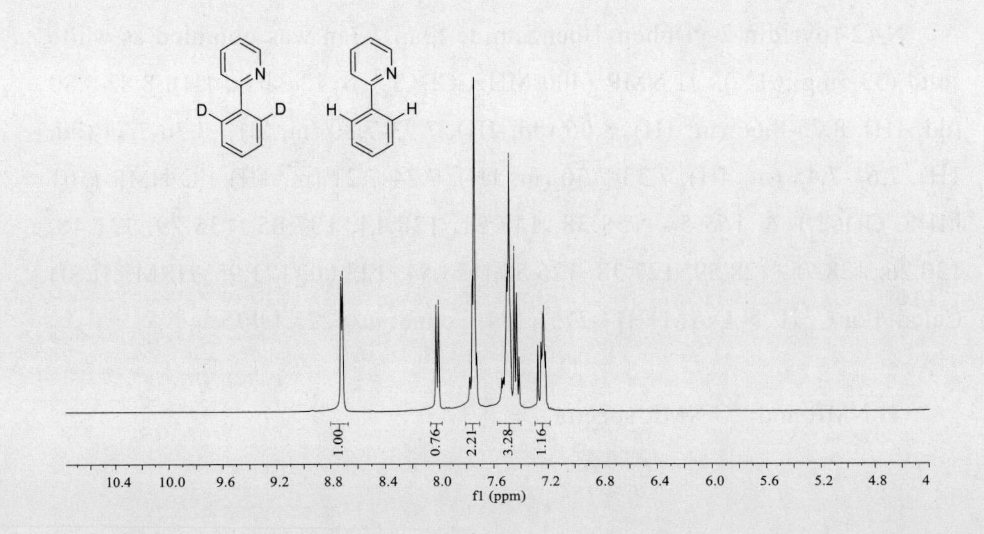
8.72
8.71
8.02
8.01
7.74
7.74
7.49
7.45
7.24
7.23
N
D
D
N
H
H
1.00
0.76
2.21
3.28
1.16
10.4
10.0
9.6
9.2
8.8
8.4
8.0
7.6
7.2
6.8
6.4
6.0
5.6
5.2
4.8
4
f1 (ppm)

第5章　铜催化空气氧化偶氮芳香化合物的脱氢胺化

5.1 引言

由于其特有的结构骨架，偶氮芳烃及其衍生物不仅广泛应用于传统染料和颜料，还可以用作指示剂、光敏材料、食品添加剂、治疗剂等新型功能材料[1]。因此，近年来，偶氮衍生物的合成引起了人们极大的关注。通常，对称的偶氮芳烃化合物可以通过硝基芳烃的还原和芳基胺的氧化制备[2]。另外，不对称化合物可以通过芳基胺与硝基芳烃，亚硝基芳烃或重氮盐与富电子芳香环的交叉偶联来获得[3]。然而，这些合成方法通常需要苛刻的反应条件或狭窄的底物范围。廉价易得的对称的偶氮芳烃的改造和修饰是合成不对称的偶氮芳烃的新兴方法。近年来，随着过渡金属催化的 C-H 键活化的快速发展，在偶氮金属螯合作用下，不对称的偶氮芳烃可以通过选择性芳基 C-H 键官能化（如酰化、烷氧基化、硝化、卤化、烯烃化、烷基化、芳基化、磷化、氰基化等）获得[4]。

在过渡金属的存在下，2- 氨基偶氮芳香化合物已实现由偶氮芳烃的选择性 C-H 键胺化合成。Lee，Xu 和 Jia 分别报道了铑催化的叠氮化物作为胺化试剂的偶氮苯的酰胺化反应（Scheme 1，a）[5]。最近，Lee，Kim 和 Patel 通过铑催化的 C-H 键官能化，使用二恶唑酮作为酰胺化试剂独立合成了 2- 氨基偶氮苯（Scheme 1，b）[6]。在这些酰胺化过程中，催化剂和胺化试剂（叠氮化物和二恶唑酮）不仅价格高，而且原子经济性和步骤经济性差。毫无疑问，通过交叉脱氢偶联（CDC）反应进行的 C-H 酰胺化反应是构建 C-N 键的理想方法，因为它不需要任何底物的预活化，减少了反应的副产物和步骤[7]。通常，氧化剂是酰胺化过程中的关键部分。虽然过氧化物[8]、醋酸碘苯[9]、铜盐[10]和银盐[11]等氧化剂已被证明是有效实用的氧化剂，但氧气，尤其是空气因其环境友好性和廉价易得，成为一种理想的氧化剂[12]。在这里，我们使用空气作为终端氧化剂，实现了铜催化的偶氮苯与酰胺的脱氢酰胺化反应（Scheme 1，c）。

Scheme 1. 偶氮芳烃 C-H 键酰胺化

Previous work

(a) + RN_3 Rh(III) $-N_2$ NHR

Xu, Jia and Lee's work

(b) + Rh(III) or Co(III) $-CO_2$ NH R

Lee, Kim and Patel's work

This work

(c) + H–NH R **Cu(II)** **Air** NH R

5.2 实验部分

基本信息：所有的商业化试剂和溶剂都是直接使用的，没有额外的纯化。用 200 ~ 300 目的硅胶进行柱层析。用 Bruker AscendTM400 超导核磁共振仪（德国）做 1H NMR 和 13 C NMR 光谱。1H NMR 图谱的化学位移用四甲基硅烷作为 0.0 ppm，13 C NMR 图谱的化学位移用氘代氯仿作为 77.0 ppm。所有偶合常数以赫兹（Hz）为单位。在 Waters LCT PremierxTM（USA）高效液相色谱 - 高分辨质谱上获得产物分子的高分辨质谱数据。在 Bruker Smart Apex II 衍射仪系统上进行单晶 X- 射线晶体解析。

对称偶氮苯的合成：将溴化亚铜（4.2 mg，0.03 mmol）、吡啶（8.7 mg，0.09 mmol）和芳基胺（1 mmol）溶解在甲苯（4 mL）中，在空气（1atm）下于 60℃搅拌 20 小时，然后冷却至室温并真空浓缩。残余物经短硅胶柱快速色谱纯化，用石油醚洗脱，得到目标产物。

不对称偶氮苯的合成：将亚硝基苯衍生物（0.80 mmol）溶于冰醋酸（2 mL）中，并向溶液中加入胺（0.80 mmol）的乙醇（0.5 mL）溶液。反应混合物在 40℃下搅拌 6 小时后，倒入冰中并过滤，然后将棕色粗产物通过硅胶柱，用乙酸乙酯 / 石油醚的柱层析纯化。

空气氧化偶氮芳烃脱氢胺化的实验步骤：将酰胺（0.2 mmol，1.0eqv）、偶氮苯（0.4 mmol,2.0eqv）、醋酸铜（0.02 mmol,10 mol%）、苯（0.1 mL）、二甲苯（0.1 mL）分别加入到由橡胶塞密封的 30 mL 高压管中，通过气球，将空气导入反应管。反应混合物在 120℃下搅拌 24 小时。在原料完全消耗之后（基于使用乙酸乙酯 / 石油醚作为洗脱液的薄层色谱监测），将反应物冷却至室温。使混合物通过硅藻土短柱并用乙酸乙酯反复洗涤。将有机层减压浓缩，得到粗产物。将粗产物通过硅胶（200 ~ 300 目）柱色谱纯化，得到目标产物。

5.3 结果与讨论

首先，使用廉价的偶氮苯 1a 和苯甲酰胺 2a 作为典型的底物以筛选脱氢酰胺化的条件。如表 1 所示，空气存在下，溶剂于 120 ℃ 下反应 24 小时。当使用醋酸铜作为催化剂，芳烃如苯、甲苯和二甲苯作溶剂时，获得中等产率的目标产物（3aa）（Entry 1，2，3）。在乙腈、1,4- 二氧六环甚至无溶剂体系中，脱氢偶联仍然可以进行，尽管收率较低（Entry 4，5，6）。进一步的研究表明，0.1 mL 二甲苯和 0.1 mL 苯的混合物是最有效的溶剂体系，以 81% 的分离产率获得目标产物（Entry 7）。纯氧和空气在反应中都是有效的氧化剂（Entry 8）。溶剂的体积对于这种转化也是至关重要的。溶剂的增加和减少显然都降低了产物的收率（Entry 9）。氮气下没有发现目标产物（Entry 10）。溴化亚铜也是一种有效的催化剂，但产率低（Entry11）。然而，其他铜盐，如溴化铜和氯化铜在该反应中是无效的（Entry 12,13）。当使用醋酸钯作为催化剂或不使用催化剂时，反应混合物中没有发现目标产物（Entry 14,15）。

表 1. 空气氧化的偶氮芳烃脱氢胺化反应条件优化

Reaction scheme: azobenzene (0.4 mmol) + PhC(O)NH$_2$ (0.2 mmol) → catalyst (10 mol %), oxidant, solvent (0.2 mL), 120 °C, 24 h → 2-(benzamido)azobenzene

Entry	catalyst	oxidant	solvent	yield
1	$Cu(OAc)_2$	Air	Xylene	62%
2	$Cu(OAc)_2$	Air	Toluene	43%
3	$Cu(OAc)_2$	Air	Benzene	56%
4	$Cu(OAc)_2$	Air	1,4-Dioxane	18%
5	$Cu(OAc)_2$	Air	Acetonitrile	32%
6	$Cu(OAc)_2$	Air	—	21%
7	**$Cu(OAc)_2$**	**Air**	**Xylene (0.1 mL), Benzene (0.1 mL)**	**81%**
8	$Cu(OAc)_2$	O_2	Xylene (0.1 mL), Benzene (0.1 mL)	83%
9	$Cu(OAc)_2$	Air	Xylene (0.5 mL), Benzene (0.5 mL)	trace
10	$Cu(OAc)_2$	N_2	Xylene (0.1 mL), Benzene (0.1 mL)	0
11	CuBr	Air	Xylene (0.1 mL), Benzene (0.1 mL)	38%
12	$CuBr_2$	Air	Xylene (0.1 mL), Benzene (0.1 mL)	trace
13	$CuCl_2$	Air	Xylene (0.1 mL), Benzene (0.1 mL)	trace
14	—	Air	Xylene (0.1 mL), Benzene (0.1 mL)	0
15	$Pd(OAc)_2$	Air	Xylene (0.1 mL), Benzene (0.1 mL)	0

在优化的条件下，我们考察了铜催化空气氧化偶氮芳烃和酰胺脱氢胺化的范围和普遍性，如 Scheme 2 所示。最初，各种酰胺衍生物被用作胺化试剂。实验结果表明，在该脱氢酰胺化过程中，芳基酰胺（3aa，3ab）、烷基酰胺（3ac-3aj）、内酰胺（3ak）和酰亚胺（3al，3am）等都是良好的酰胺化试剂，以中等到较好的收率得到目标产物。尽管使用空气作为氧化剂的酰亚胺的收率较低，但使用纯氧作为氧化剂（3al，3am）可以提高收率。当使用磺酰胺和胺作为胺化试剂时，反应体系中没有发现目标产物。

Scheme 2. 铜（II）催化空气氧化的偶氮苯与酰胺的脱氢胺化反应范围

1, 0.4 mmol + 2, 0.2 mmol → 3

$Cu(OAc)_2$ (10 mol %)
xylene (0.1 mL)
benzene (0.1 mL)
air, 120 °C, 24h

3aa, 81%　3ab, 77%　3ac, 68%　3ad, 72%　3ae, 74%

3af, 69%　3ag, 62%　3ah, 78%　3ai, 86%

3aj, 48%　3ak, 56%　3al, 35%, 68%[a]　3am, 32%, 73%[b]

	R	Yield
3ba,	R = 2-Me,	43%
3ca,	R = 3-Me,	72%
3da,	R = 4-Me,	81%
3ea,	R = 4-^{t}Bu,	77%
3fa,	R = 4-OCF_3,	83%
3ga,	R = 4-CF_3,	66%
3ha,	R = 4-F,	68%
3ia,	R = 4-Cl,	72%

R				
R = ^{t}Bu	3ja,	41%	3ja',	36%
R = OCH_3	3ka,	44%	3ka',	31%
R = OCF_3	3la,	38%	3la',	30%
R = F	3ma,	32%	3ma',	28%

[a] Reaction Conditions: **1** (0.4 mmol), **2** (0.2 mmol), $Cu(OAc)_2$ (10 mol %), air, xylene (0.1 mL), benzene (0.1 mL), 120 °C, 24 h. Isolated yield; [b] O_2 (balloon).

在该脱氢酰胺化反应中，许多偶氮芳烃衍生物是良好的底物。具有各种取代（邻位，间位和对位）的偶氮芳香化合物都是有效的底物，尽管邻位取代的底物显示出一定的空间位阻效应（3ba-3da）。无论底物是富电子的还是缺电子的，所有底物都表现出良好的反应性（3ea-3ga）。在该转化中，卤素取代基仍然可以兼容（3ha，3ia），这为进一步官能化提供了重要的机会。不对称的偶氮苯也是用于该转化的合适的底物，并且产物具有良好的收率。但是，其反应区域选择性比较差，得到两个可分离的异构体（3ja-3ma）。

在克级实验中，铜催化空气氧化的偶氮苯与酰胺的脱氢胺化反应也可以顺利进行，通过延长反应时间，从而以较高的收率得到目标产物（Scheme 3）。该脱氢胺化反应提供了一个有效实用的合成 2- 氨基偶氮芳烃衍生物的方法。

Scheme 3. 克级实验

(a) 10 mmol + 5 mmol
$Cu(OAc)_2$ (10 mol %)
xylene (0.8 mL)
benzene (0.8 mL)
air, 120 °C, 48h
3aa, 68%

(b) 10 mmol + 5 mmol
$Cu(OAc)_2$ (10 mol %)
xylene (0.8 mL)
benzene (0.8 mL)
air, 120 °C, 48h
3ac, 56%

为了了解铜催化空气氧化偶氮苯与酰胺的脱氢胺化反应机理，我们设计和实施了几个实验，如 Scheme 4 所示。首先，当自由基抑制剂 2, 2, 6, 6-四甲基哌啶氧化物（TEMPO）或 2, 6- 二叔丁基 -4- 甲基苯酚（BHT）或苯醌（BQ）加入到标准反应体系（Scheme 4, a）中时，则在反应体系中仍然可以发现目标产物。这个结果表明，该脱氢胺化反应不是一个自由基过程。其次，在优化条件下，当偶氮苯分别与芳酰胺（苯甲酰胺）和烷基酰胺（乙酰胺）的分子间竞争反应时，产物 3aa 明显优于 3ae。这一结果表明，在该脱氢胺化反应中，芳酰胺的反应活性比烷基酰胺好（Scheme 4, b）。为了研究电效应对反应的影响，在优化条件下的同一个反应中，具有吸电子基的 4, 4’- 二三氟甲基偶氮苯和具有供电子基的 4, 4’- 二三氟甲氧基偶氮苯分别与苯甲酰胺反应，主要得到产物 3fa。这一结果强烈表明，偶氮芳香化合物的脱氢胺化是一种亲电过程（Scheme 4, c）。

Scheme 4. 实验设计

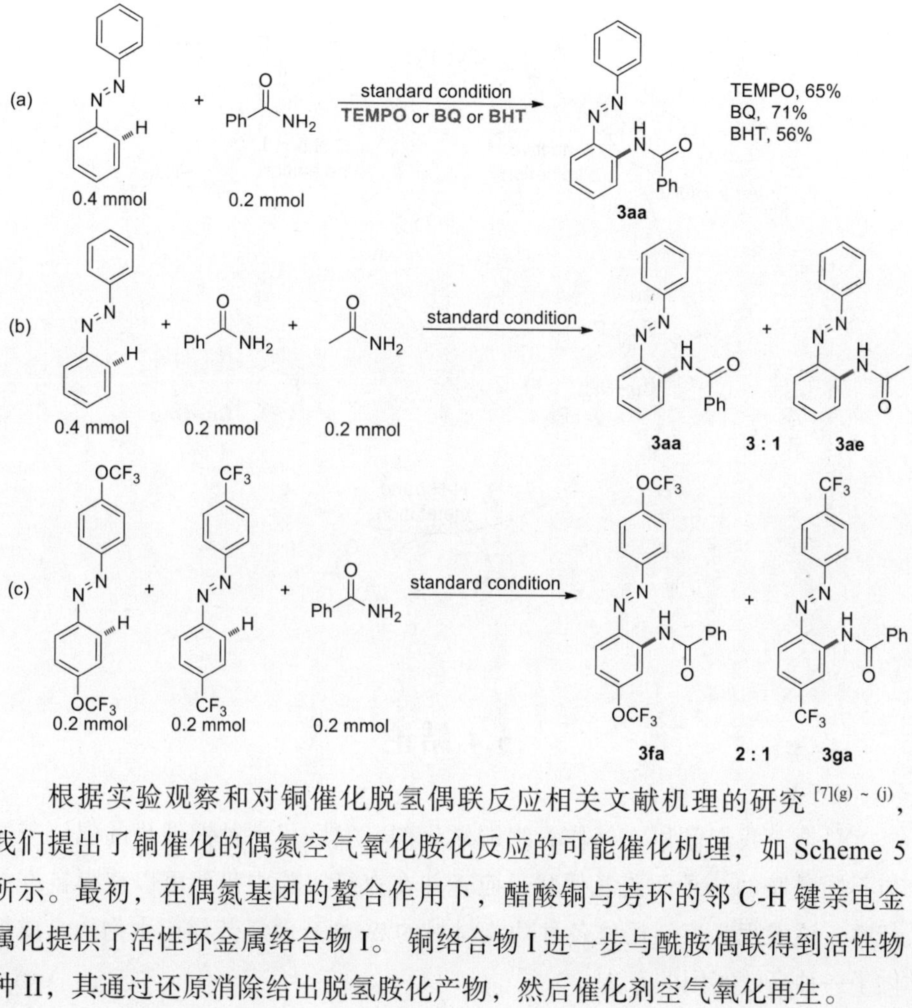

(a) 0.4 mmol + 0.2 mmol, standard condition, TEMPO or BQ or BHT → 3aa; TEMPO, 65%; BQ, 71%; BHT, 56%

(b) 0.4 mmol + 0.2 mmol + 0.2 mmol, standard condition → 3aa + 3ae, 3 : 1

(c) 0.2 mmol + 0.2 mmol + 0.2 mmol, standard condition → 3fa + 3ga, 2 : 1

根据实验观察和对铜催化脱氢偶联反应相关文献机理的研究[7](g) ~ (j)，我们提出了铜催化的偶氮空气氧化胺化反应的可能催化机理，如 Scheme 5 所示。最初，在偶氮基团的螯合作用下，醋酸铜与芳环的邻 C-H 键亲电金属化提供了活性环金属络合物 I。 铜络合物 I 进一步与酰胺偶联得到活性物种 II，其通过还原消除给出脱氢胺化产物，然后催化剂空气氧化再生。

Scheme 5. 可能的催化循环

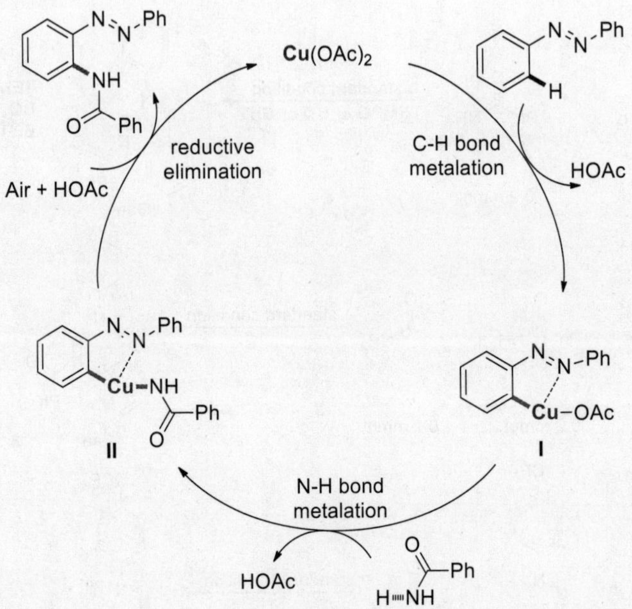

5.4 结论

总之，我们利用空气作为终端氧化剂，发展了一种铜催化的偶氮芳烃与不同酰胺的分子间脱氢偶联反应，并在克级实验中仍然可以获得良好的产率。该发现为广泛用作各种功能材料的 2- 氨基偶氮芳烃衍生物的合成提供了一种高效实用的方法。

5.5 参考文献

[1] (a) Gordon PF, Gregory P. *Organic Chemistry in Colour*. New York: Springer , 1983: 95-162. (b) Hunger K. *Industrial Dyes. Chemistry, Properties, Applications*. Weinheim: Wiley-VCH, 2003. (c) Deloncle R, Caminade AMJ. *Photochem Photobiol. C*, 2010, 11, 25. (d) Kim, Y, Phillips, J. A, Liu, H, Kang, H, Tan, W. *Proc*

Natl Acad. Sci. U.S.A. 2009, 106： 6489–.

[2] (a) Sarkar P, Mukhopadhyay C. *Green Chem,* 2016, 18: 442–451. (b) Cai SF, Rong HP, Yu XF, Liu XW, Wang DS, He W, Li YD. *ACS Catal,* 2013, 3: 478–486.

[3] (a) Liu X, Li HQ, Ye S, Liu YM, He HY, Cao Y. *Angew Chem Int. Ed,* 2014, 53: 7624–7628. (b) Seth K, Roy S. R, Kumar A, Chakraborti A. K. *Catal Sci Technol,* 2016, 6: 2892–2896. (c) Gole B, Sanyal U, Mukherjee P. S. *Chem Commun*, 2015, 51: 4872–4875.

[4] Selected ortho–C–H bond functionalization of azoarene: (a) Zhang C, Jiao N. *Angew Chem Int. Ed,* 2010, 49: 6174–6177; (b) Merino E. *Chem Soc Rev,* 2011, 40: 3835–. (c) Hamon F, Djedaini–Pilard F, Barbot F, Len C. *Tetrahedron,* 2009, 65: 10105–10123. (d) Grirrane A, Corma A, Garc H. *Nat Protoc,* 2010, 11: 429–438. (e) Zhao R, Tan C, Xie Y, Gao C, Liu H, Jiang Y. *Tetrahedron Lett,* 2011, 52: 3805–3809.

[5] (a) Wang H, Yu Y, Hong X. H, Tan Q. T, Xu B. *J Org Chem,* 2014, 79: 3279–3288. (b) Jia XF, Han J. *J Org Chem,* 2014, 79: 4180–4185. (c) Ryu T, Min J, Choi W, Jeon WH, Lee PH. *Org Lett,* 2014, 16: 2810–2813.

[6] (a) Jeon B, Yeon U, Son J.–Y., Lee P. H. *Org Lett,* 2016, 18: 4610–4613. (b) Borah G, Borah P, Patel P. *Org Biomol Chem*, 2017, 15: 3854–3859. (c) Mishra NK, Oh Y, Jeon M, Han S, Sharma S, Han SH, Um SH, Kim IS. *Eur J Org Chem,* 2016, 29: 4976–4980.

[7] Selected cross–dehydrogenative coupling reaction: (a) Wang XQ, Jin YH, Zhao YF, Zhu L, Fu, H. *Org Lett*, 2012, 14: 452–455. (b) Cho SH, Yoon J, Chang S. *J Am Chem Soc,* 2011, 133: 5996–6005. (c) Xiao B, Gong TJ, Xu J, Liu ZJ, Liu L. *J Am Chem Soc*, 2011, 133: 1466–1474. (d) Thu HY, Yu WY, Che CM. *J Am Chem Soc*, 2006, 128: 9048–9049. (e) Zhao HQ, Wang M, Su WP, Hong MC. *Adv Synth Catal,* 2010, 352: 1301–1306. (f) Wang Q, Schreiber SL. *Org Lett,* 2009, 11: 5178–5180. (g) Hamada T, Ye X, Stahl SS. *J Am Chem Soc* 2008, 130: 833–835. (h) Cho SH, Kim JY, Lee SY, Chang S. *Angew Chem Int Ed,* 2009, 48: 9127–9130. (i) Li YM, Xie YS, Zhang R, Jin K, Wang X, Duan, CY. *J Org Chem*, 2011, 76: 5444–5449. (j) Londregan AT, Jennings S, Wei LQ. *Org Lett,* 2010, 12: 5254–5257. (k) Xiao B, Gong TJ, Xu J, Liu ZJ, Liu L. *J Am Chem Soc*, 2011, 133: 1466–1474. (l) Zhang XL, Wu R, Liu WY, Qian DW, Yang JH, Jiang PJ, Zheng QZ. *Org Biomol Chem*, 2016,

14: 4789–4793. (m) Xu D, Shi L, Ge D, Cao X, Gu H. *Sci China Chem*, 2016, 59: 478–481. (n) Liu J, Zhang H, Yi H, Liu C, Lei A. *Sci China Chem*, 2015, 58: 1323–1328.

[8] (a) Shuai Q, Deng GJ, Chua ZJ, Bohle DS, Li CJ. *Adv Synth Catal,* 2010, 352: 632–636; (b) Thu HY, Yu WY, Che CM. *J Am Chem Soc,* 2006, 128: 9048–9049. (c) Kim JY, Cho SH, Joseph J, Chang S. *Angew Chem Int Ed*, 2010, 49: 9899–9902. (d) Zeng HT, Huang JM. *Org Lett*, 2015, 17: 4276–4279. (e) Zhang XS, Wang M, Li PH, Wang L. *Chem Commun*, 2014, 50: 8006–8009. (f) Yi H, Chen H, Bian CL, Tang ZL, Singh AK, Qi XT, Yue XY, Lan Y, Lee JF, Lei A. *Chem Commun,* 2017, 53: 8984–8987.

[9] (a) Zhao HQ, Shang YP, Su WP. *Org Lett,* 2013, 15: 5106–5109. (b) Li Q, Zhang SY, He G, Ai ZY, Nack WA, Chen G. *Org Lett,* 2014, 16: 1764–1767. (c) Mei TS, Leow D, Xiao H, Laforteza BN, Yu JQ. *Org Lett,* 2013, 15: 3058–3061. (d) Shrestha R, Mukherjee P, Tan YC, Litman ZC, Hartwig, JF. *J Am Chem Soc*, 2013, 135: 8480–8483. (e) Li JJ, Mei TS, Yu JQ. *Angew Chem Int Ed*, 2008, 47: 6552–6555. (f) Ji DZ, He X, Xu YZ, Xu ZY, Bian YC, Liu WX, Zhu QH, Xu YG. *Org Lett,* 2016, 18: 4478–4481.

[10] (a) Inamoto K, Saito T, Katsuno M, Sakamoto T, Hiroya K. *Org Lett*, 2007, 9: 2931–2934. (b) Kim H, Shin K, Chang S. *J Am Chem Soc*, 2014, 136: 5904–5907. (c) Uemura T, Imoto S, Chatani N. *Chem Lett*, 2006, 35: 842–843.

[11] (a) Li G, Jia CQ, Sun K. *Org Lett,* 2013, 15: 5198–5201. (b) Cho SH, Kim JY, Lee SY, Chang S. *Angew Chem Int Ed*, 2009, 48: 9127–9130. (c) Wasa M, Yu JQ. *J Am Chem Soc*, 2008, 130: 14058–14059. (d) Zhang LB, Zhang SK, Wei DH, Zhu XJ, Hao XQ, Su JH, Niu JL, Song MP. *Org Lett,* 2016, 18: 1318–1321.

[12] (a) Shi ZZ, Zhang C, Tang CH, Jiao N. *Chem Soc Rev,* 2012, 41: 3381–3430. (b) Zhu CW, Yi ML, Wei DH, Chen X, Wu YJ, Cui XL. *Org Lett,* 2014, 16: 1840–1843. (c) John A, Nicholas KM. *J Org Chem*, 2011, 76: 4158–4162. (d) Zhao HQ, Wang M, Su WP, Hong MC. *Adv Synth Catal,* 2010, 352: 1301–1306. (e) Wang Q, Schreiber SL. *Org Lett,* 2009, 11: 5178–5180. (f) Brasche G, Buchwald SL. *Angew Chem Int Ed*, 2008, 47: 1958–1960. (g) Oda Y, Hirano K, Satoh T, Miura M. *Org Lett,* 2012, 14: 664–667. (h) Miyasaka M, Hirano K, Satoh T, Kowalczyk R, Bolm C, Miura M. *Org Lett,* 2011, 13: 359–361. (i) Chen X, Hao XS, Goodhue CE, Yu JQ.

J Am Chem Soc, 2006, 128: 6790–6791. (j) Lee WC, Shen YN, Gutierre DA, Li J. J. *Org Lett,* 2016, 18: 2660–2663. (k) Zhao YT, Huang BB, Yang C, Xia W. J, *Org Lett,* 2016, 18: 3326–3329.

5.6 化合物结构数据与图谱

(E)-N-(2-(phenyldiazenyl)phenyl)benzamide (3aa, yellow solid): ^{1}H NMR (400 MHz, $CDCl_3$) δ 11.49 (s, 1H), 8.92 (m, 1H), 8.00 (m, 3H), 7.91 (m, 2H), 7.62 - 7.52 (m, 7H), 7.27 (s, 1H).^{13}C NMR (101 MHz, $CDCl_3$) δ 165.91, 152.32, 139.01, 135.37, 135.14, 133.02, 132.05, 131.39, 129.38, 128.88, 127.26, 124.64, 123.60, 122.44, 120.30. HRMS (ESI) Calcd. For $C_{19}H_{16}N_3O$: $[M+H]^+$, 302.1 288, Found: *m/z* 302.1 298.

(E)-4-methyl-N-(2-(phenyldiazenyl)phenyl)benzamide (3ab, yellow solid): ^{1}H NMR (400 MHz, $CDCl_3$) δ 11.44 (s, 1H), 8.92 (d, *J* = 8.3 Hz, 1H), 7.98 (m, 1H), 7.91 (d, *J* = 7.0 Hz, 4H), 7.55 (m, 4H), 7.36 (d, *J* = 8.0 Hz, 2H), 7.26 (d, *J* = 7.3 Hz, 1H), 2.47 (s, 3H). ^{13}C NMR (101 MHz, $CDCl_3$) δ 165.86, 152.37, 142.62, 138.99, 135.30, 133.01, 132.51, 131.33, 129.53, 129.37, 127.28, 124.52, 123.43, 122.44, 120.29, 21.54. HRMS (ESI) Calcd. For $C_{20}H_{18}N_3O$: $[M+H]^+$, 316.1 445, Found: *m/z* 316.1 453.

(E)-N-phenyl-N-(2-(phenyldiazenyl)phenyl)acetamide (3ac, yellow solid): ^{1}H NMR (400 MHz, $CDCl_3$) δ 7.98 - 7.81 (m, 3H), 7.46 (m, 10H), 7.19 (s, 1H), 2.02 (s, 3H).^{13}C NMR (101 MHz, $CDCl_3$) δ 171.17, 143.02, 142.2, 132.35, 131.88, 129.97, 129.97, 130.48 - 127.59 (m), 126.81, 126.27, 123.32, 117.09, 23.82. HRMS (ESI) Calcd. For $C_{20}H_{18}N_3O$: $[M+H]^+$, 316.1 445, Found: *m/z* 316.1 456.

(E)-N-(2-(phenyldiazenyl)phenyl)-N-(2-(trifluoromethyl)phenyl) acetamide (3ad, yellow solid): ^{1}H NMR (400 MHz, $CDCl_3$) δ 7.99 (s, 3H), 7.79 (d, *J* = 7.3 Hz, 1H), 7.52 (t, *J* = 18.9 Hz, 9H), 1.99 (s, 3H). ^{13}C NMR (101 MHz, $CDCl_3$) δ 172.74, 152.75, 148.19, 141.24, 133.35, 132.40, 132.06 - 131.97 (m), 129.48, 128.61, 127.70, 123.44, 116.80, 23.13. HRMS (ESI) Calcd.

For $C_{21}H_{17}F_3N_3O$: $[M+H]^+$, 384.132 419, Found: *m/z* 384.1 326.

(E)-N-(2-(phenyldiazenyl)phenyl)acetamide (3ae, yellow solid) 1H NMR (400 MHz, CDCl3) δ 10.13 (s, 1H), 8.69 (d, *J* = 8.2 Hz, 1H), 7.88 (dd, *J* = 8.1, 1.4 Hz, 3H), 7.56 (d, *J* = 7.6 Hz, 4H), 7.22 - 7.16 (m, 1H), 2.30 (s, 3H). 13C NMR (101 MHz, CDCl3) δ 168.59, 152.39, 138.71, 135.91, 132.91, 131.35, 129.30, 123.36, 122.61, 121.20, 120.21, 25.34. HRMS (ESI) Calcd. For C14H14N3O: [M+H]+, 240.1 132, Found: *m/z* 240.1 141.

(E)-N-(2-(phenyldiazenyl)phenyl)propionamide (3af, yellow solid): ^{1}H NMR (400 MHz, $CDCl_3$) δ 10.19 (s, 1H), 8.72 (d, *J* = 8.3 Hz, 1H), 8.01 - 7.81 (m, 3H), 7.63 - 7.41 (m, 4H), 7.23 - 7.08 (m, 1H), 2.53 (q, *J* = 7.6 Hz, 2H), 1.33 (t, *J* = 7.6 Hz, 3H). ^{13}C NMR (101 MHz, $CDCl_3$) δ 172.29, 152.43, 138.81, 135.94, 132.94, 131.31, 129.31, 123.24, 122.58, 121.41, 120.24, 31.51, 9.63. HRMS (ESI) Calcd. For $C_{15}H_{16}N_3O$: $[M+H]^+$, 254.1 288, Found: *m/z* 254.1 299.

(E)-2-phenyl-N-(2-(phenyldiazenyl)phenyl)acetamide (3ag, yellow solid): ^{1}H NMR (400 MHz, $CDCl_3$) δ 9.55 (s, 1H), 8.74 (d, *J* = 8.3 Hz, 1H), 7.77 (m, 1H), 7.55 - 7.32 (m, 12H), 7.14 (t, *J* = 7.7 Hz, 1H), 3.89 (s, 2H). ^{13}C NMR (101 MHz, $CDCl_3$) δ 131.25, 129.92, 129.33, 129.05, 127.68, 123.56, 122.90, 120.12, 117.37, 45.70. HRMS (ESI) Calcd. For $C_{20}H_{18}N_3O$: $[M+H]^+$, 316.1 445, Found: *m/z* 316.1 452.

(E)-N-(2-(phenyldiazenyl)phenyl)cyclohexanecarboxamide (3ah, yellow solid): ^{1}H NMR (400 MHz, $CDCl_3$) δ 10.32 (s, 1H), 8.75 (d, *J* = 8.3 Hz, 1H), 7.88 (d, *J* = 7.1 Hz, 3H), 7.52 (m, 4H), 7.17 (t, *J* = 7.6 Hz, 1H), 2.37 (s, 1H), 2.08 (d, *J* = 12.0 Hz, 2H), 1.89 (d, *J* = 12.1 Hz, 2H), 1.76 (d, *J* = 11.5 Hz, 1H), 1.61 (m, 2H), 1.46 - 1.22 (m, 3H). ^{13}C NMR (101 MHz, $CDCl_3$) δ 174.75, 152.44, 138.93, 135.90, 132.94, 131.29, 129.35, 123.18, 122.55, 122.02, 120.33, 47.10, 29.75, 25.83, 25.74. HRMS (ESI) Calcd. For $C_{19}H_{22}N_3O$: $[M+H]^+$, 308.1 758, Found: *m/z* 308.1 769.

(E)-2,2,2-trifluoro-N-(2-(phenyldiazenyl)phenyl)acetamide (3ai, yellow solid): ^{1}H NMR (400 MHz, $CDCl_3$) δ 11.93 (s, 1H), 8.65 (d, *J* = 8.2 Hz, 1H), 8.01 (d, J = 7.8 Hz, 1H), 7.89 (d, *J* = 5.2 Hz, 2H), 7.55 (m, 4H), 7.38 (d, *J* = 7.6 Hz, 1H). ^{13}C NMR (101 MHz, $CDCl_3$) δ 151.70, 138.92, 132.81, 132.07,

129.46, 125.91, 125.61, 122.66, 120.48. HRMS (ESI) Calcd. For $C_{14}H_{11}F_3N_3O$: $[M+H]^+$, 294.0 849, Found: *m*/*z* 294.0 855.

(E)-N-methyl-N-(2-(phenyldiazenyl)phenyl)acetamide (3aj, yellow solid): ^{1}H NMR (400 MHz, $CDCl_3$) δ 7.96 - 7.88 (m, 2H), 7.82 (d, *J* = 7.9 Hz, 1H), 7.60 - 7.46 (m, 5H), 7.41 (d, *J* = 7.7 Hz, 1H), 3.35 (s, 3H), 1.85 (s, 3H). ^{13}C NMR (101 MHz, $CDCl_3$) δ 132.23, 131.83, 129.29, 128.99, 128.87, 123.26, 117.26, 37.88, 22.57. HRMS (ESI) Calcd. For $C_{15}H_{16}N_3O$: $[M+H]^+$, 254.1 288, Found: *m*/*z* 254.1 299.

(E)-1-(2-(phenyldiazenyl)phenyl)azepan-2-one (3ak, yellow solid): ^{1}H NMR (400 MHz, $CDCl_3$) δ 7.89 (d, *J* = 6.7 Hz, 2H), 7.77 (d, *J* = 7.9 Hz, 1H), 7.56 - 7.46 (m, 4H), 7.43 - 7.30 (m, 2H), 3.81 (s, 2H), 2.77 (d, *J* = 6.3 Hz, 2H), 1.87 (s, 6H). ^{13}C NMR (101 MHz, $CDCl_3$) δ 176.04, 143.74, 131.86, 131.15, 129.06, 128.92, 127.88, 123.08, 117.07, 54.10, 37.68, 30.16, 28.37, 23.52. HRMS (ESI) Calcd. For $C_{18}H_{20}N_3O$: $[M+H]^+$, 294.16 061, Found: *m*/*z* 294.1 602.

(E)-1-(2-(phenyldiazenyl)phenyl)pyrrolidine-2,5-dione (3al, yellow solid): ^{1}H NMR (400 MHz, $CDCl_3$) δ 7.92 (m, 1H), 7.78 (m, 2H), 7.60 (m, 2H), 7.50 (m, 2H), 7.42 - 7.37 (m, 1H), 7.34 (d, *J* = 6.3 Hz, 1H), 2.99 (s, 4H). ^{13}C NMR (101 MHz, $CDCl_3$) δ 176.34, 152.09, 147.07, 131.84, 131.47, 131.17, 130.04, 129.11, 122.92, 117.49, 28.75. HRMS (ESI) Calcd. For $C_{16}H_{14}N_3O_2$: $[M+H]^+$, 280.1 081, Found: *m*/*z* 280.1 081.

(E)-2-(2-(phenyldiazenyl)phenyl)isoindoline-1,3-dione (3am, yellow solid): ^{1}H NMR (400 MHz, $CDCl_3$) δ 8.00 (m, 2H), 7.97 - 7.94 (m, 1H), 7.83 (m, 2H), 7.71 - 7.65 (m, 3H), 7.61 (m, 1H), 7.53 (m, 1H), 7.42 - 7.37 (m, 3H). ^{13}C NMR (101 MHz, $CDCl_3$) δ 167.55, 134.33, 132.14, 131.64, 131.33, 130.86, 129.85, 129.70, 128.98, 123.85, 122.99, 117.53. HRMS (ESI) Calcd. For $C_{20}H_{14}N_3O_2$: $[M+H]^+$, 328.1 081, Found: *m*/*z* 328.1 083.

(E)-N-(3-methyl-2-(o-tolyldiazenyl)phenyl)benzamide (3ba, yellow solid): ^{1}H NMR (400 MHz, $CDCl_3$) δ 12.27 (s, 1H), 8.72 (d, *J* = 8.4 Hz, 1H), 7.87 (d, *J* = 8.1 Hz, 2H), 7.55 (t, *J* = 7.3 Hz, 2H), 7.47 (t, *J* = 7.5 Hz, 2H), 7.41 (d, *J* = 8.1 Hz, 1H), 7.37 (d, *J* = 8.0 Hz, 1H), 7.32 (t, *J* = 7.2 Hz, 2H), 7.16 (d, *J* =

7.4 Hz, 1H), 2.75 (s, 3H), 2.39 (s, 3H). ^{13}C NMR (101 MHz, $CDCl_3$) δ 167.35, 151.61, 140.90, 137.34, 135.96 (d, J = 5.2 Hz), 132.60, 131.69 (d), 131.35, 130.68, 128.62, 127.66, 126.76, 126.15, 118.83, 116.75, 19.79, 17.95. HRMS (ESI) Calcd. For $C_{21}H_{20}N_3O$: $[M+H]^+$, 330.1 601, Found: *m/z* 330.1 611.

(E)-N-(4-methyl-2-(m-tolyldiazenyl)phenyl)benzamide (3ca, yellow solid) ^{1}H NMR (400 MHz, $CDCl_3$) δ 11.36 (s, 1H), 8.79 (d, *J* = 8.5 Hz, 1H), 8.01 (d, *J* = 7.1 Hz, 2H), 7.77 (s, 1H), 7.70 (d, *J* = 8.2 Hz, 2H), 7.62 - 7.52 (m, 3H), 7.43 (t, *J* = 7.6 Hz, 1H), 7.34 (t, *J* = 9.1 Hz, 2H), 2.48 (s, 3H), 2.44 (s, 3H). ^{13}C NMR (101 MHz, $CDCl_3$) δ 165.54, 152.49, 139.22, 138.93, 135.48, 133.67, 133.26, 132.91, 131.89, 129.15, 128.75, 127.23, 124.28, 122.71, 120.16, 119.95, 21.38, 20.75. HRMS (ESI) Calcd. For $C_{21}H_{20}N_3O$: $[M+H]^+$, 330.1 601, Found: *m/z* 330.1 612.

(E)-N-(5-methyl-2-(p-tolyldiazenyl)phenyl)benzamide (3da, yellow solid): ^{1}H NMR (400 MHz, $CDCl_3$) δ 11.63 (s, 1H), 8.75 (s, 1H), 8.08 - 7.93 (m, 2H), 7.80 (m, 3H), 7.57 (m, 3H), 7.31 (d, J = 8.1 Hz, 2H), 7.05 (m, 1H). ^{13}C NMR (101 MHz, $CDCl_3$) δ 165.88, 150.39, 143.73, 141.68, 137.19, 135.44, 134.60, 131.95, 129.97, 128.81, 127.29, 125.33, 124.55, 122.24, 120.45, 22.17, 21.49. HRMS (ESI) Calcd. For $C_{21}H_{20}N_3O$: $[M+H]^+$, 330.1 601, Found: *m/z* 330.1 609.

(E)-N-(5-(tert-butyl)-2-((4-(tert-butyl)phenyl)diazenyl)phenyl)benzamide (3ea, yellow solid): ^{1}H NMR (400 MHz, $CDCl_3$) δ 11.76 (s, 1H), 9.07 (d, *J* = 2.0 Hz, 1H), 8.04 (m, 2H), 7.94 (d, J = 8.5 Hz, 1H), 7.85 (d, *J* = 8.6 Hz, 2H), 7.65 - 7.53 (m, 5H), 7.32 (m, 1H), 1.46 (s, 9H), 1.41 (s, 9H). ^{13}C NMR (101 MHz, $CDCl_3$) δ 166.10, 156.75, 154.79, 150.32, 137.14, 135.59, 134.42, 131.94, 128.86, 127.30, 126.27, 125.61, 122.05, 120.89, 117.31, 35.55, 35.06, 31.26, 31.19. HRMS (ESI) Calcd. For $C_{27}H_{32}N_3O$: $[M+H]^+$, 414.2 540, Found: *m/z* 414.2 552.

(E)-N-(5-(trifluoromethoxy)-2-((4-(trifluoromethoxy)phenyl)diazenyl) phenyl)benzamide (3fa, yellow solid): ^{1}H NMR (400 MHz, $CDCl_3$) δ 11.46 (s, 1H), 8.89 (s, 1H), 8.02 - 7.90 (m, 5H), 7.67 - 7.55 (m, 3H), 7.40 (d, *J* = 8.2 Hz, 2H), 7.09 (d, *J* = 7.6 Hz, 1H). ^{13}C NMR (101 MHz, $CDCl_3$) δ 165.94, 152.35, 151.35, 150.17, 136.87, 136.41, 134.76, 132.43, 128.97, 127.17, 126.63,

123.93, 121.54, 115.17, 112.25. HRMS (ESI) Calcd. For $C_{21}H_{14}F_6N_3O_3$: $[M+H]^+$, 470.0 934 , Found: *m/z* 470.0 939.

(E)-N-(5-(trifluoromethyl)-2-((4-(trifluoromethyl)phenyl)diazenyl)phenyl)benzamide (3ga, yellow solid): ^1H NMR (400 MHz, $CDCl_3$) δ 11.16 (s, 1H), 9.29 (s, 1H), 8.12 - 7.95 (m, 5H), 7.86 (d, *J* = 8.4 Hz, 2H), 7.68 - 7.49 (m, 4H). ^{13}C NMR (101 MHz, $CDCl_3$) δ 165.84, 153.94, 140.22, 135.95, 134.66, 132.55, 129.07, 127.14, 126.76, 126.12, 124.03, 122.89, 120.16, 117.94. HRMS (ESI) Calcd. For $C_{21}H_{14}F_6N_3O$: $[M+H]^+$, 438.1 036, Found: *m/z* 438.1 050.

(E)-N-(5-fluoro-2-((4-fluorophenyl)diazenyl)phenyl)benzamide (3ha, yellow solid): ^1H NMR (400 MHz, $CDCl_3$) δ 11.62 (s, 1H), 8.69 (m, 1H), 8.00 - 7.90 (m, 3H), 7.86 (m, 2H), 7.66 - 7.52 (m, 3H), 7.22 (t, *J* = 8.5 Hz, 2H), 6.93 (m, 1H). ^{13}C NMR (101 MHz, $CDCl_3$) δ 166.39, 165.97, 165.76, 163.88, 163.24, 148.62, 135.61, 134.92, 132.34, 128.93, 127.61, 127.50, 127.23, 124.29, 124.20, 116.55, 116.32, 110.94, 110.71, 107.54, 107.25. HRMS (ESI) Calcd. For $C_{19}H_{14}F_2N_3O$: $[M+H]^+$, 338.1 100, Found: *m/z* 338.1 111.

(E)-N-(5-chloro-2-((4-chlorophenyl)diazenyl)phenyl)benzamide (3ia, yellow solid): ^1H NMR (400 MHz, $CDCl_3$) δ 11.40 (s, 1H), 8.99 (d, *J* = 2.2 Hz, 1H), 7.99 - 7.93 (m, 2H), 7.90 - 7.81 (m, 3H), 7.62 (d, *J* = 7.3 Hz, 1H), 7.59 - 7.50 (m, 4H), 7.22 (m, 1H). ^{13}C NMR (101 MHz, $CDCl_3$) δ 165.82, 150.59, 139.47, 137.35, 135.88, 134.92, 132.35, 129.72, 129.37, 128.95, 127.20, 125.77, 123.90, 123.61, 120.30. HRMS (ESI) Calcd. For $C_{19}H_{14}Cl_2N_3O$: $[M+H]^+$, 370.0 509 Found: *m/z* 370.0 521.

(E)-N-(5-(tert-butyl)-2-(phenyldiazenyl)phenyl)benzamide (3ja, yellow solid): ^1H NMR (400 MHz, $CDCl_3$) δ 11.70 (s, 1H), 9.03 (d, *J* = 1.7 Hz, 1H), 8.01 (d, *J* = 7.1 Hz, 2H), 7.92 (d, *J* = 8.5 Hz, 1H), 7.89 - 7.85 (m, 2H), 7.60 - 7.49 (m, 6H), 7.30 (m, 1H), 1.43 (s, 9H). ^{13}C NMR (101 MHz, $CDCl_3$) δ 166.08, 157.19, 152.45, 137.10, 135.54, 134.57, 131.96, 131.01, 129.31, 128.84, 127.26, 125.57, 122.25, 120.92, 117.34, 35.57, 31.14. HRMS (ESI) Calcd. For $C_{23}H_{24}N_3O$: $[M+H]^+$, 358.1 914, Found: *m/z* 358.1 925.

(E)-N-(2-((4-(tert-butyl)phenyl)diazenyl)phenyl)benzamide (3ja’, yellow solid): ^{1}H NMR (400 MHz, $CDCl_3$) δ 11.50 (s, 1H), 8.89 (d, J = 8.3 Hz, 1H), 7.98 (m, 3H), 7.88 - 7.79 (m, 2H), 7.64 - 7.48 (m, 6H), 7.25 (d, J = 3.7 Hz, 1H), 1.38 (9H). ^{13}C NMR (101 MHz, $CDCl_3$) δ 165.88, 150.27, 135.01, 131.94, 128.83, 127.25, 126.29, 124.48, 123.54, 122.20, 120.27, 35.08, 31.21. HRMS (ESI) Calcd. For $C_{23}H_{24}N_3O$: $[M+H]^+$, 358.1 914, Found: m/z 358.1 925.

(E)-N-(5-methoxy-2-(phenyldiazenyl)phenyl)benzamide (3ka, yellow solid): ^{1}H NMR (400 MHz, $CDCl_3$) δ 12.14 (s, 1H), 8.60 (d, J = 2.7 Hz, 1H), 8.07 - 8.00 (m, 2H), 7.95 (d, J = 8.9 Hz, 1H), 7.85 (d, J = 7.5 Hz, 2H), 7.65 - 7.45 (m, 6H), 6.81 (m, 1H), 3.98 (s, 3H). ^{13}C NMR (101 MHz, $CDCl_3$) δ 166.37, 163.45, 152.36, 136.43, 135.32, 133.70, 132.12, 130.50, 129.29, 128.87, 127.34, 121.96, 111.05, 103.61, 55.80. HRMS (ESI) Calcd. For $C_{20}H_{18}N_3O_2$: $[M+H]^+$, 332.1 394, Found: m/z 332.1 406.

(E)-N-(2-((4-methoxyphenyl)diazenyl)phenyl)benzamide (3ka' yellow solid): ^{1}H NMR (400 MHz, $CDCl_3$) δ 11.41 (s, 1H), 8.96 - 8.82 (m, 1H), 8.05 - 7.96 (m, 2H), 7.96 - 7.86 (m, 3H), 7.63 - 7.48 (m, 4H), 7.30 - 7.22 (m, 2H), 7.05 (d, J = 9.0 Hz, 2H). ^{13}C NMR (101 MHz, $CDCl_3$) δ 165.80, 162.45, 146.67, 139.13, 135.53, 134.94, 132.17, 131.94, 128.84, 127.24, 124.35, 123.79, 123.57, 120.21, 114.55. HRMS (ESI) Calcd. For $C_{20}H_{18}N_3O_2$: $[M+H]^+$, 332.1 394, Found: m/z 332.1 404.

(E)-N-(2-(phenyldiazenyl)-5-(trifluoromethoxy)phenyl)benzamide (3la, yellow solid): ^{1}H NMR (400 MHz, $CDCl_3$) δ 11.29 (s, 1H), 9.28 (s, 1H), 8.06 (d, J = 8.4 Hz, 1H), 8.00 (d, J = 7.6 Hz, 2H), 7.96 - 7.90 (m, 2H), 7.69 - 7.53 (m, 6H), 7.50 (d, J = 8.4 Hz, 1H). ^{13}C NMR (101 MHz, $CDCl_3$) δ 165.84, 152.22, 140.33, 135.52, 134.80, 132.37, 132.26, 129.50, 128.98, 127.21, 123.92, 122.78, 120.08, 117.72. HRMS (ESI) Calcd. For $C_{20}H_{15}F_3N_3O_2$: $[M+H]^+$, 386.1 111, Found: m/z 386.1 121.

(E)-N-(2-((4-(trifluoromethoxy)phenyl)diazenyl)phenyl)benzamide (3la', yellow solid): ^{1}H NMR (400 MHz, $CDCl_3$) δ 11.33 (s, 1H), 8.93 (d, J = 7.6 Hz, 1H), 8.02 - 7.94 (m, 5H), 7.83 (d, J = 8.4 Hz, 2H), 7.63 - 7.55 (m, 4H), 7.27 (t, J = 3.4 Hz, 1H). ^{13}C NMR (101 MHz, $CDCl_3$) δ 165.86, 139.07, 135.58, 135.27, 134.02, 132.17, 128.92, 127.17, 126.60, 126.56, 124.70, 123.66,

122.54, 120.48. HRMS (ESI) Calcd. For $C_{20}H_{15}F_3N_3O_2$: $[M+H]^+$, 386.1 111, Found: *m/z* 386.1 123.

(E)-N-(5-fluoro-2-(phenyldiazenyl)phenyl)benzamide (3ma, yellow solid): ^{1}H NMR (400 MHz, $CDCl_3$) δ 11.79 (s, 1H), 8.72 (m, 1H), 7.99 (m, 3H), 7.87 (m, 2H), 7.68 - 7.48 (m, 6H), 6.95 (m, 1H). ^{13}C NMR (101 MHz, $CDCl_3$) δ 166.39, 166.07, 163.88, 152.12, 136.48, 135.75, 134.94, 132.30, 131.34, 129.39, 128.97, 127.87, 127.30, 122.30, 110.91, 110.67, 107.53, 107.24. HRMS (ESI) Calcd. For $C_{19}H_{15}FN_3O$: $[M+H]^+$, 320.1194, Found: *m/z* 320.1 205.

(E)-N-(2-((4-fluorophenyl)diazenyl)phenyl)benzamide (3ma’, yellow solid): ^{1}H NMR (400 MHz, $CDCl_3$) δ 11.31 (s, 1H), 8.90 (d, *J* = 8.4 Hz, 1H), 8.03 - 7.96 (m, 2H), 7.96 - 7.86 (m, 3H), 7.57 (4H), 7.30 - 7.20 (m, 3H). ^{13}C NMR (101 MHz, $CDCl_3$) δ 165.80, 163.29, 148.87, 138.95, 135.39, 135.19, 133.03, 132.07, 128.87, 127.19, 124.43, 124.35, 124.22, 123.61, 120.36, 116.51, 116.28. HRMS (ESI) Calcd. For $C_{19}H_{15}FN_3O$: $[M+H]^+$, 320.1194, Found: *m/z* 320.1202.

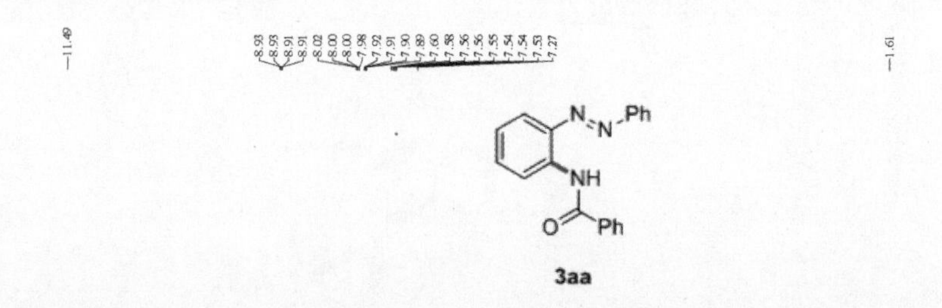

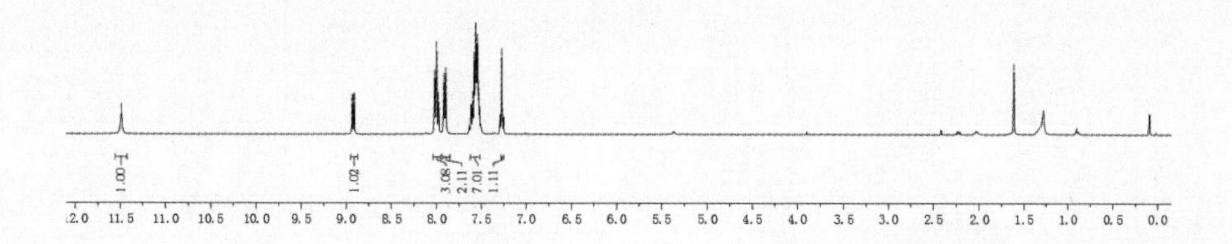

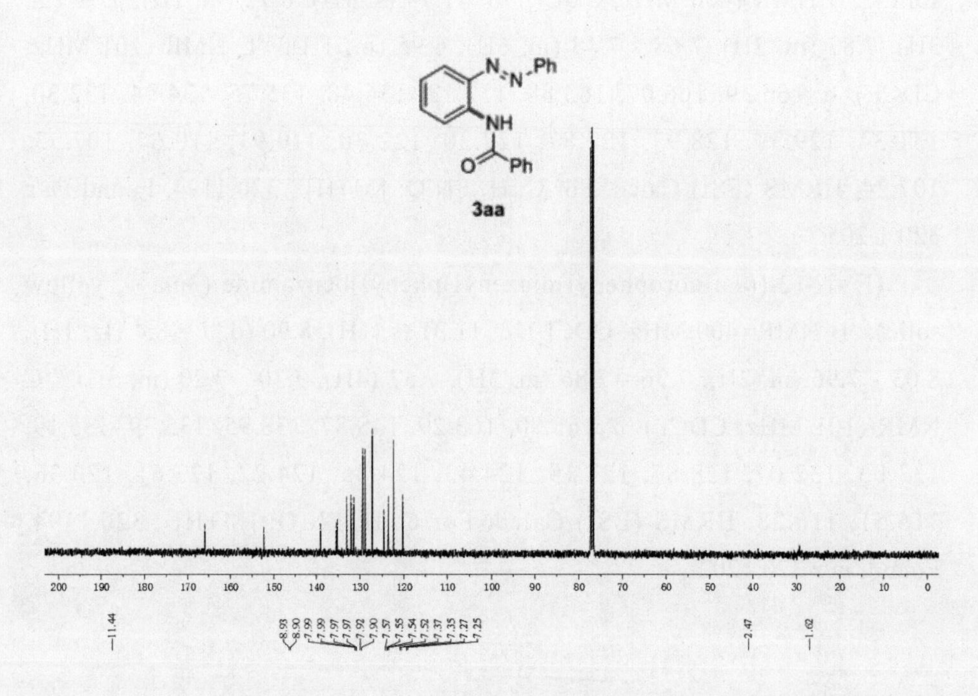
165.91
152.32
139.01
135.37
135.14
133.02
132.05
131.39
129.38
128.88
127.26
124.64
123.60
122.44
120.30
N
N
Ph
NH
O
Ph
3aa
200 190 180 170 160 150 140 130 120 110 100 90 80 70 60 50 40 30 20 10 0
11.44
8.93
8.90
7.99
7.97
7.97
7.92
7.90
7.57
7.55
7.54
7.52
7.37
7.35
7.27
7.25
2.47
1.62

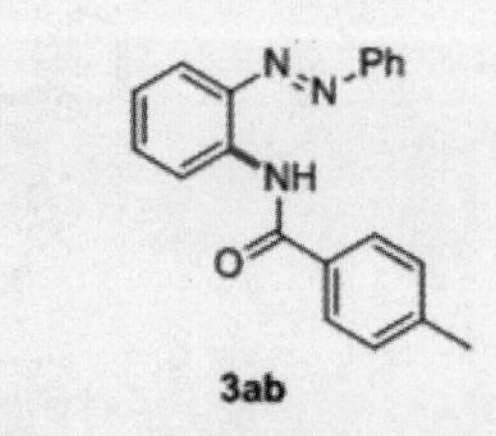
N
N
Ph
NH
O
3ab

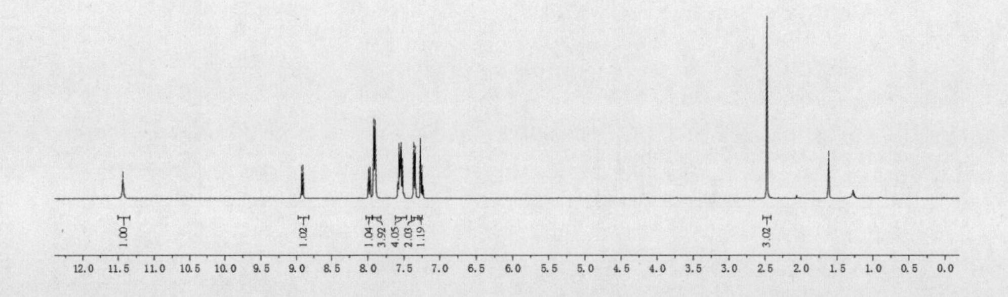
1.00
1.02
1.04
3.92
4.05
2.03
1.19
3.02
12.0 11.5 11.0 10.5 10.0 9.5 9.0 8.5 8.0 7.5 7.0 6.5 6.0 5.5 5.0 4.5 4.0 3.5 3.0 2.5 2.0 1.5 1.0 0.5 0.0

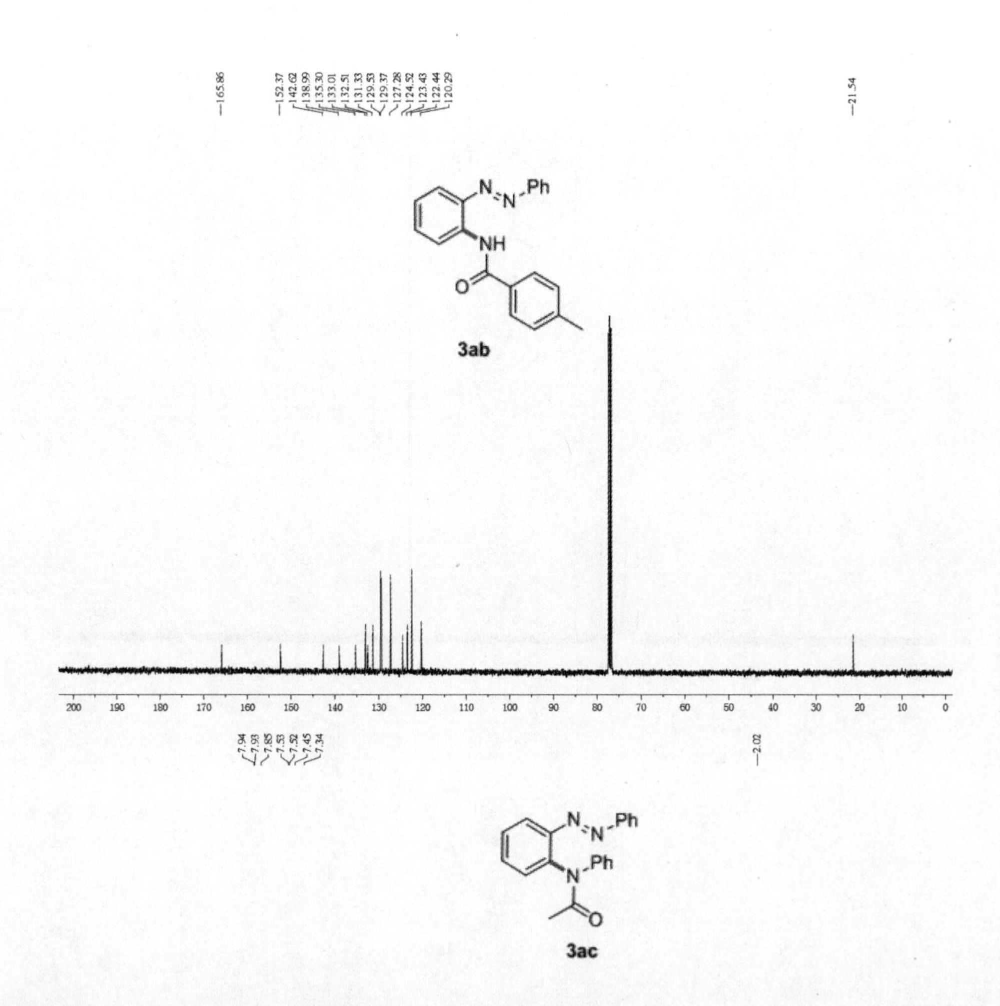
165.86
152.37
142.62
138.99
135.30
133.01
132.51
131.33
129.53
129.37
127.28
124.52
123.43
122.44
120.29
21.54
N
N
Ph
NH
O
3ab
200
190
180
170
160
150
140
130
120
110
100
90
80
70
60
50
40
30
20
10
0

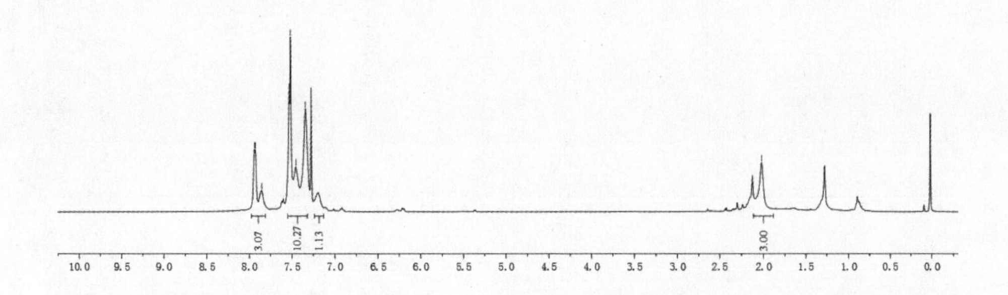
7.94
7.93
7.85
7.53
7.52
7.45
7.34
2.02
N
N
Ph
N
Ph
O
3ac
3.07
10.27
1.13
3.00
10.0
9.5
9.0
8.5
8.0
7.5
7.0
6.5
6.0
5.5
5.0
4.5
4.0
3.5
3.0
2.5
2.0
1.5
1.0
0.5
0.0

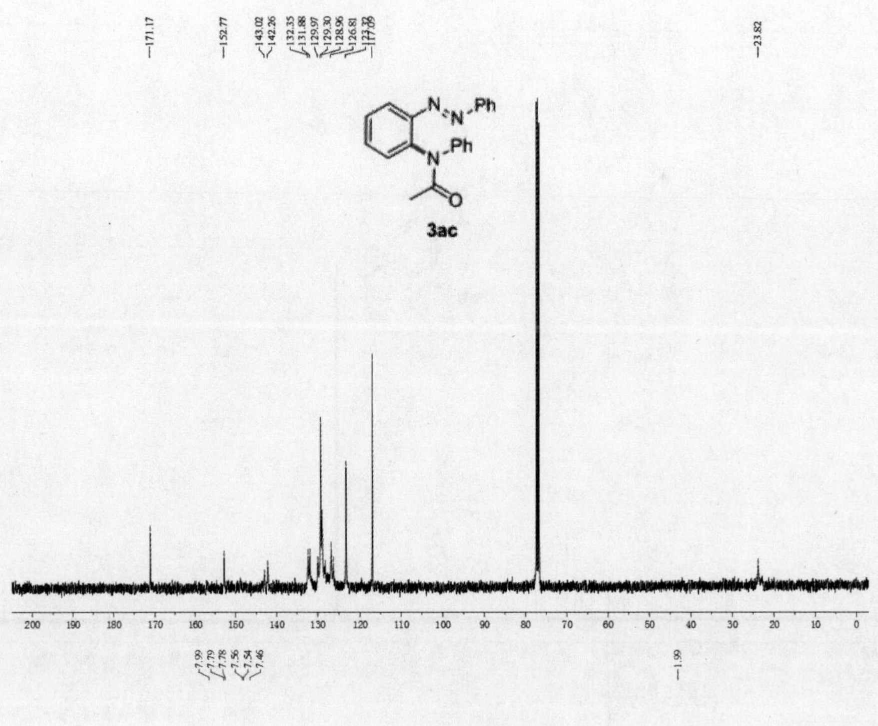

171.17
152.77
143.02
142.26
132.35
131.88
129.97
129.30
128.96
126.81
123.32
117.09
23.82
3ac
200 190 180 170 160 150 140 130 120 110 100 90 80 70 60 50 40 30 20 10 0

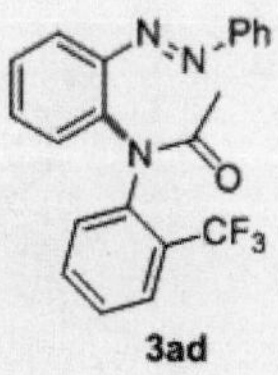

3ad

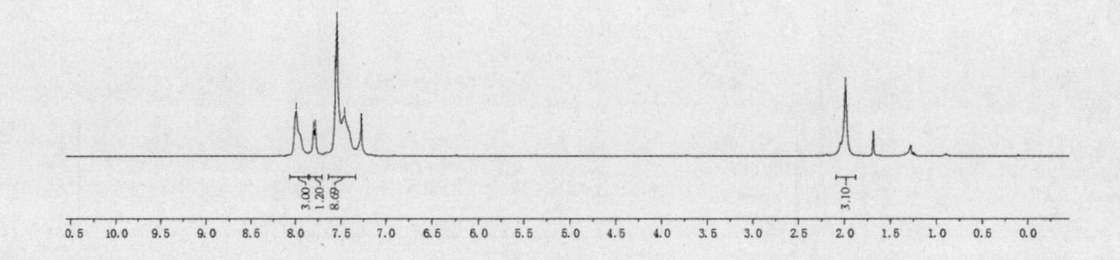

7.99
7.79
7.78
7.56
7.54
7.46
1.99
3.00
1.20
8.69
3.10

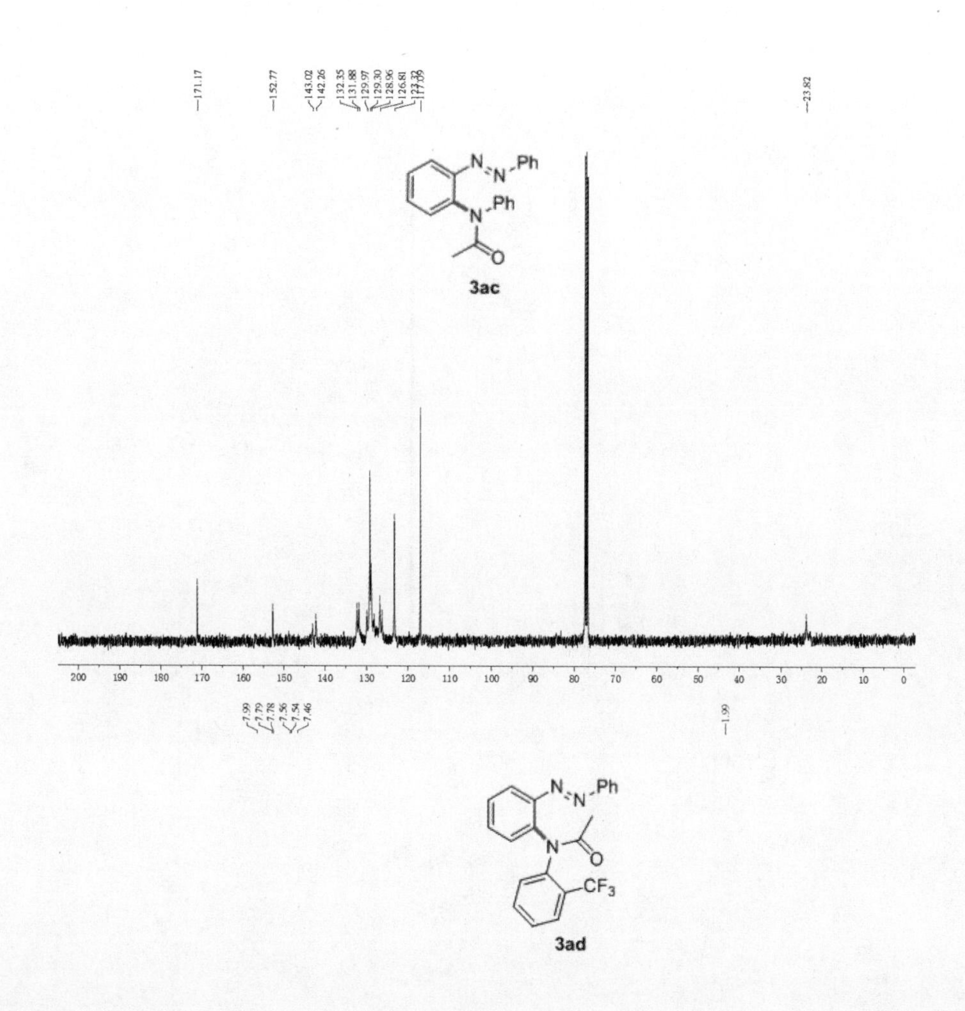
3ac

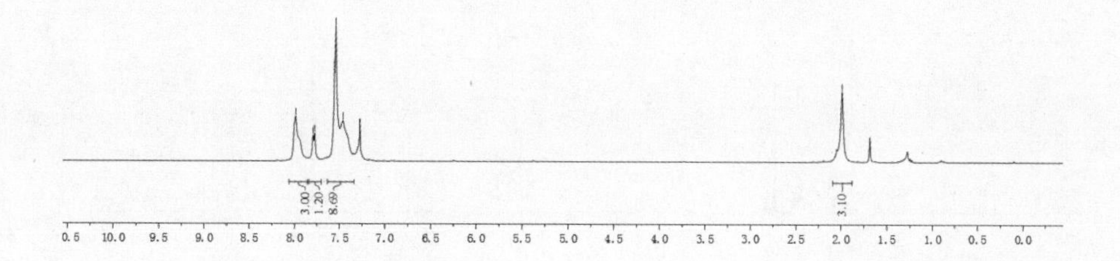
3ad

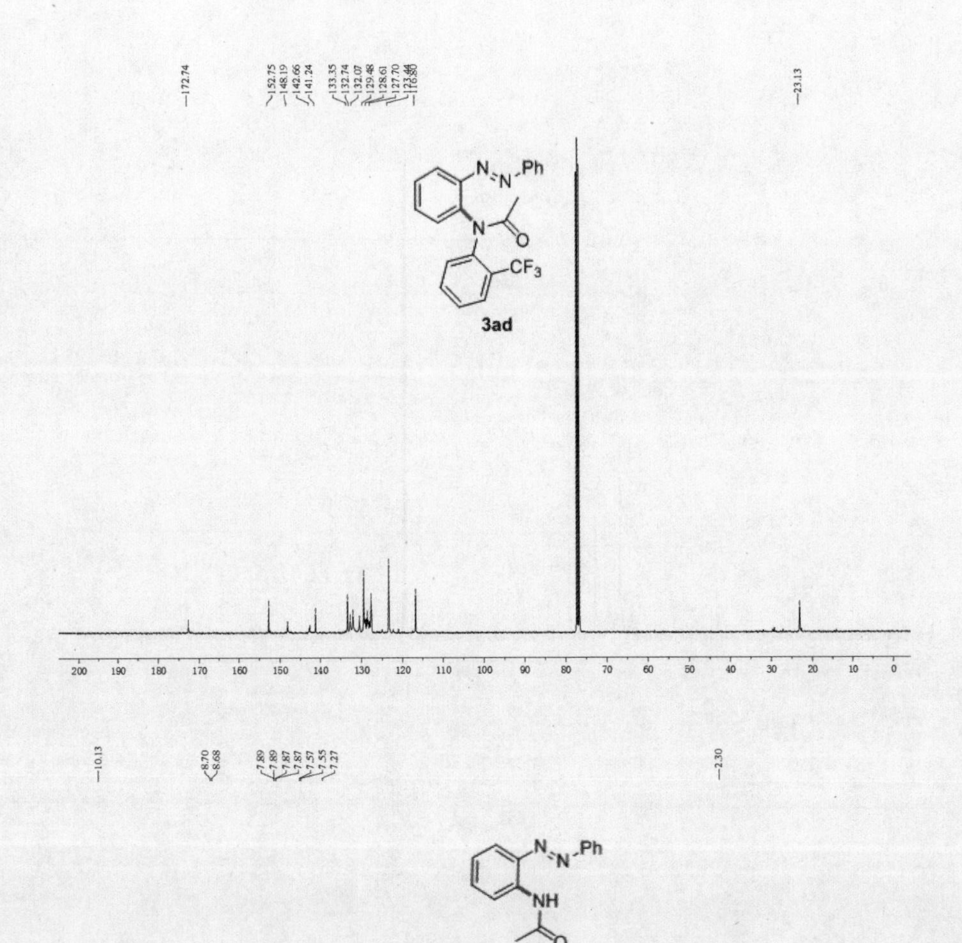

172.74
152.75
148.19
142.66
141.24
133.35
132.74
132.07
129.48
128.61
127.70
123.44
116.80
23.13
N
N
Ph
N
O
CF3
3ad
200 190 180 170 160 150 140 130 120 110 100 90 80 70 60 50 40 30 20 10 0
10.13
8.70
8.68
7.89
7.89
7.87
7.87
7.57
7.55
7.27
2.30
N
N
Ph
NH
O
3ae

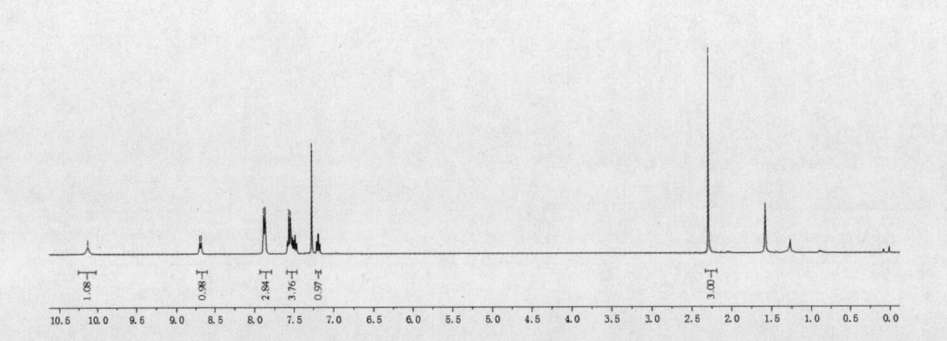

1.08
0.98
2.84
3.76
0.97
3.00
10.5 10.0 9.5 9.0 8.5 8.0 7.5 7.0 6.5 6.0 5.5 5.0 4.5 4.0 3.5 3.0 2.5 2.0 1.5 1.0 0.5 0.0

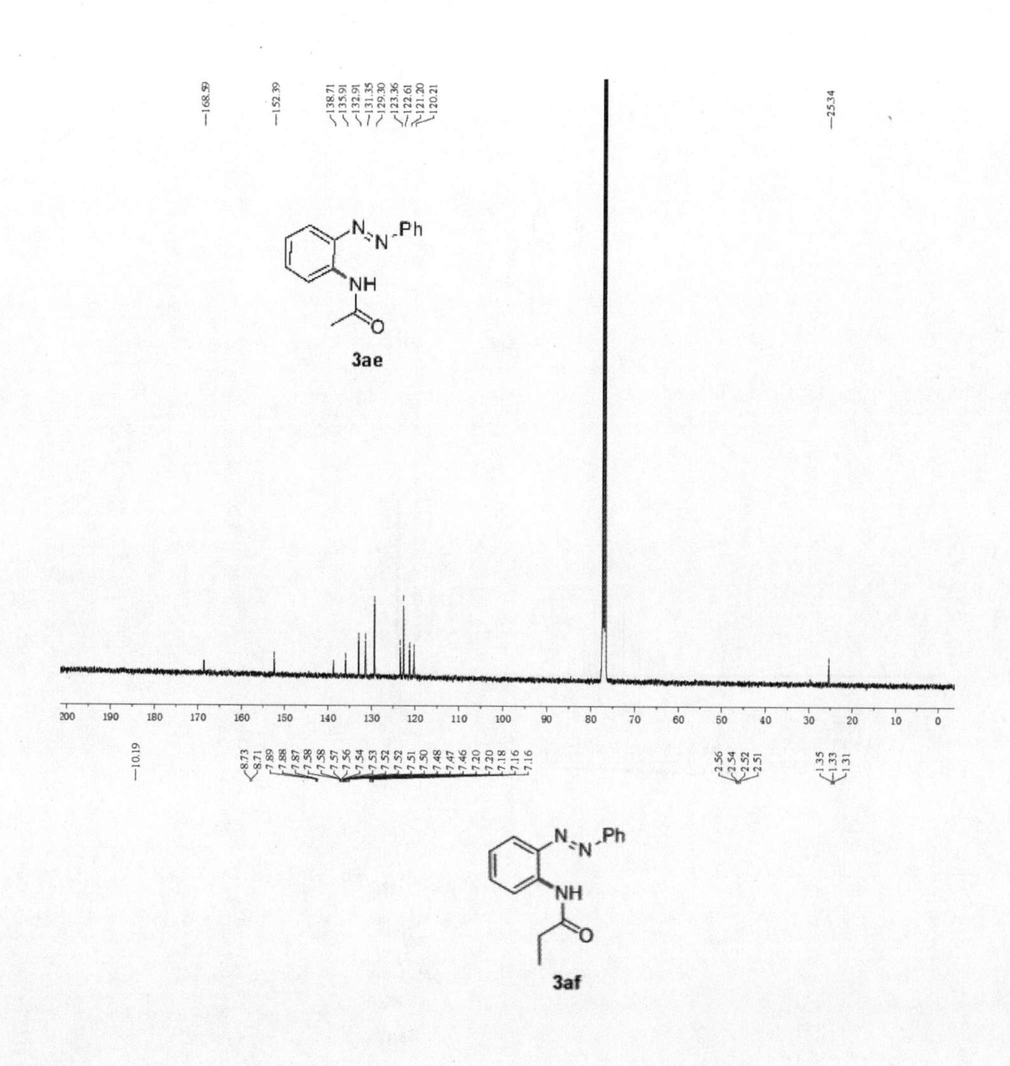
168.59
152.39
138.71
135.91
132.91
131.35
129.30
123.36
122.61
121.20
120.21
25.34
N
N
Ph
NH
O
3ae
200
190
180
170
160
150
140
130
120
110
100
90
80
70
60
50
40
30
20
10
0

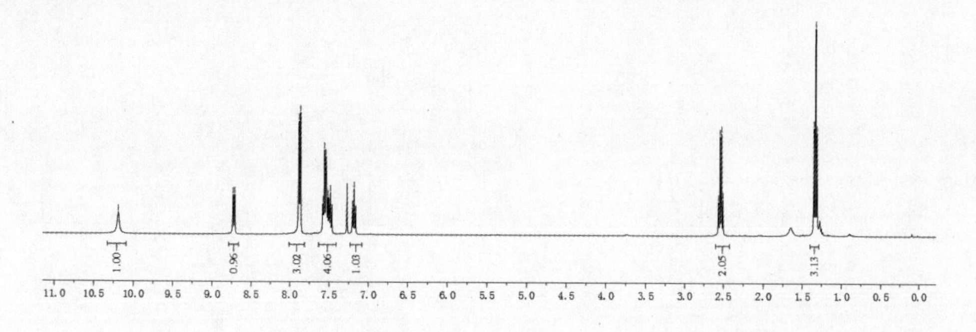
10.19
8.73
8.71
7.89
7.88
7.87
7.58
7.58
7.57
7.56
7.54
7.53
7.52
7.52
7.51
7.50
7.48
7.47
7.46
7.20
7.20
7.18
7.16
7.16
2.56
2.54
2.52
2.51
1.35
1.33
1.31
N
N
Ph
NH
O
3af
1.00
0.96
3.02
4.06
1.03
2.05
3.13
11.0
10.5
10.0
9.5
9.0
8.5
8.0
7.5
7.0
6.5
6.0
5.5
5.0
4.5
4.0
3.5
3.0
2.5
2.0
1.5
1.0
0.5
0.0

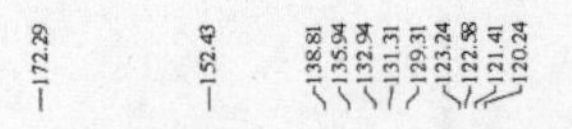
172.29
152.43
138.81
135.94
132.94
131.31
129.31
123.24
122.58
121.41
120.24

31.51
9.63

3af

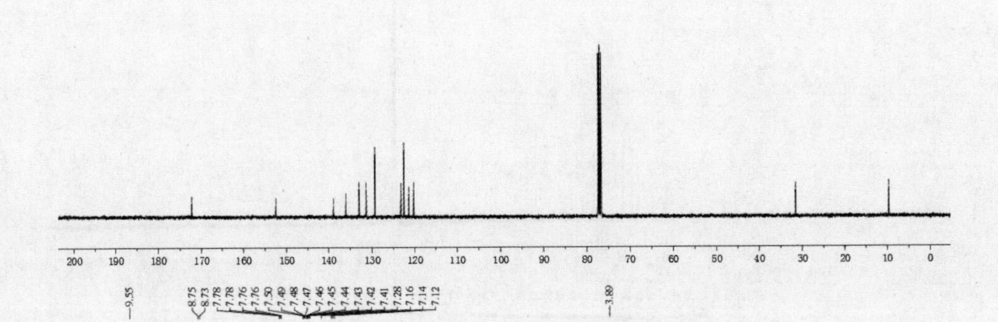

3ag

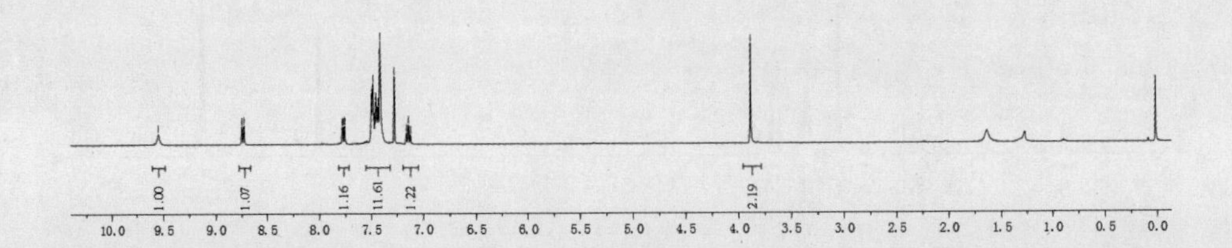

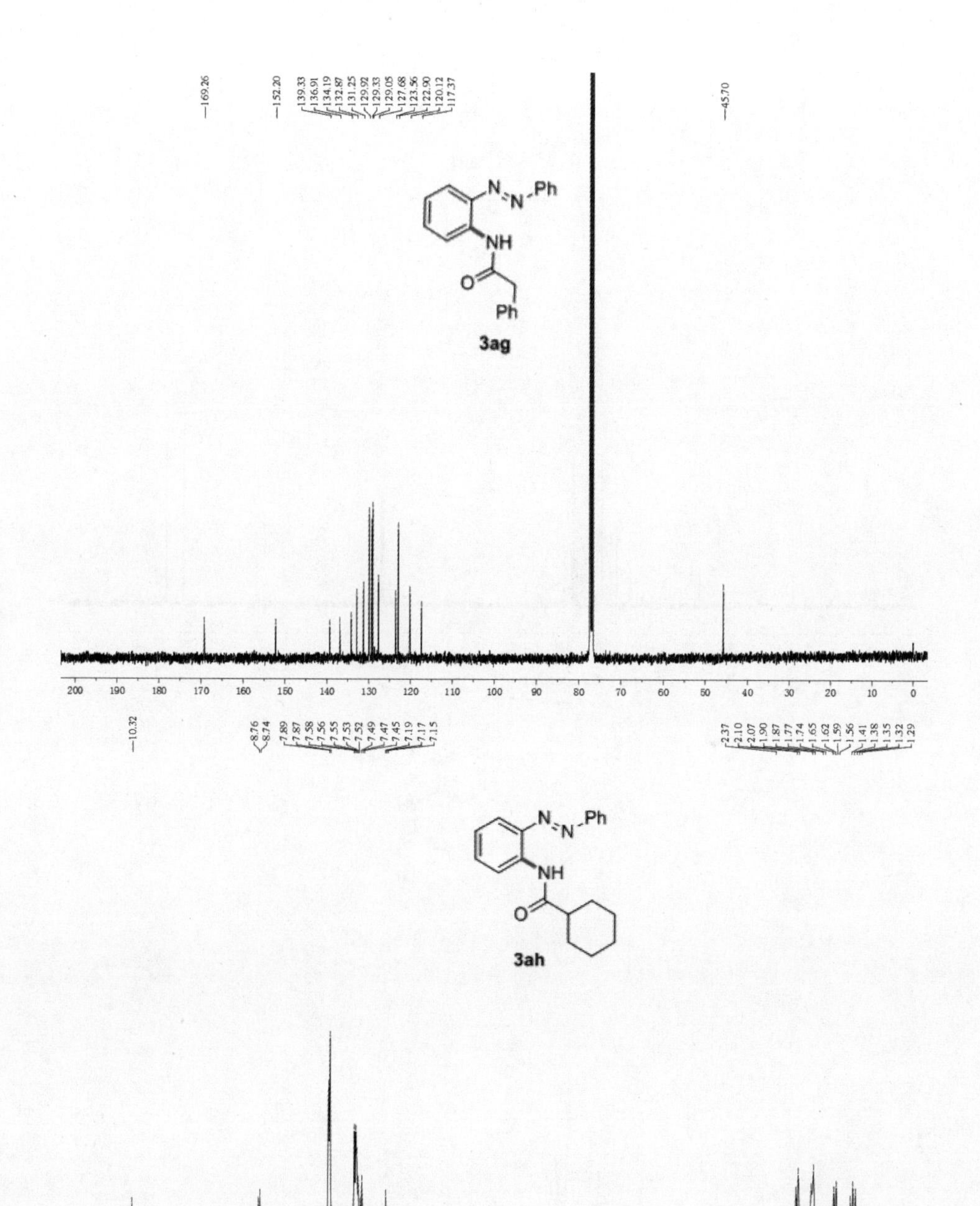
3ag
3ah

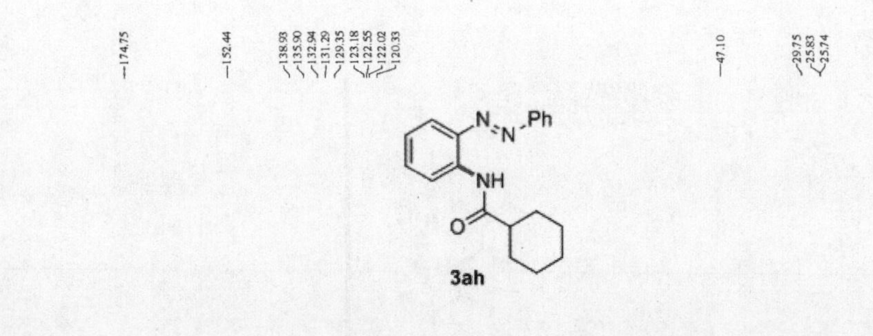

174.75
152.44
138.93
135.90
132.94
131.29
129.35
123.18
122.55
122.02
120.33
47.10
29.75
25.83
25.74
N
N
Ph
NH
O
3ah

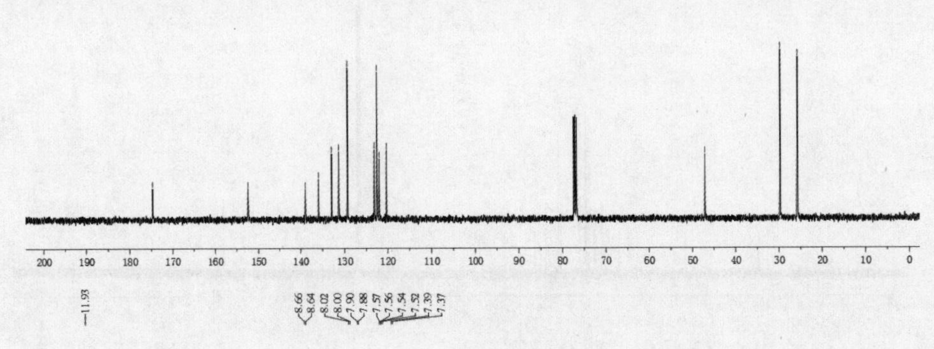

200 190 180 170 160 150 140 130 120 110 100 90 80 70 60 50 40 30 20 10 0
11.93
8.66
8.64
8.02
8.00
7.90
7.88
7.57
7.56
7.54
7.52
7.39
7.37

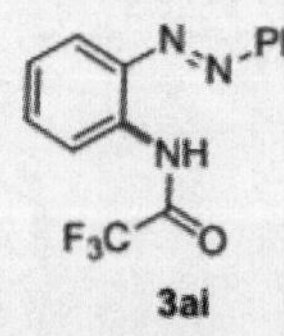

N
N
Ph
NH
F3C
O
3ai

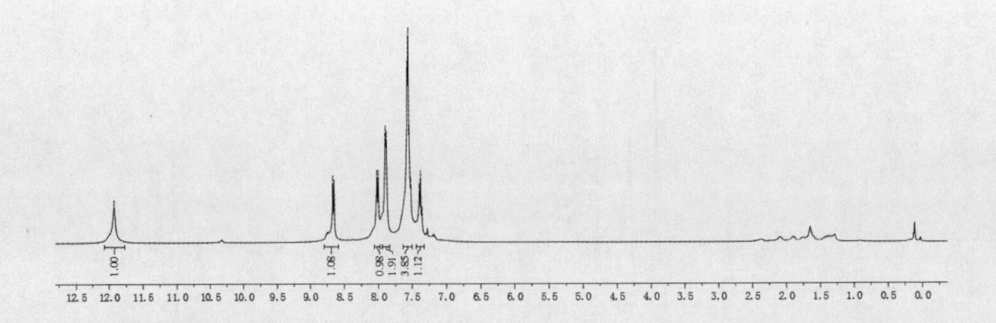

1.00
1.08
0.98
1.91
3.85
1.12
12.5 12.0 11.5 11.0 10.5 10.0 9.5 9.0 8.5 8.0 7.5 7.0 6.5 6.0 5.5 5.0 4.5 4.0 3.5 3.0 2.5 2.0 1.5 1.0 0.5 0.0

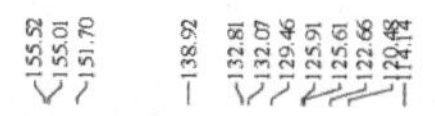
155.52
155.01
151.70
138.92
132.81
132.07
129.46
125.91
125.61
122.66
120.48
114.14

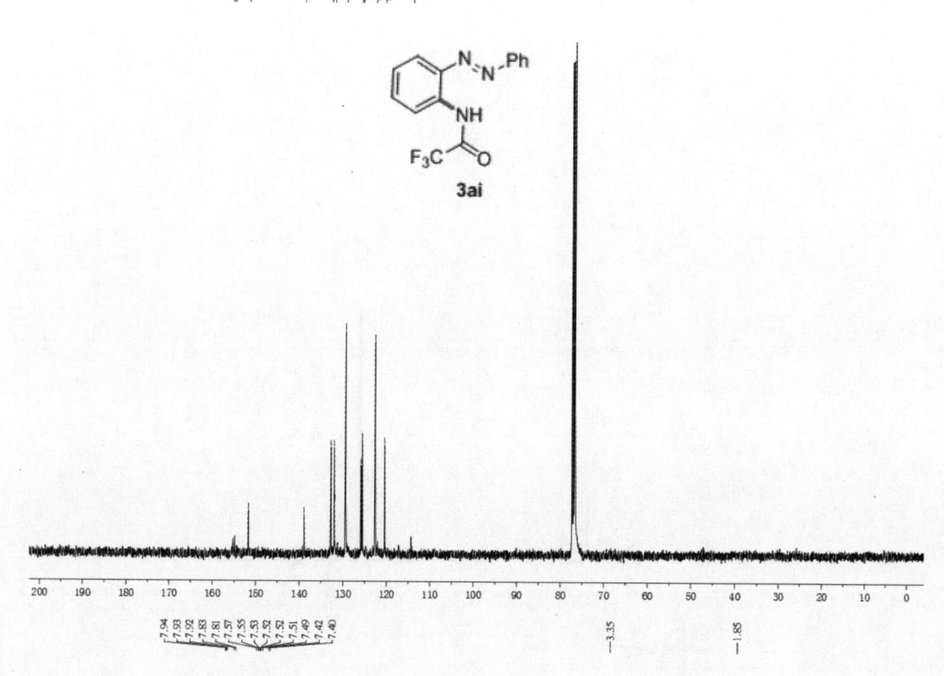
N
N
Ph
NH
F3C
O
3ai
200 190 180 170 160 150 140 130 120 110 100 90 80 70 60 50 40 30 20 10 0

7.94
7.93
7.92
7.83
7.81
7.57
7.55
7.53
7.52
7.52
7.51
7.49
7.42
7.40
3.35
1.85

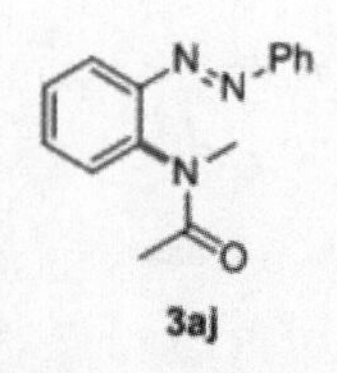
N
N
Ph
N
O
3aj

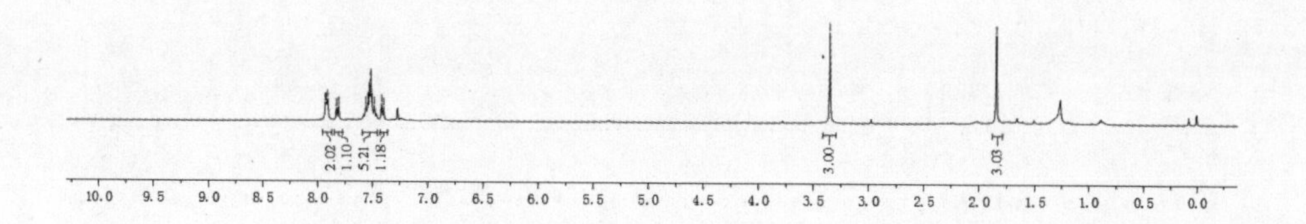
2.02
1.10
5.21
1.18
3.00
3.03
10.0 9.5 9.0 8.5 8.0 7.5 7.0 6.5 6.0 5.5 5.0 4.5 4.0 3.5 3.0 2.5 2.0 1.5 1.0 0.5 0.0

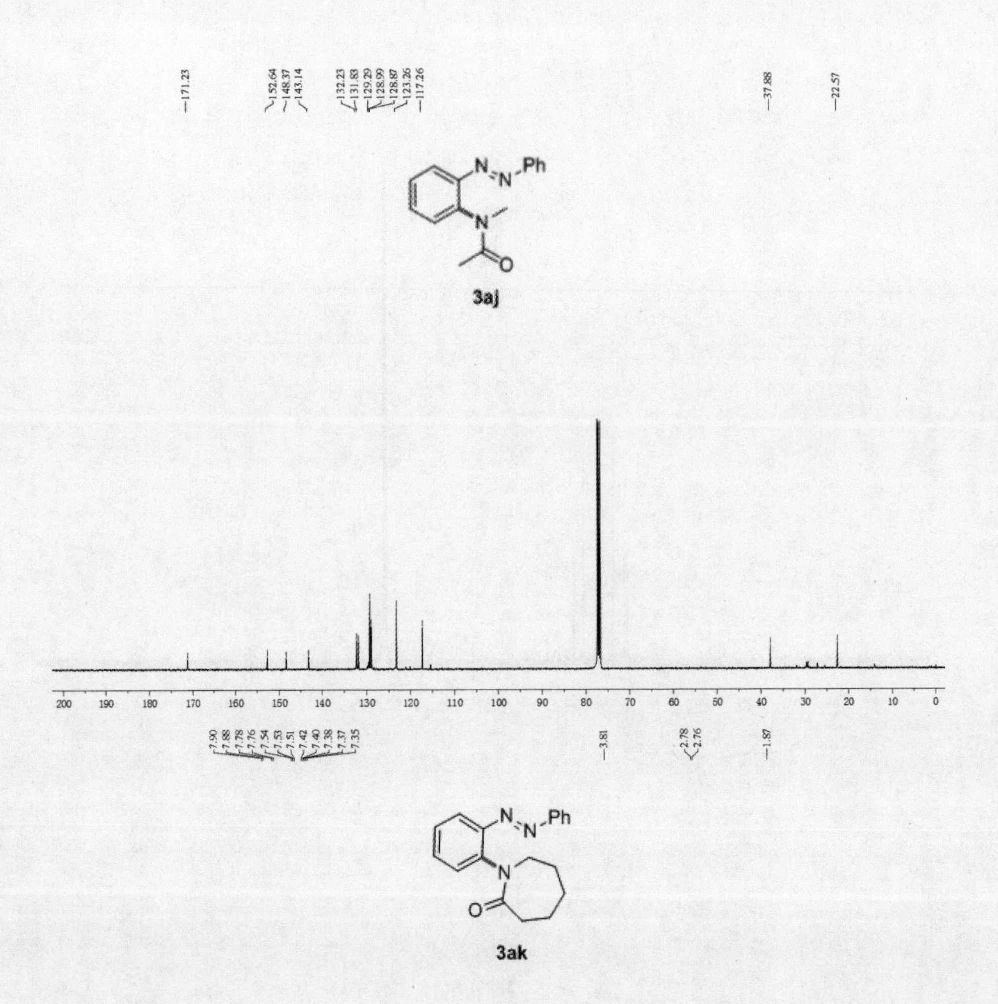
171.23
152.64
148.37
143.14
132.23
131.83
129.29
128.99
128.87
123.26
117.26
37.88
22.57
N
N
Ph
N
O
3aj
200 190 180 170 160 150 140 130 120 110 100 90 80 70 60 50 40 30 20 10 0
7.90
7.88
7.78
7.76
7.54
7.53
7.51
7.42
7.40
7.38
7.37
7.35
3.81
2.78
2.76
1.87
N
N
Ph
N
O
3ak

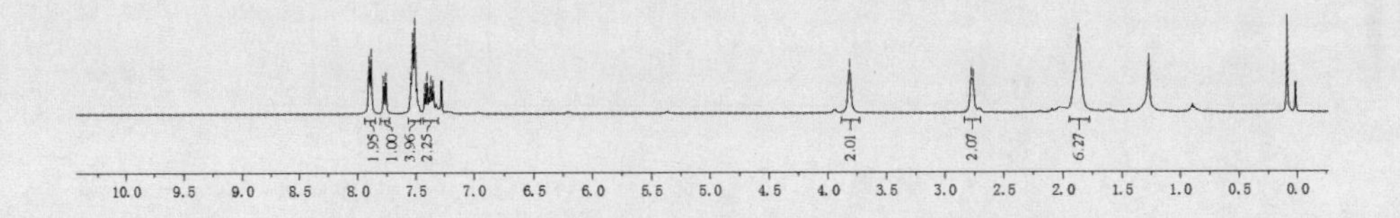
1.95
1.00
3.96
2.25
2.01
2.07
6.27
10.0 9.5 9.0 8.5 8.0 7.5 7.0 6.5 6.0 5.5 5.0 4.5 4.0 3.5 3.0 2.5 2.0 1.5 1.0 0.5 0.0

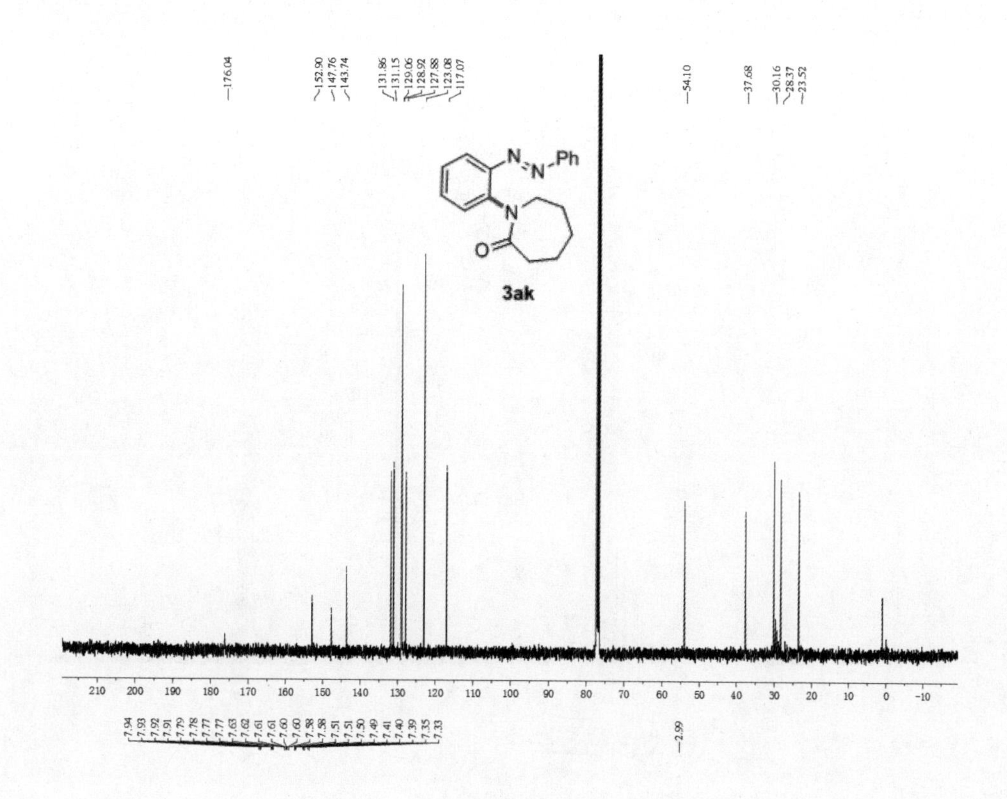

176.04
152.90
147.76
143.74
131.86
131.15
129.06
128.92
127.88
123.08
117.07
54.10
37.68
30.16
28.37
23.52
N
N
Ph
N
O
3ak
210 200 190 180 170 160 150 140 130 120 110 100 90 80 70 60 50 40 30 20 10 0 -10

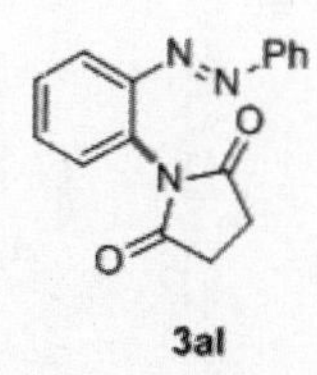

N
N
Ph
N
O
O
3al

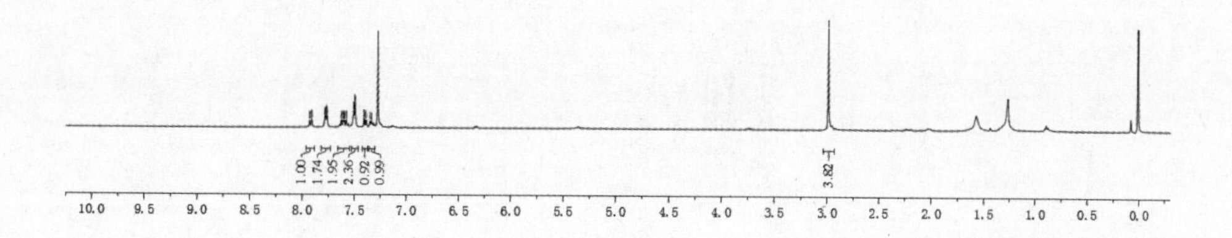

7.94
7.93
7.92
7.91
7.79
7.78
7.77
7.77
7.63
7.62
7.61
7.61
7.60
7.60
7.58
7.58
7.51
7.50
7.49
7.41
7.40
7.39
7.35
7.33
2.99
1.00
1.74
1.95
2.36
0.92
0.99
3.82
10.0 9.5 9.0 8.5 8.0 7.5 7.0 6.5 6.0 5.5 5.0 4.5 4.0 3.5 3.0 2.5 2.0 1.5 1.0 0.5 0.0

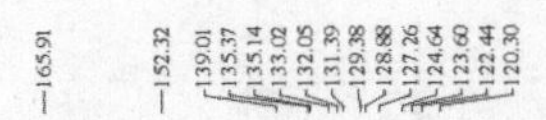

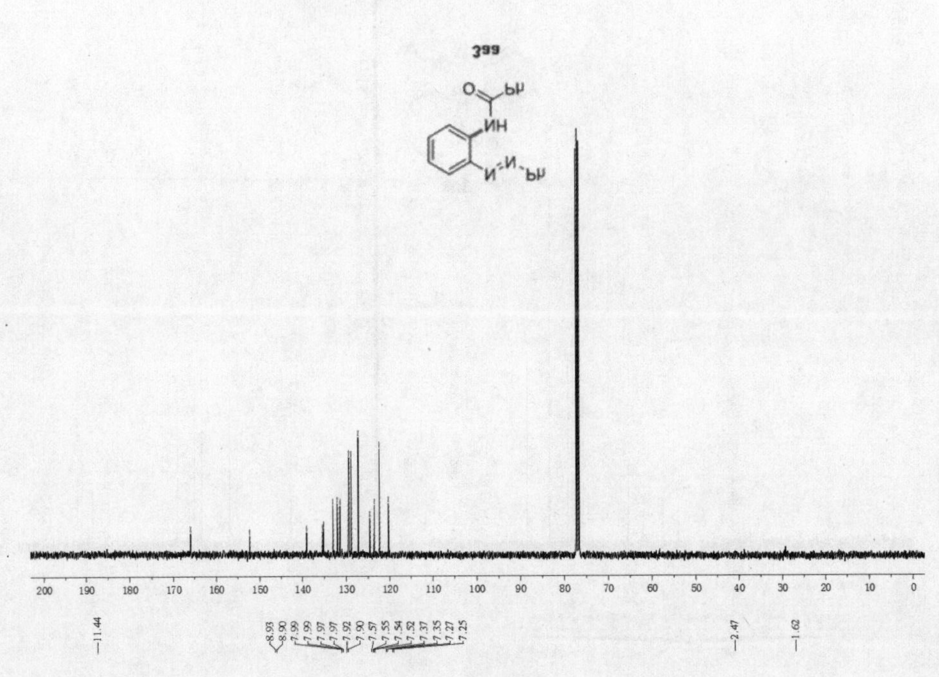

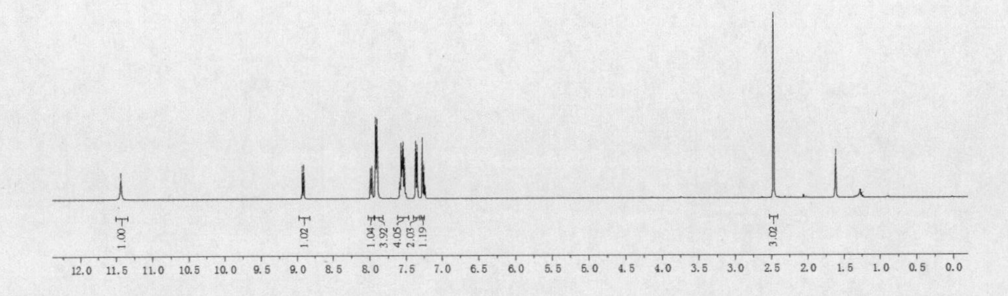

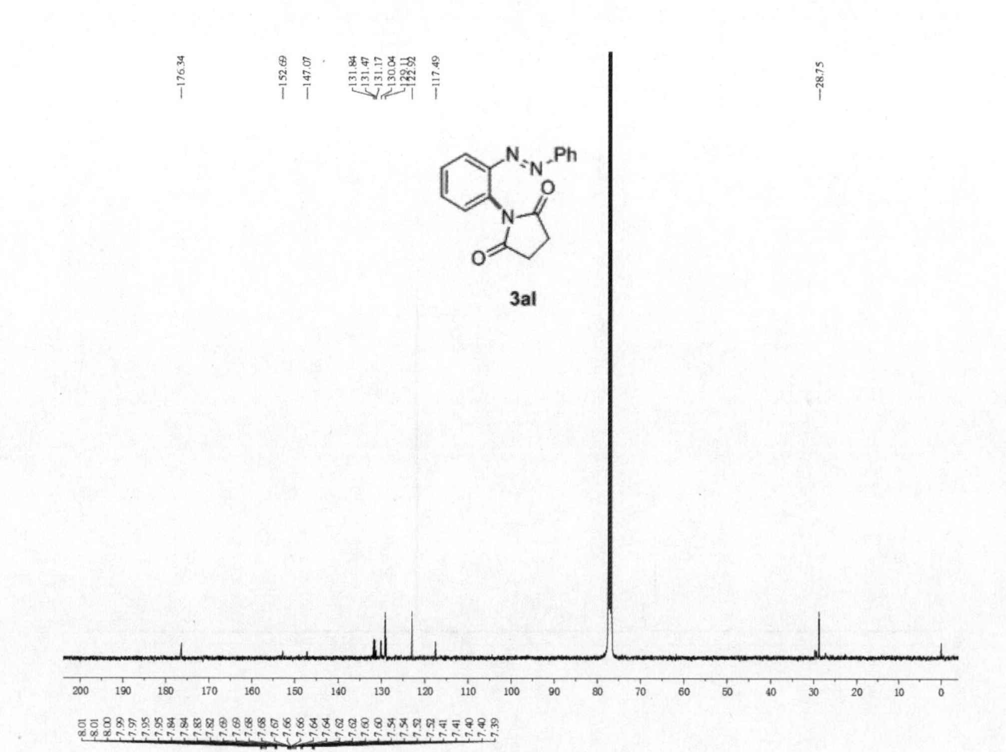

8.01 8.01 8.00 7.99 7.97 7.95 7.95 7.84 7.83 7.82 7.69 7.69 7.68 7.68 7.67 7.66 7.66 7.64 7.64 7.62 7.60 7.60 7.54 7.54 7.52 7.52 7.41 7.41 7.40 7.40 7.39

N
N
Ph
O
N
O

3am

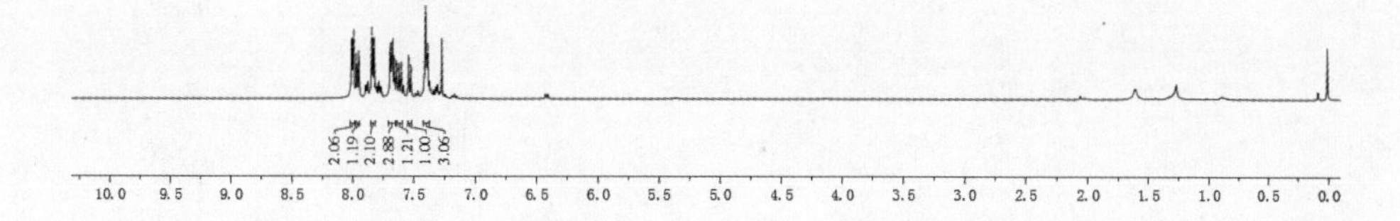

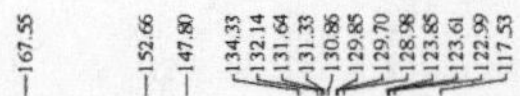
167.55
152.66
147.80
134.33
132.14
131.64
131.33
130.86
129.85
129.70
128.98
123.85
123.61
122.99
117.53

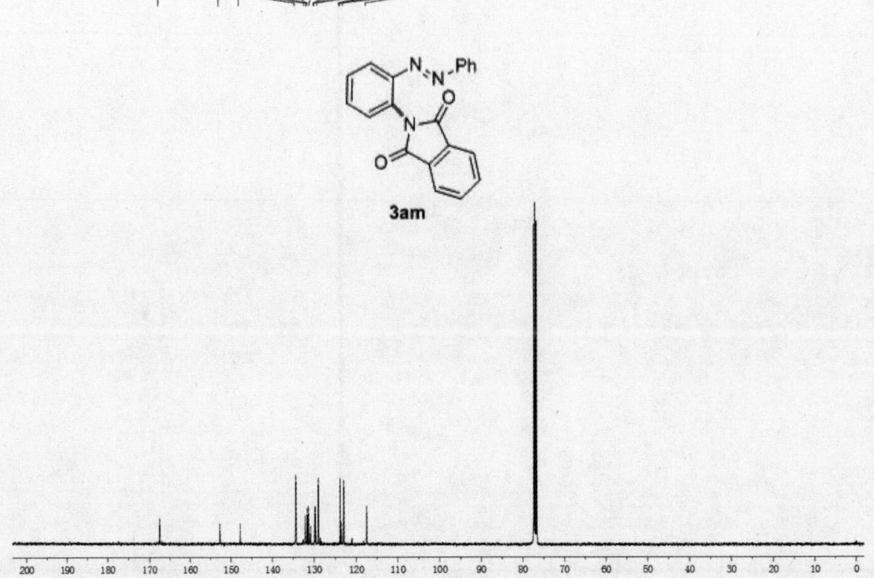
N
N
Ph
O
N
O
3am
200 190 180 170 160 150 140 130 120 110 100 90 80 70 60 50 40 30 20 10 0

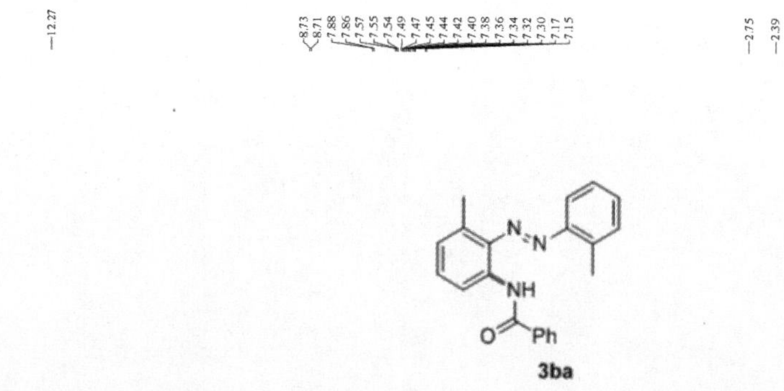
N
N
NH
O
Ph
3ba

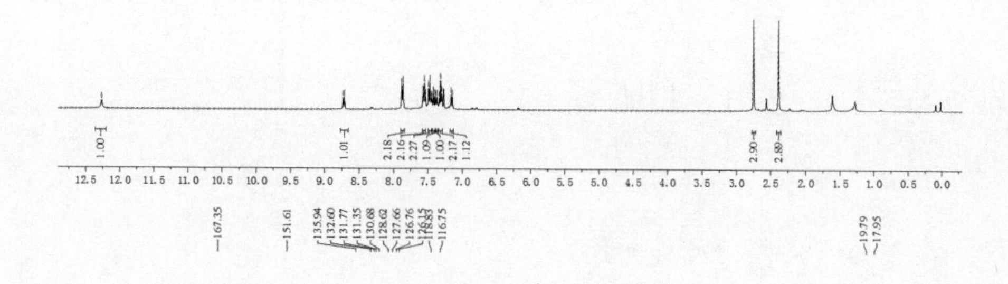

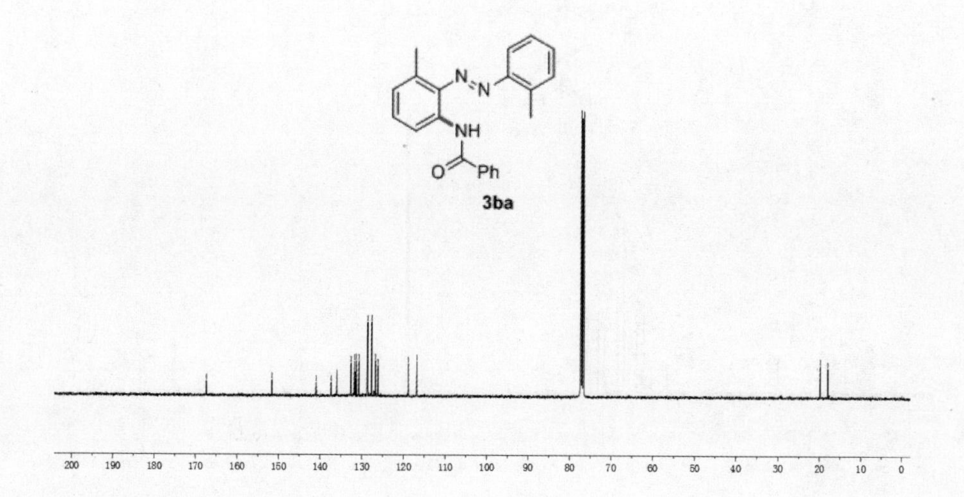
N
N
NH
O
Ph
3ba

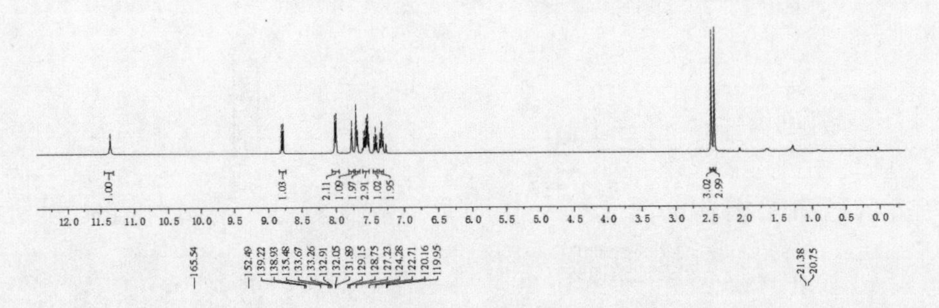
11.36
8.80
8.78
8.02
8.00
7.77
7.71
7.69
7.60
7.58
7.56
7.54
7.53
7.45
7.43
7.41
7.36
7.34
7.32
2.48
2.44
N
N
NH
O
Ph
3ca
1.00
1.03
2.11
1.09
1.97
2.91
1.02
1.95
3.02
2.99
12.0 11.5 11.0 10.5 10.0 9.5 9.0 8.5 8.0 7.5 7.0 6.5 6.0 5.5 5.0 4.5 4.0 3.5 3.0 2.5 2.0 1.5 1.0 0.5 0.0

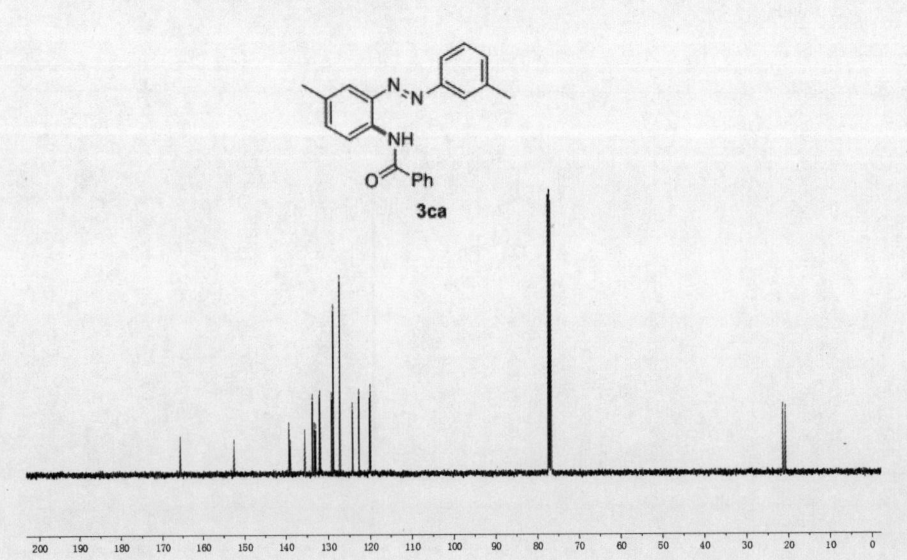
165.54
152.49
139.22
138.93
135.48
133.67
133.26
132.91
132.05
131.89
129.15
128.75
127.23
124.28
122.71
120.16
119.95
21.38
20.75
N
N
NH
O
Ph
3ca
200 190 180 170 160 150 140 130 120 110 100 90 80 70 60 50 40 30 20 10 0

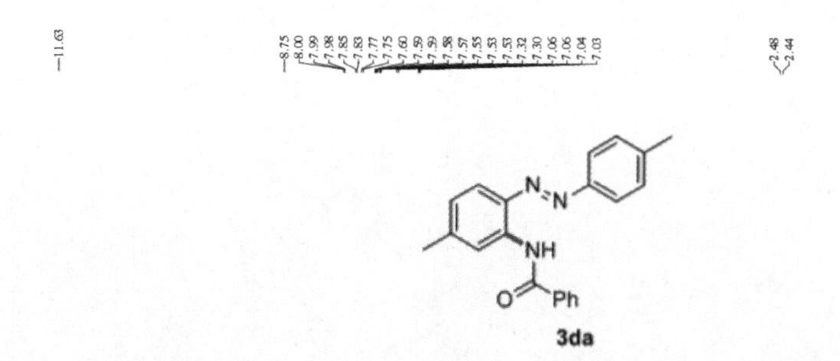
11.63
8.75
8.00
7.99
7.98
7.85
7.83
7.77
7.75
7.60
7.59
7.59
7.58
7.57
7.55
7.53
7.53
7.32
7.30
7.06
7.06
7.04
7.03
2.48
2.44
N
N
NH
O
Ph
3da

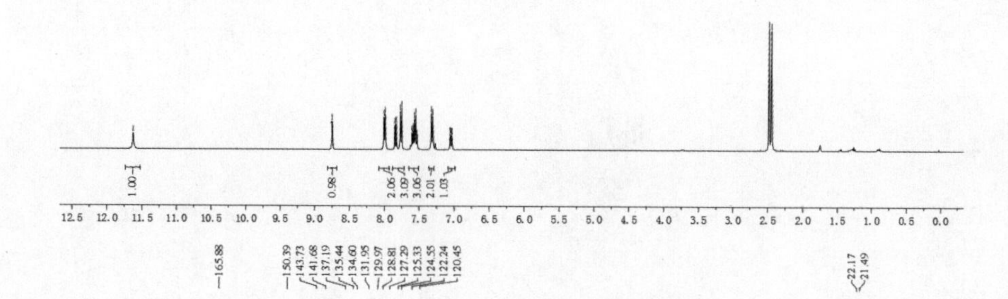
1.00
0.98
2.06
3.09
3.06
2.01
1.03
12.5 12.0 11.5 11.0 10.5 10.0 9.5 9.0 8.5 8.0 7.5 7.0 6.5 6.0 5.5 5.0 4.5 4.0 3.5 3.0 2.5 2.0 1.5 1.0 0.5 0.0

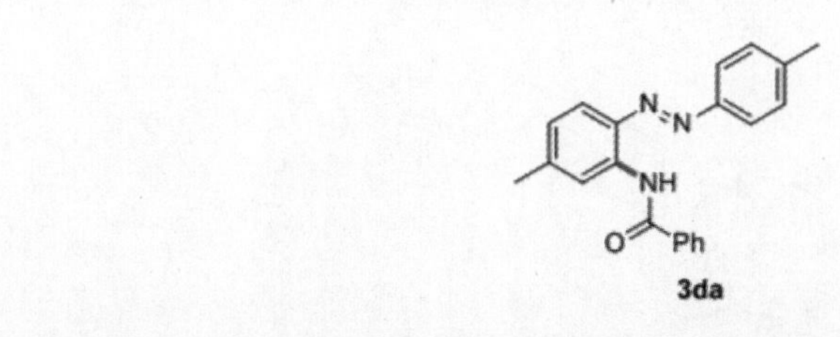
165.88
150.39
143.73
141.68
137.19
135.44
134.60
131.95
129.97
128.81
127.29
125.33
124.55
122.24
120.45
22.17
21.49
N
N
NH
O
Ph
3da

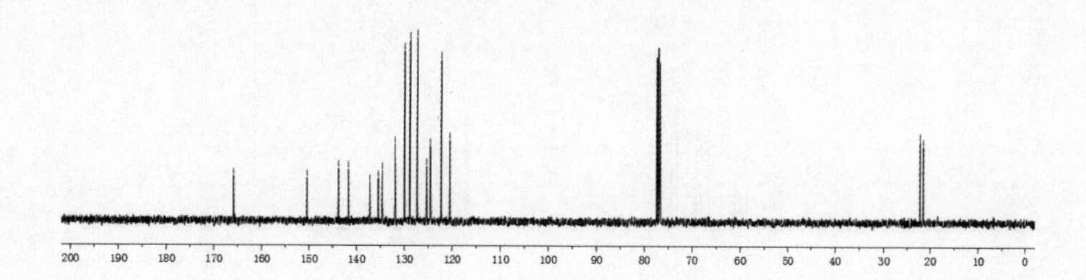
200 190 180 170 160 150 140 130 120 110 100 90 80 70 60 50 40 30 20 10 0

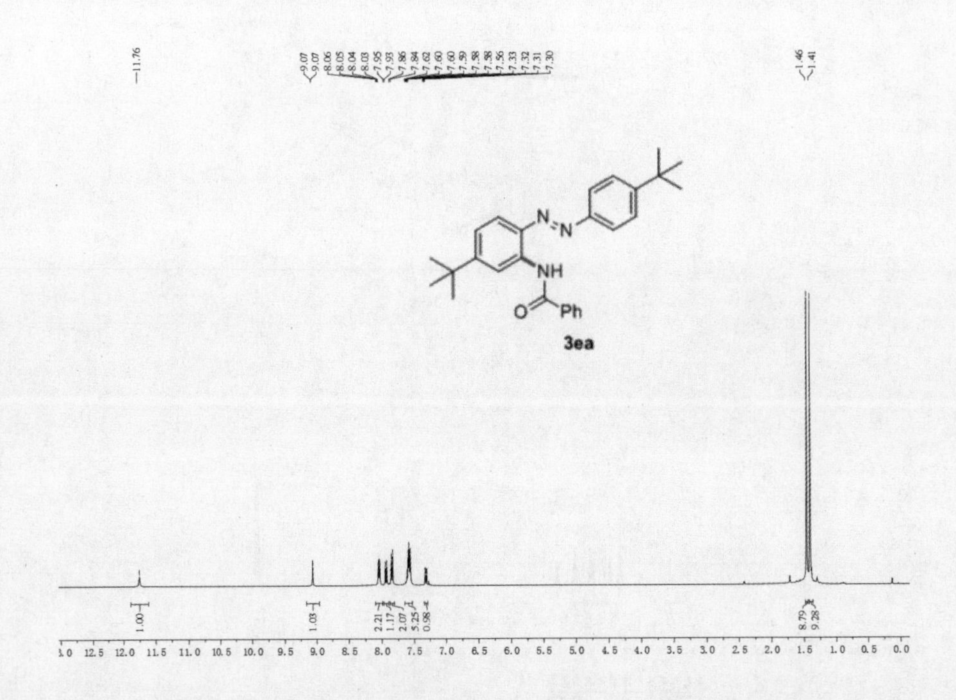
NH
Ph
3ea

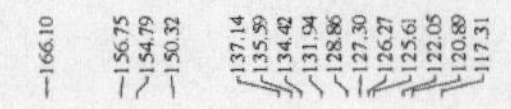

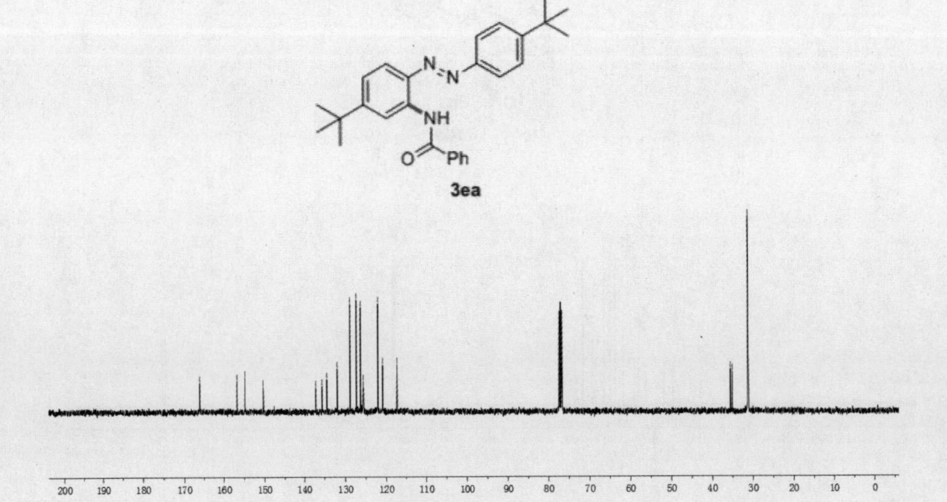
NH
Ph
3ea

11.46

8.89 8.01 7.99 7.98 7.96 7.96 7.94 7.93 7.92 7.91 7.64 7.63 7.62 7.59 7.57 7.55 7.41 7.39 7.10 7.08

OCF3
N=N
F3CO
NH
O
Ph
3fa

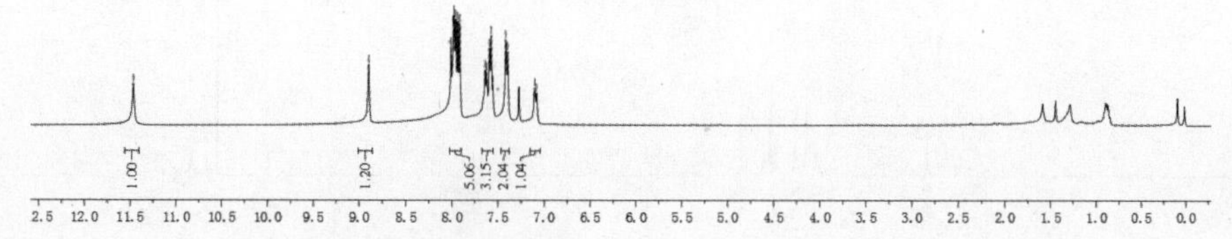

165.94

152.35 151.35 150.17

136.87 136.41 134.76 132.43 128.97 127.17 126.63 123.93 121.54 115.17 112.25

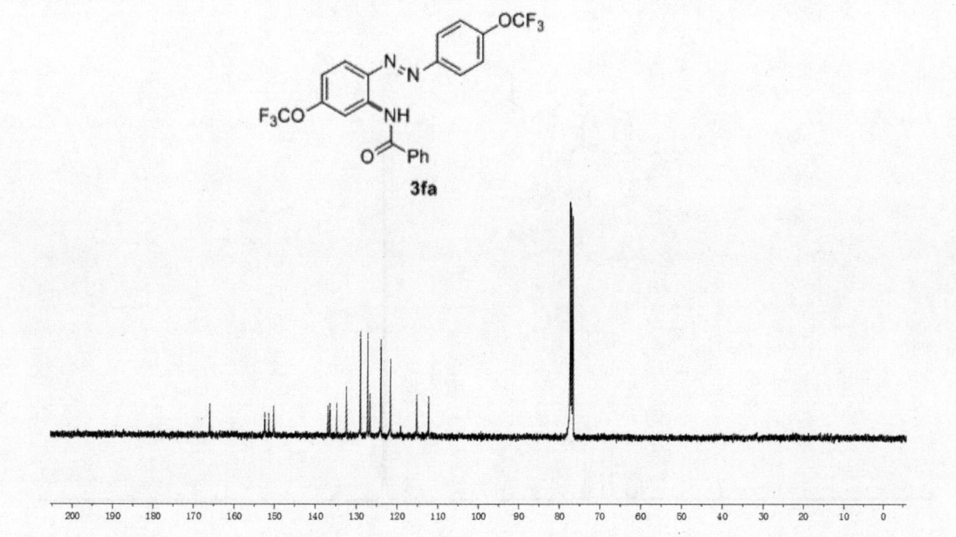

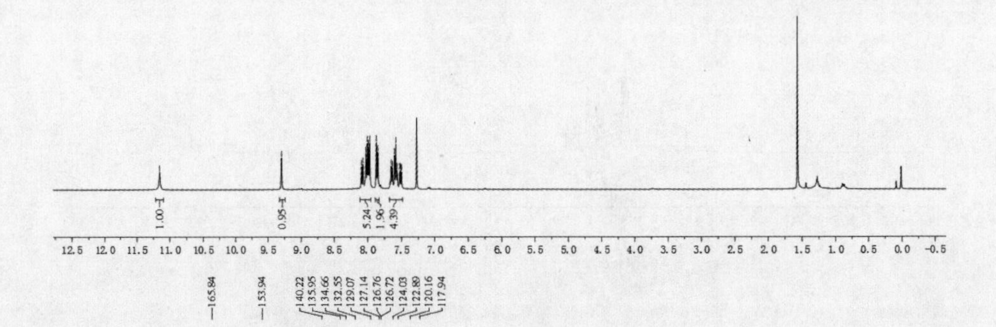
11.16
9.29
8.09
8.07
8.03
8.01
7.99
7.97
7.97
7.87
7.85
7.65
7.63
7.60
7.58
7.57
7.53
7.52
7.50
7.50
CF3
N
N
F3C
NH
O
Ph
3ga
1.00
0.95
5.24
1.96
4.39
12.5 12.0 11.5 11.0 10.5 10.0 9.5 9.0 8.5 8.0 7.5 7.0 6.5 6.0 5.5 5.0 4.5 4.0 3.5 3.0 2.5 2.0 1.5 1.0 0.5 0.0 -0.5

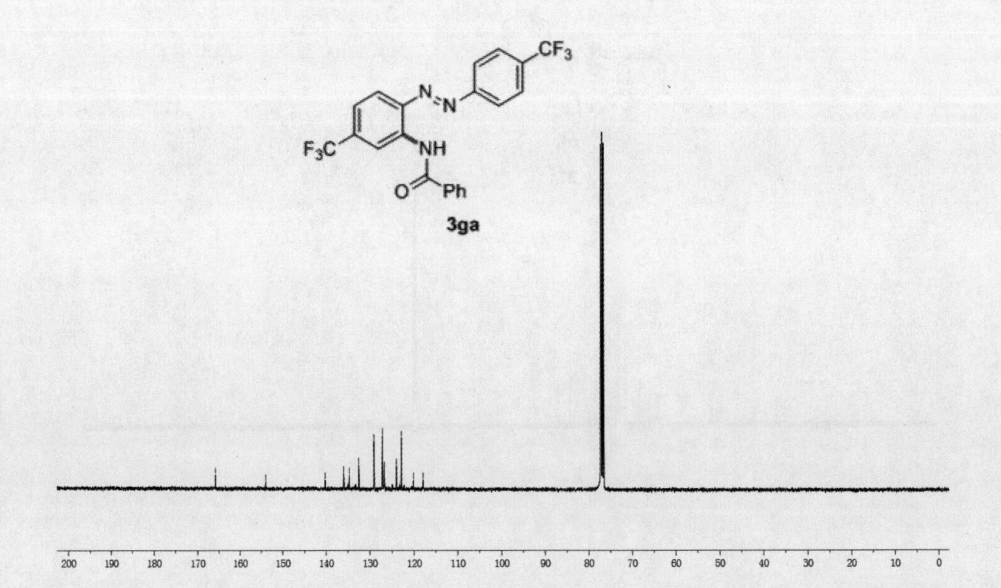
165.84
153.94
140.22
135.95
134.66
132.55
129.07
127.14
126.76
126.72
124.03
122.89
120.16
117.94
CF3
N
N
F3C
NH
O
Ph
3ga
200 190 180 170 160 150 140 130 120 110 100 90 80 70 60 50 40 30 20 10 0

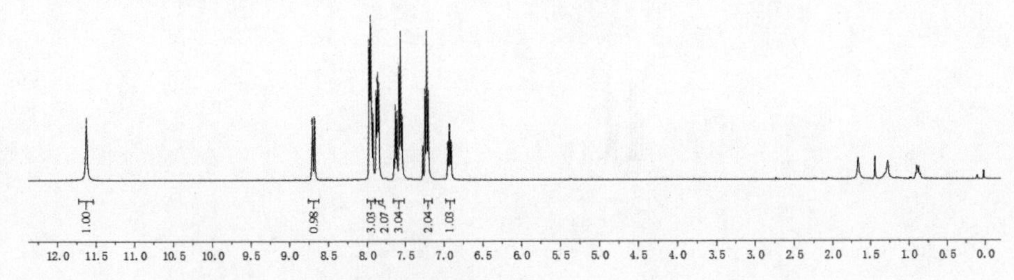
11.62
8.71
8.70
8.68
8.67
7.97
7.96
7.95
7.95
7.94
7.92
7.88
7.87
7.86
7.84
7.63
7.61
7.58
7.56
7.54
7.24
7.22
7.20
6.95
6.94
6.93
6.93
6.91
6.90
F
N
N
F
NH
O
Ph
3ha
1.00
0.98
3.03
2.07
3.04
2.04
1.03
12.0
11.5
11.0
10.5
10.0
9.5
9.0
8.5
8.0
7.5
7.0
6.5
6.0
5.5
5.0
4.5
4.0
3.5
3.0
2.5
2.0
1.5
1.0
0.5
0.0

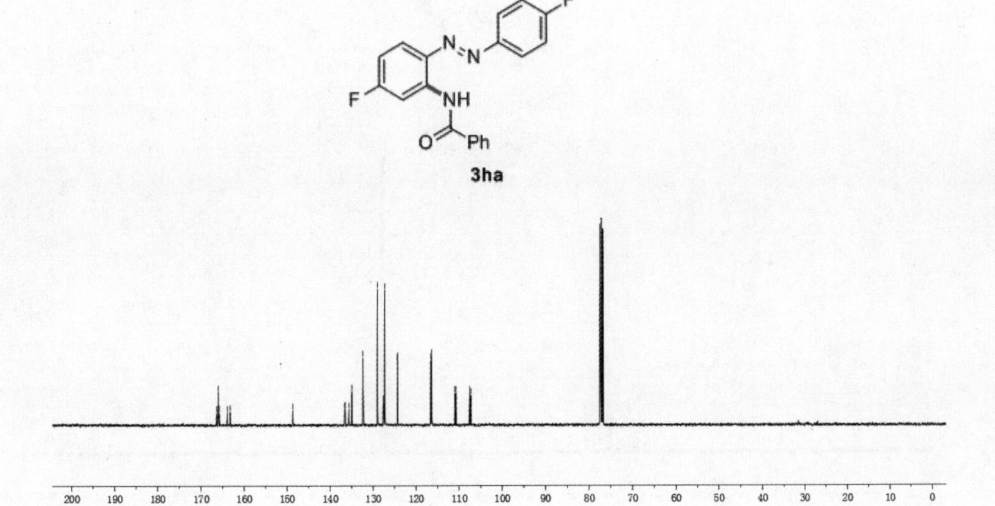
166.39
165.97
165.76
163.88
163.24
148.62
134.92
132.34
128.93
127.61
127.50
127.23
124.29
124.20
116.55
116.32
110.94
110.71
107.54
107.25
F
N
N
F
NH
O
Ph
3ha
200
190
180
170
160
150
140
130
120
110
100
90
80
70
60
50
40
30
20
10
0

—11.40

9.00, 8.99, 7.97, 7.95, 7.95, 7.90, 7.88, 7.87, 7.86, 7.83, 7.82, 7.81, 7.63, 7.62, 7.58, 7.56, 7.55, 7.54, 7.54, 7.52, 7.51, 7.48, 7.23, 7.22, 7.21, 7.20

Cl
N
N
Cl
NH
O
Ph
3ia

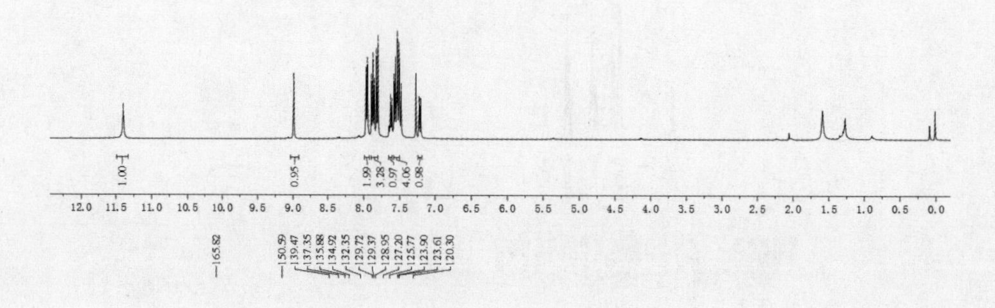

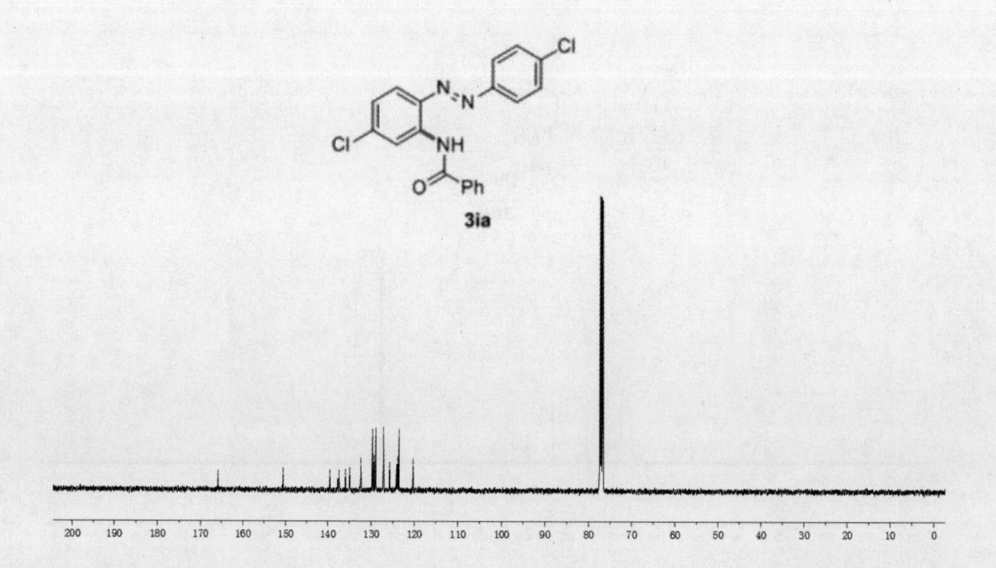

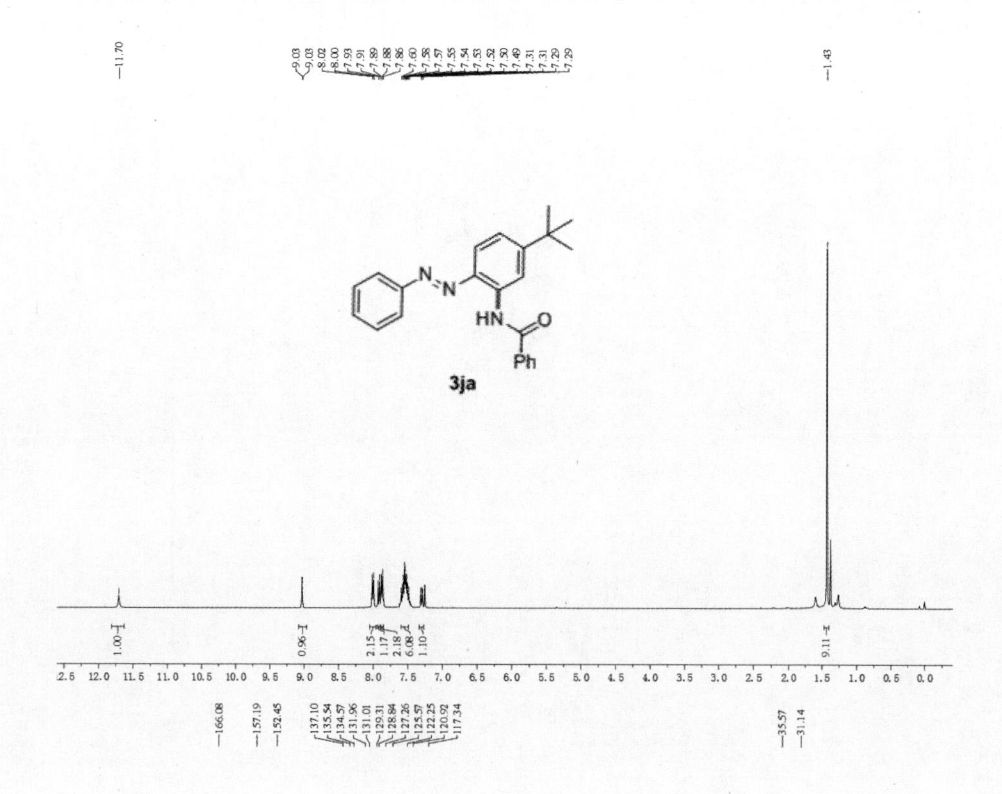
3ja
HN
O
Ph
N
N

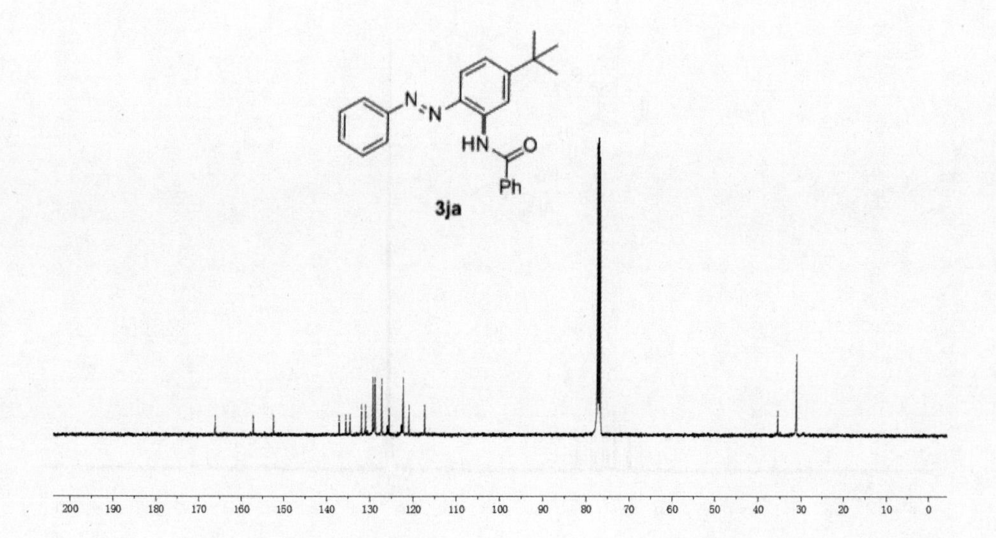
3ja
HN
O
Ph
N
N

11.50
8.90 8.88 8.01 7.99 7.97 7.95 7.85 7.84 7.82 7.60 7.57 7.57 7.55 7.52 7.50
1.39 1.38

3ja'

1.00 0.98 3.21 2.15 6.43 1.31 8.67

12.5 12.0 11.5 11.0 10.5 10.0 9.5 9.0 8.5 8.0 7.5 7.0 6.5 6.0 5.5 5.0 4.5 4.0 3.5 3.0 2.5 2.0 1.5 1.0 0.5 0.0 -0

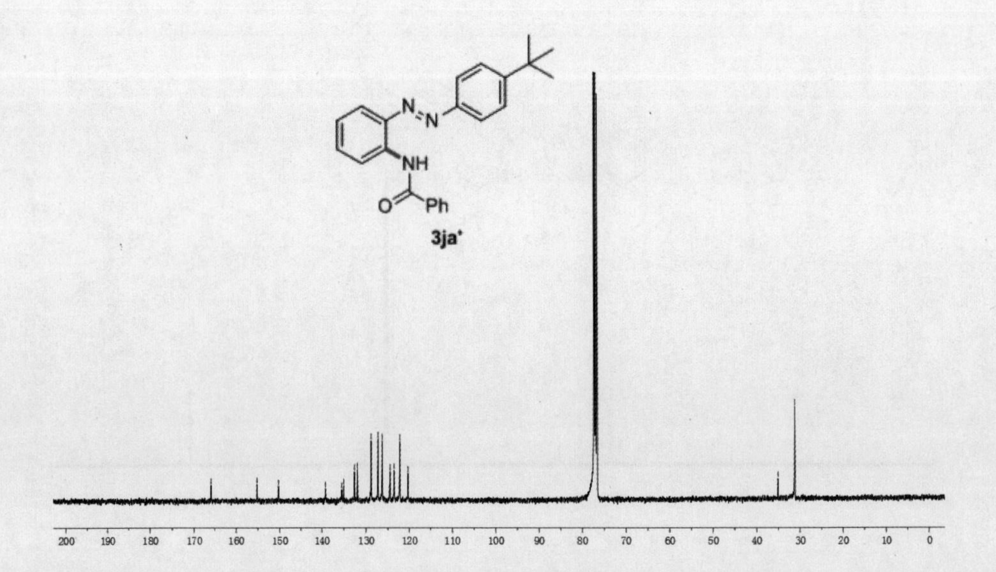

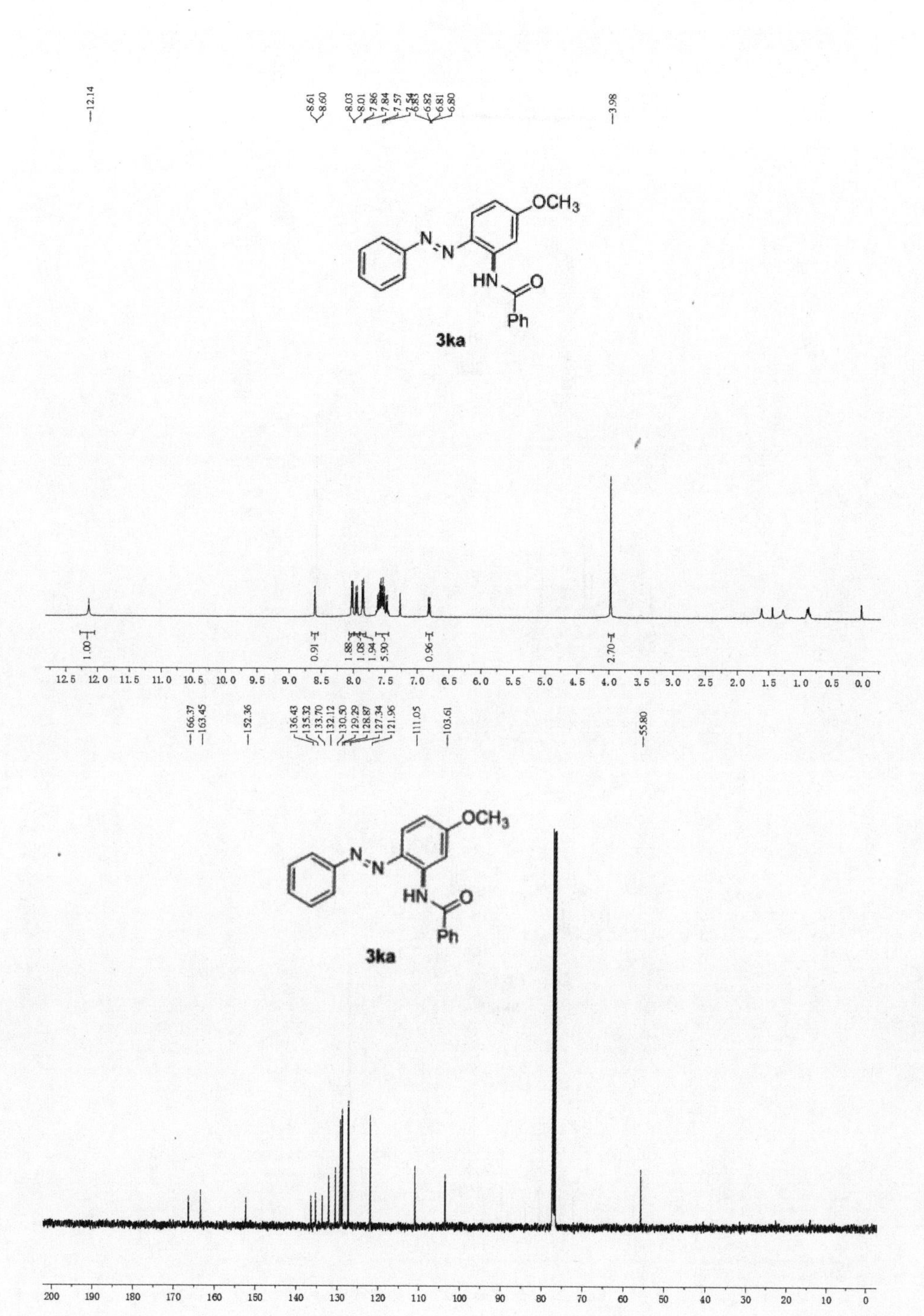
OCH3
N
N
HN
O
Ph
3ka
OCH3
N
N
HN
O
Ph
3ka

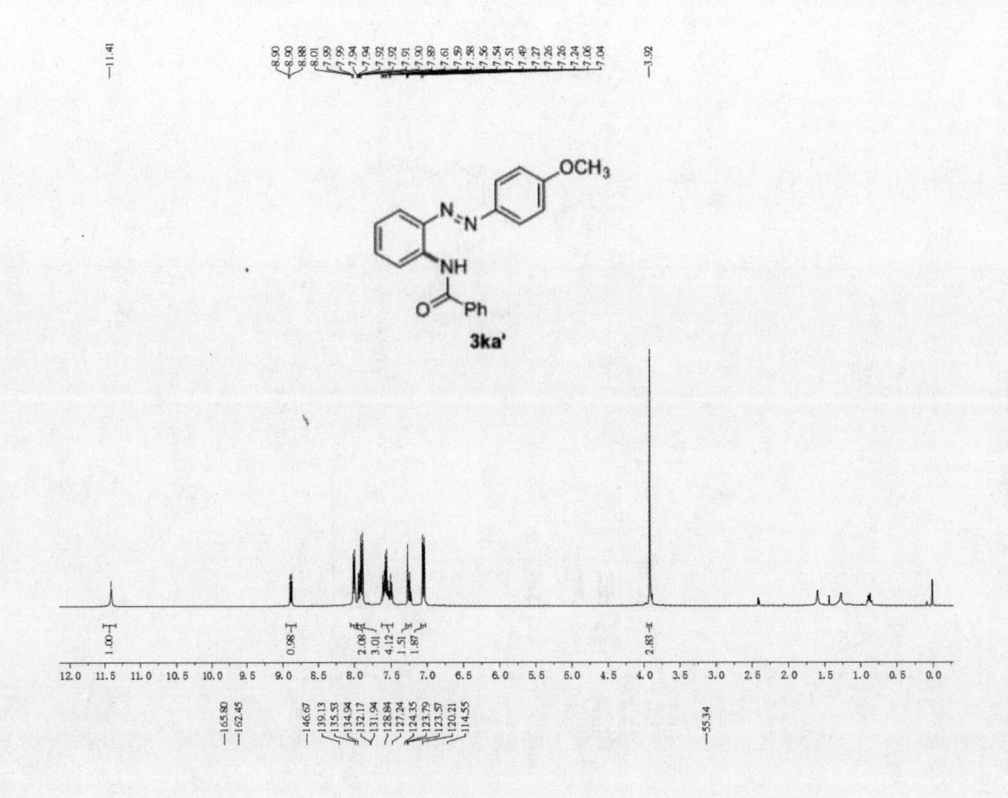

OCH3
N=N
NH
O
Ph
3ka'

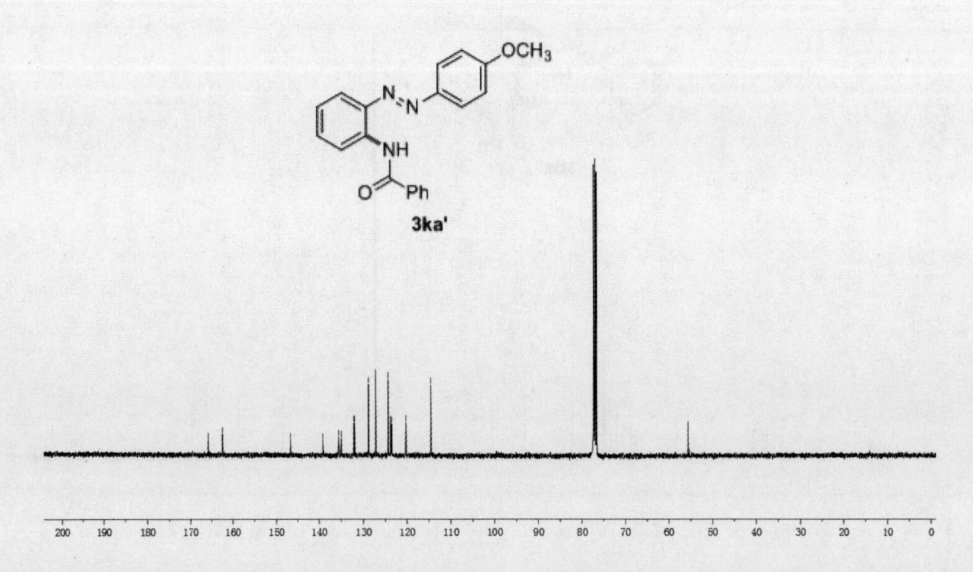

OCH3
N=N
NH
O
Ph
3ka'

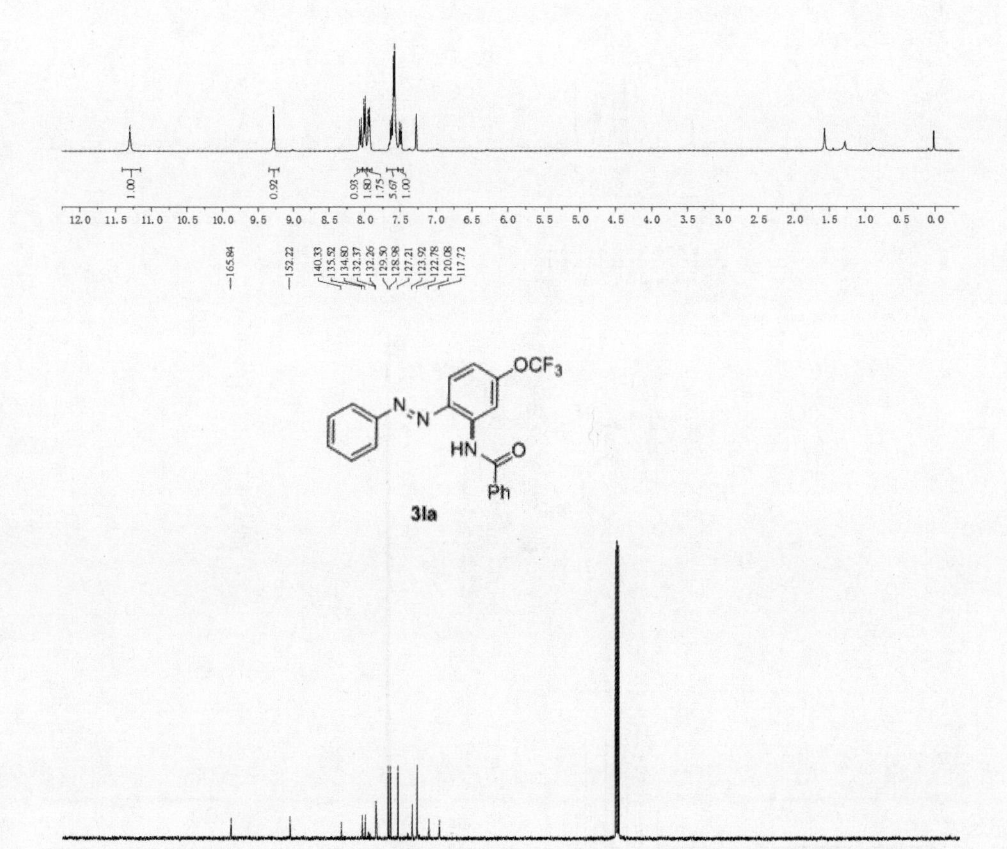
OCF3
HN
O
Ph
3la

11.33
8.94 8.92 8.01 8.01 7.99 7.98 7.98 7.98 7.96 7.84 7.82 7.63 7.61 7.61 7.60 7.59 7.57 7.55 7.28 7.27 7.26

OCF3
N
N
NH
O
Ph
3la'

1.00 1.02 5.01 2.19 4.22 1.25

12.5 12.0 11.5 11.0 10.5 10.0 9.5 9.0 8.5 8.0 7.5 7.0 6.5 6.0 5.5 5.0 4.5 4.0 3.5 3.0 2.5 2.0 1.5 1.0 0.5 0.0

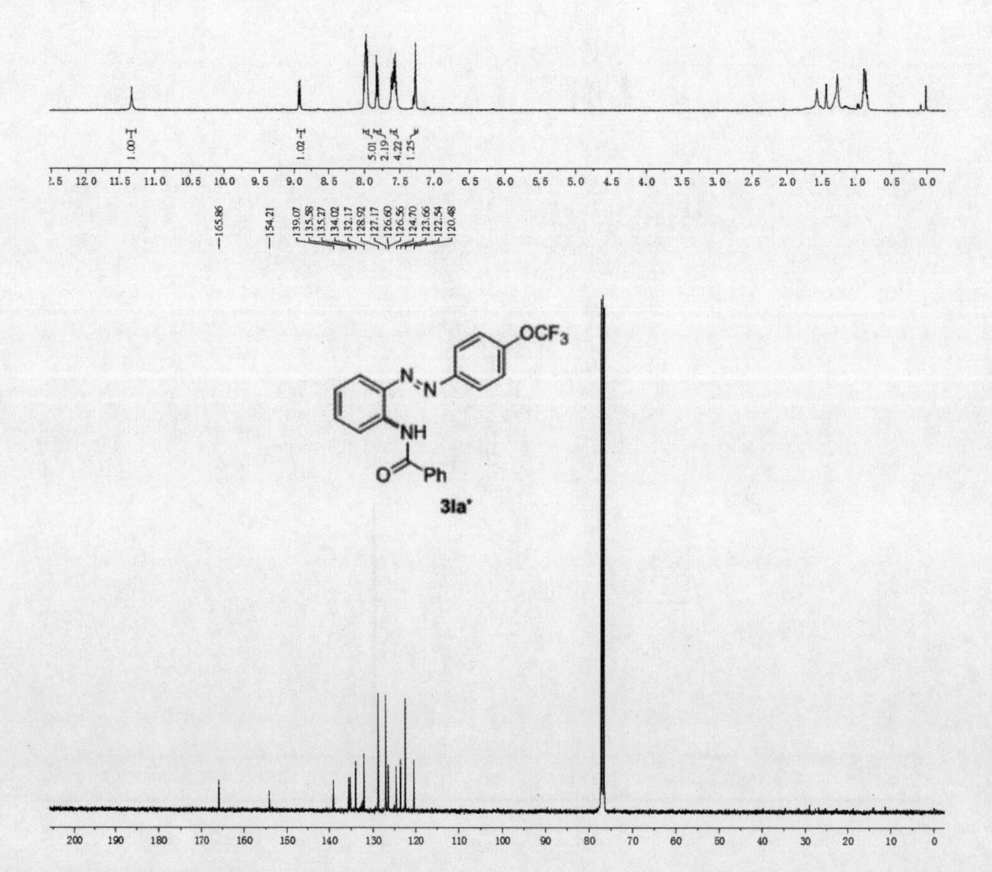

11.79
8.74
8.73
8.71
8.71
8.01
8.00
8.00
7.99
7.98
7.97
7.88
7.88
7.88
7.86
7.86
7.65
7.63
7.62
7.61
7.58
7.58
7.57
7.57
7.56
7.55
7.54
7.53
7.52
7.52
7.27
6.97
6.97
6.96
6.95
6.95
6.95
6.93
6.93
F
N
N
HN
O
Ph
3ma

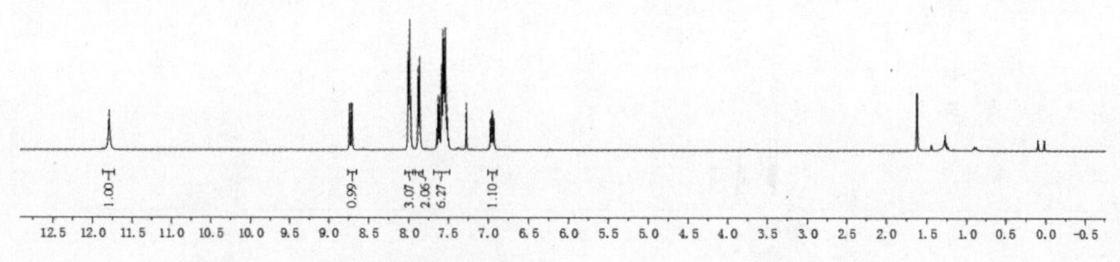
1.00
0.99
3.07
2.06
6.27
1.10
12.5 12.0 11.5 11.0 10.5 10.0 9.5 9.0 8.5 8.0 7.5 7.0 6.5 6.0 5.5 5.0 4.5 4.0 3.5 3.0 2.5 2.0 1.5 1.0 0.5 0.0 -0.5

166.39
166.07
163.88
152.12
136.48
135.75
134.94
132.30
131.34
129.39
128.92
127.97
127.87
127.30
122.30
110.91
110.67
107.53
107.24

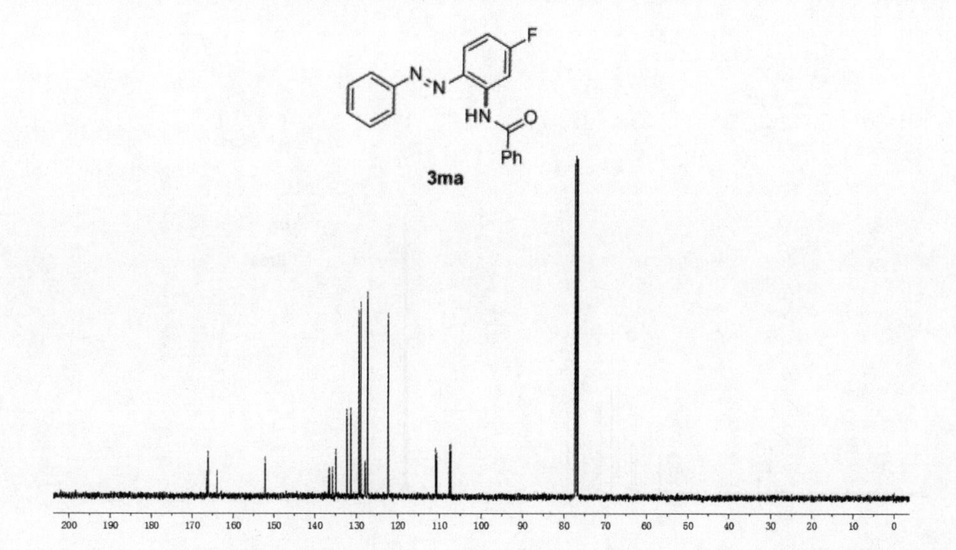
F
N
N
HN
O
Ph
3ma
200 190 180 170 160 150 140 130 120 110 100 90 80 70 60 50 40 30 20 10 0

11.31

8.91
8.89
7.99
7.97
7.97
7.95
7.95
7.93
7.93
7.92
7.91
7.91
7.90
7.90
7.89
7.88
7.61
7.60
7.57
7.56
7.54
7.52
7.27
7.27
7.25
7.23
7.21
7.21

N=N

F

NH

O

Ph

3ma'

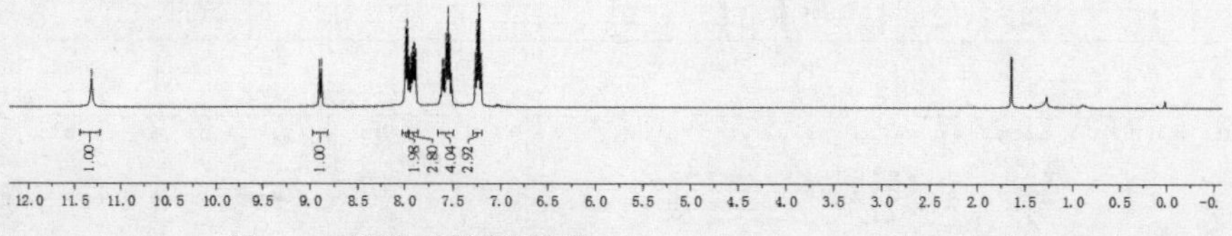

165.80
163.29
148.87
138.95
135.39
135.19
133.03
132.07
128.87
127.19
124.43
124.35
124.22
123.61
120.36
116.51
116.28

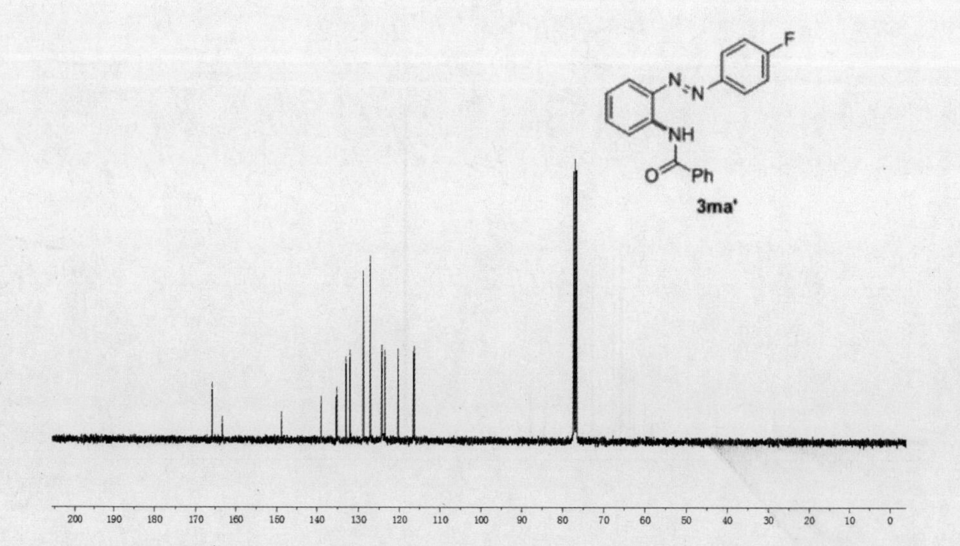